21世纪高等学校计算机规划教材
21st Century University Planned Textbooks of Computer Science

计算方法

Computational Methods

时小虎 孙延风 丰小月 主编
梁艳春 管仁初 副主编

高校系列

人民邮电出版社
北京

图书在版编目（CIP）数据

计算方法 / 时小虎，孙延风，丰小月主编. -- 北京：人民邮电出版社，2020.8（2024.1重印）
21世纪高等学校计算机规划教材
ISBN 978-7-115-53335-7

Ⅰ. ①计… Ⅱ. ①时… ②孙… ③丰… Ⅲ. ①计算方法－高等学校－教材 Ⅳ. ①O24

中国版本图书馆CIP数据核字(2020)第058065号

内 容 提 要

本书主要介绍数值计算方法，讲解如何在计算机上进行数学模型的求解。

本书共8章，系统讲授了计算机二进制浮点表示及运算、误差分析以及向量和矩阵范数等数值计算的基础性概念，并以线性代数方程组求解、非线性方程求解、矩阵特征值问题、函数插值和曲线拟合、数值积分、数值微分等典型数学问题为例，对数值计算方法进行详细阐述。本书试图帮助读者从原理和实践两方面深入理解数值计算方法，一方面，算法的稳定性、收敛性及误差分析贯穿全书；另一方面，每一章都由一个实际应用引入，以一个实验结尾，并配备了实验题供读者实际练习，书中的主要算法均给出了Octave程序。

本书面向高等院校计算机类专业以及其他非数学类理工科专业的学生，可作为高等院校相关专业的教学用书，也适合作为对数值计算方法感兴趣的工程技术人员和其他读者的参考资料。

◆ 主　　编　时小虎　孙延风　丰小月
副 主 编　梁艳春　管仁初
责任编辑　罗　朗
责任印制　王　郁　陈　犇
◆ 人民邮电出版社出版发行　　北京市丰台区成寿寺路 11 号
邮编　100164　　电子邮件　315@ptpress.com.cn
网址　https://www.ptpress.com.cn
山东百润本色印刷有限公司印刷
◆ 开本：787×1092　1/16
印张：12.75　　2020 年 8 月第 1 版
字数：276 千字　　2024 年 1 月山东第 3 次印刷

定价：49.80 元

读者服务热线：(010)81055256　印装质量热线：(010)81055316
反盗版热线：(010)81055315
广告经营许可证：京东市监广登字 20170147 号

前　言

随着电子计算机技术的快速发展，科学计算已经成为与理论分析和实验研究并列的科学研究的第三范式，并渗透到各个学科。“计算方法”，又称“数值计算方法”，主要是一门研究如何利用计算机对数学问题进行数值求解的课程，是科学计算的基础。“计算方法”涵盖了高等数学和线性代数中涉及的主要问题，包括线性代数方程组的数值求解、非线性方程（组）的数值解法与最优化问题、矩阵特征值问题的数值求解、函数插值与曲线拟合、数值积分、常微分方程的数值求解，同时包括了这些数值方法的收敛性、稳定性与误差估计等。“计算方法”又是一门与计算机应用结合非常紧密、实用性很强的课程，因此在计算机相关专业中占有重要地位。

本书是编者在吉林大学计算机科学与技术学院为本科生讲授“计算方法”课程十余年的实践基础上编写而成的。在本书中，编者主要针对以计算机相关专业为代表的非数学类理工科专业特点，强调“以问题为导向”的主要思想，各主要章节均以实际问题为背景进行引入。例如，在第 2、4、7 章中分别从不同角度以谷歌搜索引擎核心算法 PageRank 作为引入，以使读者对该章内容产生兴趣。本书还增加了一些相关算法的历史及重要人物的介绍，有助于读者了解本学科历史并树立明确的学习目标。此外，本书强调实践，各章均设置了实验题，设置实验题的目的不是简单地对教材中的算法通过编程实现求解，而是力求通过实验题的练习，使读者能够对书中的重要概念和定理等有更深刻的理解。本书以 Octave 语言为载体，对主要算法均给出了源程序，方便读者学习。

本书共 8 章。若使用本书作为教材，建议课堂讲授总学时不少于 54 学时，实验学时不少于 16 学时。如果学时较少，可以将部分较难内容及第 7 章选讲或不讲。

在本书的编写过程中，我们广泛参考了近年来出版的同类教材，将其中比较主要的列在了本书的参考文献中，特别是吉林大学数学学院（系）黄明游教授主编的几本教材（参考文献[1]、[2]），早期一直是本书编者在教学过程中使用的教科书，对本书影响很大。在此一并表示感谢！

本书的第 2、7 章由时小虎编写，第 4、5 章由孙延风编写，第 3、6

章由丰小月编写，第 1 章由梁艳春编写，第 8 章由管仁初编写。时小虎主持了本书的编撰、修改和定稿等工作，王宁硕士帮助进行了文字校对。

由于编者水平、经验有限，书中疏漏和不足在所难免，欢迎有关专家和读者批评指正。

编　者

2019 年 9 月

目 录

第1章 绪论

1.1 计算方法概述

1.1.1 科学计算与计算方法

在计算机产生以前，人类主要基于理论分析和实验研究两种手段进行科学研究。随着计算机的诞生以及计算机技术的快速发展，科学计算（使用电子计算机解决科学技术问题）已经成为人类从事科学活动和解决科学问题不可缺少的手段，并逐渐成为与前两种方法并列的科学研究的第三种基本手段。一方面，电子计算机具有强大的运算能力，它能帮助我们迅速完成大量的数据计算。对于一项科学问题，在几小时之内得到结果与在几星期、几年，甚至上百年才能得到结果，有着完全不同的实践意义：我们研究的范围会因此而改变。例如，对气候变化的研究需要考虑地球气候几千年来的变化，因此，只有在几小时内模拟一年或更长时间的地球气候变化时，这项研究才是可行的，这就需要强大的运算能力。另一方面，在科学研究中，有些现象不适于做真实实验，因为太复杂，太昂贵，太危险，太庞大或太微小，而科学计算可以替代或者极大地减少实验过程。例如，在飞机的设计过程中研究所设计的飞机模型在各种条件下的负载和安全情况，如果对于所有情况都进行实验，显然人力和财力都难以承受。科研人员可以通过科学计算对飞机模型在各种条件下的负载情况进行计算，这样可以极大地节省飞机研制过程中所需的人力、物力，并大大加快研发进度。

然而科学计算并不是计算机本身的自然产物，而是数学与计算机有机结合的结果，也是计算机仿真的基石。用电子计算机解决科学问题的流程如图 1.1 所示，主要有以下几步：（1）适当简化实际问题，抽取出数学模型；（2）根据抽取的数学模型选择和设计数值计算方法；（3）程序设计，在计算机上实现设计出的数值方法；（4）在计算机上进行计算；（5）根据计算机上得到的结果给出实际问题的解答。其中，第（1）步根据有关的数学理论和方法建立数学模型是整个科学计算的前提；而第（2）步如何运用计算机将建立的数学模型进行求解是科学计算的一个核心环节，这正是计算方法这门课程的主要内容。

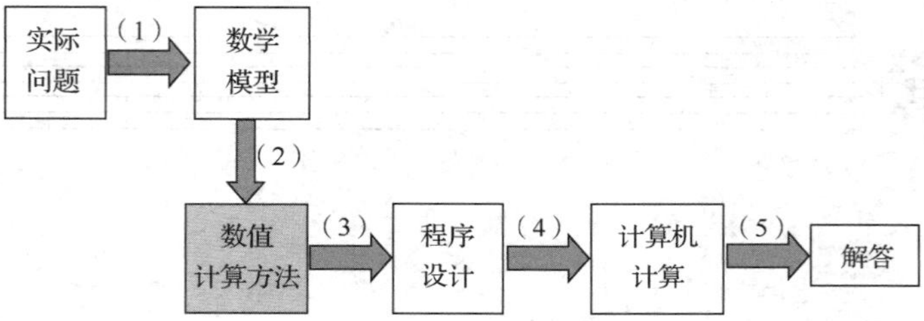

图 1.1　科学计算的主要流程

计算方法（又称**数值计算方法**、**数值分析**）是数学的一个分支，以电子计算机求解数学问题的方法与理论为研究对象。其具体内容包括线性代数方程组求解、非线性方程（组）的解法与最优化问题、矩阵特征值问题求解、函数插值与拟合、数值积分、常微分方程与偏微分方程的数值解法等；此外还包括有关计算方法可靠性的理论研究，如方法的收敛性、稳定性与误差估计等。

1.1.2　数学模型与计算方法

有读者可能会问，我们已经知道了数学模型，直接在计算机上编程实现不就行了吗，还要学习计算方法吗？下面以大家都很熟悉的定积分问题为例，来说明学习计算方法的必要性。

对于定积分

$$I=\int_a^b f(x)\mathrm{d}x \tag{1.1.1}$$

由微积分知识可知，只要找到被积函数 $f(x)$ 的原函数 $F(x)$，便有牛顿-莱布尼茨（Newton-Leibniz）公式

$$\int_a^b f(x)\mathrm{d}x=F(b)-F(a) \tag{1.1.2}$$

在此种情况下，可直接由式（1.1.2）给出式（1.1.1）的解答。然而下面 3 种情况无法给出其解析解，或者解析解过于复杂，不易写出来。

（1）能给出原函数的情况只是少数，更多时候原函数是无法用初等函数表示成有限形式的，如 $\int_a^b \sin x^2\mathrm{d}x$，$\int_a^b \frac{\sin x}{x}\mathrm{d}x$ 等。

（2）有时虽然能够给出原函数，但是原函数过于复杂，计算量很大，如被积函数为 $f(x)=x^2\sqrt{2x^2+3}$ 时，原函数为 $F(x)=\frac{x^3\sqrt{2x^2+3}}{4}+\frac{3x\sqrt{2x^2+3}}{16}-\frac{9}{16\sqrt{2}}\ln(\sqrt{2}x+\sqrt{2x^2+3})$。

（3）有时我们甚至不知道被积函数是什么，自然无法给出原函数，如被积函数以表 1.1 中离散数据点的形式给出。

表 1.1　　离散数据点的形式

x_i	x_0	x_1	…	x_n
$y_i = f(x_i)$	y_0	y_1	…	y_n

从上面关于定积分求解的例子中可以看出，有了数学模型，并不一定能够直接用计算机求解，因此我们需要学习利用计算机求解上述数学模型的方法，即数值计算方法。事实上，对于同一个问题，可能存在不同的数值计算方法。不同方法之间的效率、精度等都可能不同，有时甚至有天壤之别。通过对计算方法的学习，我们能够学会构造或选择优秀的数值计算方法。下面再举出两个例子让读者体会一下学习计算方法的意义。

1. 秦九韶算法

对于给定的 x，计算下面多项式的值

$$P_n(x) = a_0x^n + a_1x^{n-1} + \cdots + a_{n-1}x + a_n = \sum_{k=0}^{n} a_k x^{n-k} \tag{1.1.3}$$

计算每一项 a_kx^{n-k}，需做 $n-k$ 次乘法。如果先逐项计算 a_kx^{n-k}，然后累加求和计算多项式的值，所耗费的乘法次数为

$$Q = \sum_{k=0}^{n}(n-k) = \frac{n(n+1)}{2} \approx \frac{n^2}{2} \tag{1.1.4}$$

当 n 充分大时，这个计算量是非常大的。下面将式（1.1.3）改写为

$$P_n(x) = (((a_0x + a_1)x + a_2)x + \cdots + a_{n-1})x + a_n \tag{1.1.5}$$

显然，式（1.1.5）与式（1.1.3）在数学上完全等价，但从计算的角度来看两者截然不同。从最内层的括号开始计算式（1.1.5），每个括号内有一次乘法，共有 n 个括号，因此一共有 n 次乘法。可见，式（1.1.5）的计算量远小于直接计算式（1.1.3）的计算量。此外，计算式（1.1.3）需要更多的存储单元，而且，当 n 和 x 都比较大时，式（1.1.3）容易产生溢出现象；而式（1.1.5）则可反复利用存储单元，大大减小存储量。

这一优秀算法被称作秦九韶算法，是我国南宋大数学家秦九韶（公元 13 世纪）最先提出的。需要指出的是，西方国家一般称此算法为霍纳（Horner）算法，其实霍纳 Horner 所做的工作比秦九韶晚了五六百年。算法伪代码如图 1.2 所示。

```
function p=qinjiushao(a, x)
    #Calculate polynomial function by Qin's Algorithm
    #a is the coefficient vector, x is variable
    n=size(a);
    p=0;                                        算法（1.1）
    for i=1:n
        p=p×x+a(i);
    end
endfunction
```

图 1.2　秦九韶算法

2. 线性代数方程组求解

求线性代数方程组

$$\boldsymbol{A}\boldsymbol{x}=\boldsymbol{b} \tag{1.1.6}$$

的解，其中 $\boldsymbol{x}=(x_1,x_2,\cdots,x_n)$ 为未知向量，系数矩阵 $\boldsymbol{A}$ 为一个 n 阶方阵，其对应的行列式 $D=\det(\boldsymbol{A})\neq0$，$\boldsymbol{b}$ 为常数向量。由线性代数知识可知，此方程组存在唯一解，并可由克拉默（Cramer）公式给出，即

$$x_i=\frac{D_i}{D},\ i=1,2,\cdots,n \tag{1.1.7}$$

其中 D_i 为将 $\boldsymbol{A}$ 中的第 i 列用 $\boldsymbol{b}$ 代替后的矩阵所对应的行列式。因此，计算 $x_i\ (i=1,2,\cdots,n)$ 共需要计算 $n+1$ 个 n 阶行列式。按拉普拉斯（Laplace）展开法计算 n 阶行列式的值，需做 $n!(1+1/2!+\cdots+1/(n-1)!)$次乘法，姑且算作 $n!$次乘法。这样，用克拉默公式求解 n 阶线性代数方程组，共需要$(n+1)!$次以上的乘法。对一个 20 阶的线性代数方程组，需要做$(21)!\approx5.11\times10^{19}$ 次以上的乘法运算。如果用一台每秒可做 10^9 次乘法的计算机进行求解，它每年可做 $365\times24\times3600\times10^9\approx3.15\times10^{16}$ 次乘法运算，因此所需计算时间至少为（5.11×10^{19}）÷（3.15×10^{16}）≈1622 年以上！这在实际计算中是完全不可行的。那么我们面对这样一个简单问题就无能为力了吗？答案是否定的。事实上，如果利用“计算方法”课程所讲授的高斯（Gauss）消元法计算，在 1 秒之内就可以给出结果！这更进一步说明了学习“计算方法”的必要性。讲到这里，大家是否迫不及待地想要开始这门课程的学习了呢？

计算方法的应用极为广泛，从国防尖端科技，到日常生活生产。例如，在火箭和卫星的设计与控制、飞机与汽车的优化设计、尖端数控机床、地质勘探与油气开发、天气预报、图像处理、网络搜索等方面，都有计算方法的应用。它作为一种科学方法已经渗透到许多不同的科学领域，并形成了诸如计算力学、计算物理、计算化学、计量经济学、生物信息学等交叉学科。目前，世界各国都非常重视高性能计算的发展，并将其视为一个国家综合国力的重要体现之一。因此，计算技术和计算方法必将有更广阔的发展空间。

1.1.3 计算方法的特点及学习方法

计算方法本质上是数学，但其与计算机应用结合非常紧密，实用性很强。因此，计算方法既具有数学的高度概括性和严密的科学性，又具有很强的实用性和技巧性。具体来说，学习“计算方法”有以下几个特点。

（1）面向计算机

所有的计算方法最终都要在计算机上运行求解，因此必须根据计算机的特点提供实际可行的算法，最终由计算机能够执行的加、减、乘、除四则运算和各种逻辑运算来求解。

（2）有可靠的理论分析

要求计算方法具有收敛的性质，能够分析收敛条件与收敛速度，同时能够抑制误差的传播，即保证算法的稳定性。另外，还应给出计算方法相对于精确解的误差界限，即误差分析。

（3）注重算法的效率

算法要有良好的计算复杂性，包括时间复杂性和空间复杂性。前者要求算法在尽量短的时间内结束算法，后者则要求算法尽量少地使用存储单元，这些是在设计算法时必须考虑的。

（4）重视数值实验

计算方法是数学与计算机密切结合的一门课程，所有的理论分析和算法设计最终都要在计算机上进行实现才有实际意义。

根据上述特点，在学习计算方法时应注意以下 3 点。首先，要掌握构造方法的原理、思想，理解所给出的数值方法为什么能够收敛到问题的解，并能够分析算法的精度；其次，注重算法的效率和适用范围，针对不同情况学会选择和设计优秀的算法；最后，要重视实践，只有动手将算法在计算机上进行实践，才能真正理解算法，进而设计出更优秀的算法。

1.2　误差

1.2.1　计算机的浮点表示及算术运算

计算机内部通常使用二进制浮点数进行实数的表示和运算，每个实数 x 被表示为

$$x = \pm 0.d_1d_2\cdots d_k\times 2^p \tag{1.2.1}$$

其中，$d_1=1$，$d_i = 0$ 或 1，$i=2,3,\cdots,k$，整数 p 满足 $-m\leqslant p\leqslant M$。对于不同的计算机，零的浮点表示可能是不同的，通常用 $0 = \pm 0.00\cdots0\times 2^{-m}$ 表示。因此，一台给定的二进制浮点计算机，只能表示所有形如式（1.2.1）的有限数集 $\boldsymbol{S} = \boldsymbol{S}(k, m, M)$，这是实数轴上的不等距点集。实际上，一个实数 x 只能在计算机上用有限数集 $\boldsymbol{S}$ 中最接近 x 的数来近似表示，这就带来了数的表示误差。此外，当 $|x| > 2^M-2^{M-k}$ 时就溢出了（上溢出），而 $|x| < 2^{-m-1}$ 时为机器零（下溢出）。

例如，在一个 32 位单精度计算机上，实数 x 的二进制可以表示为式（1.2.2）

$$x=\pm 0.d_1d_2\cdots d_{23}\times 2^p,\ |p|\leqslant 2^7-1 \tag{1.2.2}$$

其中，符号位占 1 位，尾数占 23 位，阶数占 8 位。

注意：上面的 8 位阶数中需有 1 位表示阶数的符号，所以阶数值占 7 位。

计算机只能对浮点数集进行加、减、乘、除四则运算。由于我们不习惯用二进制数做四则运算，所以下面以十进制的 4 位浮点数的四则运算为例进行说明，其道理与二进制浮点运算完全相同。设 $\boldsymbol{S}_{10}$ 是由所有形如 $\pm 0.d_1d_2d_3d_4\times10^p$ 的 4 位十进制浮点数构成的集合，其中 $1\leqslant d_1\leqslant9$，$0\leqslant d_i\leqslant9$，$i=2,3,4$，整数 p 满足 $-9\leqslant p\leqslant10$。

例 1.1 如上所述的 4 位十进制浮点计算机（数集 $\boldsymbol{S}_{10}$）上的算术运算。

（1）$0.2015\times10^4+0.1911\times10^2$

$\rightarrow0.2015\times10^4+0.0019\times10^4$ ……………………………………对阶

$\rightarrow0.2034\times10^4$ ……………………………………计算

（2）$0.2015\times10^4+0.1911\times10^{-1}$

$\rightarrow0.2015\times10^4+0.0000\times10^4$ ……………………………………对阶

$\rightarrow0.2015\times10^4$ ……………………………………计算

（3）$0.2015\times10^4-0.2008\times10^4$

$\rightarrow0.0007\times10^4$ ……………………………………计算

$\rightarrow0.7000\times10^1$ ……………………………………规范化

（4）$(0.2015\times10^4)\times(0.1911\times10^{-5})$

$\rightarrow(0.2015\times0.1911)\times10^{-1}$ ……………………………………对阶

$\rightarrow(0.3851\times10^{-1})\times10^{-1}$ ……………………………………计算

$\rightarrow0.3851\times10^{-2}$ ……………………………………规范化

（5）$(0.2015\times10^4)\div(0.1911\times10^{-5})$

$\rightarrow(0.2015\div0.1911)\times10^9$ ……………………………………对阶

$\rightarrow(0.1054\times10^1)\times10^9$ ……………………………………计算

$\rightarrow0.1054\times10^{10}$ ……………………………………规范化

从例 1.1 中可以看出，计算机上的算术运算会不可避免地带来计算误差。以下几种情况我们必须尽力避免：①绝对值相差悬殊的两个数做加、减法，这会造成“大数吃小数”的现象（如例 1.1 中第（2）种情况）；②非常接近的数相减，这会损失掉有效数字（如例 1.1 中第（3）种情况）；③相对于被除数来说，除数的绝对值很小，这会产生绝对值很大的数，甚至溢出（如例 1.1 中第（5）种情况）。

例 1.2 在前面所述的 4 位十进制浮点计算机（数集 $\boldsymbol{S}_{10}$）上求解如下一元二次方程

$$x^2-24x+1=0 \tag{1.2.3}$$

根据求根公式，此方程的两个根是

$$x_1=12+\sqrt{143}\text{，}\quad x_2=12-\sqrt{143}$$

在 4 位十进制浮点计算机（数集 $\boldsymbol{S}_{10}$）上，$\sqrt{143}=0.1196\times10^2$，于是按照上面求根公式有

$$x_1=0.2396\times10^2, x_2=0.4000\times10^{-1}$$

下面我们换一种方法计算 x_2，即

$$x_2=12-\sqrt{143}=\frac{1}{12+\sqrt{143}} \tag{1.2.4}$$

则 $x_2=0.4174\times10^{-1}$。事实上，x_2 的精确解应为 0.0417393…。显而易见，后一种方法更加精确，其主要原因是这种方法避免了第一种方法中出现的相近的两个数相减的情况。

1.2.2　误差来源

采用数值方法解决实际问题，会不可避免地出现误差，得到的解只是问题的近似解。因此，对误差进行分析和估计是计算方法的重要内容。下面讨论误差的来源。

数值方法求解首先从实际问题开始，经过数学模型的抽取、数值计算方法的设计、程序设计、计算机求解等步骤，最后得到问题的解，误差也主要是在这些过程中产生的。首先，实际问题中的数据都是经过实验或观测得到的，受各种条件限制，所得到的结果必然会与真实情况存在一定的误差，称为**观测误差**；其次，一般来说，数学模型都是对实际问题进行一定的简化而建立起来的，这种简化也会带来误差，称为**模型误差**；再次，根据数学模型设计出的数值方法通常是用近似公式代替精确公式，由此产生的误差称为**方法误差**（又称**截断误差**）；最后，当用计算机求解问题时必然涉及数在计算机上的表示，实数用浮点数表示也会存在表示误差，称为**舍入误差**。下面举一个简单的例子对误差来源进行说明。

地球的表面积可以用公式 $A=4\pi R^2$ 进行计算，其中 R 为地球的半径。这就包含了许多近似：地球的半径 R 不论经过怎样的测量和计算都会存在一定的误差，这是观测误差；地球被简化成一个球，这与地球的实际情况也有一定的差别，这是模型误差；公式中的π是无理数，在计算机中无法表示，只能截断到某一有限字长，这是方法误差；所有初始数据、中间数据以及最后结果在计算机上进行表示都有舍入误差。计算方法主要研究如何由数学模型给出数值方法，因此我们一般不考虑观测误差和模型误差，重点研究方法误差和舍入误差的影响。

例 1.3　为了计算函数值 $f(x)=e^x(|x|<1)$的取值，我们用泰勒（Taylor）多项式

$$P_n(x)=1+x+\frac{x^2}{2!}+\cdots+\frac{x^n}{n!} \tag{1.2.5}$$

近似代替 e^x，此时的方法误差为

$$R_n(x)=e^x-P_n(x)=\frac{x^{n+1}e^{\xi}}{(n+1)!},\quad |\xi|<1 \tag{1.2.6}$$

1.2.3 误差的基本概念

1. 绝对误差与绝对误差限

定义 1.1 设 x 为精确值，x^* 为近似值，称 $e^*=x^*-x$ 为近似值 x^* 的**绝对误差**，简称**误差**。

精确值通常是未知的，所以 $e^*=x^*-x$ 一般无法准确求出，但有时可以根据估计或测量给出其绝对误差的一个界限。

定义 1.2 设 $\varepsilon^*>0$，并满足

$$|e^*|=|x^*-x|\leqslant\varepsilon^* \tag{1.2.7}$$

则称 ε^* 为近似值 x^* 的**绝对误差限**，简称**误差**。

2. 相对误差与相对误差限

定义 1.3 设 x 为精确值，x^* 为近似值，则称比值

$$\frac{e^*}{x}=\frac{x^*-x}{x} \tag{1.2.8}$$

为近似值 x^* 的相对误差，记作 e_r^*。实际应用时，常用 x^* 代替式（1.2.8）分母中的 x。

定义 1.4 设 ε^* 是近似值 x^* 的误差限，则称

$$\varepsilon_r^*=\frac{\varepsilon^*}{|x^*|} \tag{1.2.9}$$

为近似值 x^* 的**相对误差限**，此时，有

$$\frac{|x^*-x|}{|x^*|}\leqslant\frac{\varepsilon^*}{|x^*|}=\varepsilon_r^* \tag{1.2.10}$$

3. 有效数字与有效位数

定义 1.5 如果

$$|e^*|=|x^*-x|\leqslant 0.5\times10^{-n} \tag{1.2.11}$$

则说 x^* 近似表示 x 准确到 10^{-n} 位，并从这一位起直到最左边的非零数字之间的一切数字都称为**有效数字**，并把有效数字的位数称为**有效位数**。

例 1.4 取自然常数 e 的近似值 $x^*=2.72$，则

$$|2.72-\mathrm{e}|\leqslant 0.001718\cdots\leqslant 0.5\times10^{-2}$$

即 x^* 近似表示 e 准确到 10^{-2} 位，因此具有 3 位有效数字。

若取 e 的近似值 $x^*=2.71828$，则

$$|2.71828-\mathrm{e}|\leqslant 0.0000018\cdots\leqslant 0.5\times10^{-5}$$

即 x^* 近似表示 e 准确到 10^{-5} 位，因此具有 6 位有效数字。

定义 1.5 说明有效数字越多，准确程度越高。下面给出有效数字的另一个等价定义：将 x 的近似值 x^* 表示为十进制浮点数的标准形式

$$x^* = \pm 0.d_1 d_2 \cdots d_k \times 10^m, \quad d_i = 0,1,\cdots,9, \quad d_1 \neq 0 \tag{1.2.12}$$

如果

$$|e^*| = |x^* - x| \leqslant 0.5 \times 10^{m-n} \tag{1.2.13}$$

则说近似值 x^* 具有 n 位有效数字。这里 n 是正整数，m 是整数。

定理 1.1 若近似值 x^* 具有 n 位有效数字，则其相对误差满足

$$\left|e_r^*\right| \leqslant \frac{1}{2d_1} \times 10^{-(n-1)} \tag{1.2.14}$$

反之，如果 x^* 的相对误差 $e_r{}^*$ 满足

$$\left|e_r^*\right| \leqslant \frac{1}{2(d_1+1)} \times 10^{-(n-1)} \tag{1.2.15}$$

则 x^* 至少具有 n 位有效数字。

1.2.4 误差分析

对带有误差的数据进行计算时，误差会在运算过程中传播，必然导致计算结果出现误差。一般来说，精确值 x 与近似值 x^* 都比较接近，其误差可以看作是一个小的增量，因此可以把误差看作微分，即

$$e^* = x^* - x = \mathrm{d}x \tag{1.2.16}$$

$$e_r^* = \frac{e^*}{x} = \frac{\mathrm{d}x}{x} = \mathrm{d}\ln x \tag{1.2.17}$$

这表明，x 的微分表示 x 的误差，$\ln x$ 的微分表示 x 的相对误差。根据式（1.2.16）和式（1.2.17），可以得到算术运算的误差，以 x, y 两数为例，有

$$e^*(x \pm y) = \mathrm{d}(x \pm y) = \mathrm{d}x \pm \mathrm{d}y = e^*(x) \pm e^*(y) \tag{1.2.18}$$

$$e^*(xy) = \mathrm{d}(xy) = y\,\mathrm{d}x + x\,\mathrm{d}y = y\,e^*(x) + x\,e^*(y) \tag{1.2.19}$$

$$e^*\left(\frac{x}{y}\right) = \mathrm{d}\left(\frac{x}{y}\right) = \frac{y\mathrm{d}x - x\mathrm{d}y}{y^2} = \frac{ye^*(x) - xe^*(y)}{y^2}, \quad y \neq 0 \tag{1.2.20}$$

$$e_r{}^*(xy) = \mathrm{d}\ln(xy) = \mathrm{d}\ln(x) + \mathrm{d}\ln(y) = e_r{}^*(x) + e_r{}^*(y) \tag{1.2.21}$$

$$e_r^*\left(\frac{x}{y}\right) = \mathrm{d}\ln\left(\frac{x}{y}\right) = \mathrm{d}\ln(x) - \mathrm{d}\ln(y) = e_r^*(x) - e_r^*(y), \quad y \neq 0 \tag{1.2.22}$$

而更一般的情况是，当自变量有误差时，计算函数值时也会产生误差。其误差可以用函数的泰勒展开式进行估计。设一元函数 $f(x)$ 有二阶导数，自变量 x 的一个近似值为 x^*，$f(x)$ 的近似值为 $f(x^*)$，其误差和相对误差分别记作 $e^*(f(x))$ 和 $e_r^*(f(x))$。用 $f(x)$ 在 x^* 点的泰勒展开估计误差，可得

$$f(x)-f(x^*)=f'(x^*)(x-x^*)+\frac{f''(\xi)}{2}(x-x^*)^2,\quad \xi\text{介于}x\text{和}x^*\text{之间}$$

即

$$-e^*(f(x))=-f'(x^*)e^*(x)+\frac{f''(\xi)}{2}(e^*(x))^2$$

x^*作为 x 的一个近似值，其误差 $e^*(x)$一般是一个很小的数，若$f'(x^*)$与$f''(x^*)$的比值不是很大，则可省略 $e^*(x)$的二次项，得到

$$e^*(f(x))\approx\left|f'(x^*)\right|e^*(x) \tag{1.2.23}$$

$$e_r^*(f(x))\approx\left|\frac{f'(x^*)}{f(x^*)}\right|e(x^*) \tag{1.2.24}$$

例 1.5 已知$\left(\sqrt{2}-1\right)^6=99-70\sqrt{2}=\dfrac{1}{99+70\sqrt{2}}$，由于$\sqrt{2}$的精确值未知，取$\sqrt{2}\approx1.414$计算该连等式的值，试问用连等式中的哪个表达式计算的精度最高？

解： 记

$x=\sqrt{2}$，x^*=1.414，于是

$$\left|e^*(\sqrt{2})\right|=\left|\sqrt{2}-1.414\right|\leqslant\frac{1}{2}\times10^{-3}$$

令 $f_1(x)=(x-1)^6$，则 $f_1'(x)=6(x-1)^5$，于是

$$\begin{aligned}\left|\left(\sqrt{2}-1\right)^6-(1.414-1)^6\right|&=\left|f_1(\sqrt{2})-f_1(1.414)\right|\approx f_1'(1.414)\left|\sqrt{2}-1.414\right|\\&=\left|6(1.414-1)^5\right|\cdot\left|e^*(\sqrt{2})\right|\leqslant0.073\cdot\left|e^*(\sqrt{2})\right|\end{aligned}$$

同理，令 $f_2(x)=99-70x$，则 $f_2'(x)=-70$，于是

$$\begin{aligned}\left|\left(99-70\sqrt{2}\right)-(99-70\times1.414)\right|&=\left|f_2(\sqrt{2})-f_2(1.414)\right|\approx f_2'(1.414)\left|\sqrt{2}-1.414\right|\\&=\left|-70\right|\cdot\left|e^*(\sqrt{2})\right|\leqslant70\cdot\left|e^*(\sqrt{2})\right|\end{aligned}$$

令 $f_3(x)=\dfrac{1}{99+70x}$，则 $f_3'(x)=\dfrac{-70}{(99+70x)^2}$，于是

$$\begin{aligned}\left|\frac{1}{99+70\sqrt{2}}-\frac{1}{99+70\times1.414}\right|&=\left|f_3(\sqrt{2})-f_3(1.414)\right|\approx f_3'(1.414)\left|\sqrt{2}-1.414\right|\\&=\left|\frac{-70}{(99+70\times1.414)^2}\right|\cdot\left|e^*(\sqrt{2})\right|\leqslant0.002\cdot\left|e^*(\sqrt{2})\right|\end{aligned}$$

由此结果可以看出，第 3 个表达式的精度最高，第 2 个表达式的精度最差。

例 1.6 考虑积分

$$I_n=\int_0^1x^ne^{x-1}\mathrm{d}x \tag{1.2.25}$$

的近似计算。

解： 此积分满足递推关系式

$$I_n=1-nI_{n-1} \tag{1.2.26}$$

假定我们首先计算出 I_0 的近似值 $\overline{I_0}$ ，再利用递推关系式（1.2.26）依次算出表 1.2 的结果。

表 1.2 按递推关系式（1.2.26）计算结果

$\overline{I_0}$	$\overline{I_1}$	$\overline{I_2}$	$\overline{I_3}$	$\overline{I_4}$	$\overline{I_5}$	$\overline{I_6}$	$\overline{I_7}$
0.6321	0.3680	0.2640	0.2080	0.1680	0.1600	0.0400	0.7200
0.6321	0.3679	0.2642	0.2073	0.1709	0.1456	0.1268	0.1124

表 1.2 中的第 3 行是精确值 I_n 的舍入结果。根据积分公式，易知

$$I_{n+1} = \int_0^1 x^{n+1} e^{x-1} \mathrm{d}x < \int_0^1 x^n e^{x-1} \mathrm{d}x = I_n$$

上述结果中从 $\overline{I_0}$ 到 $\overline{I_6}$ 一直保持递减的趋势，但是到 $\overline{I_7}$ 突然增大，因此可以推断这个结果是错误的。下面，我们分析一下为什么会出现这种错误。这是因为 $\overline{I_0}$ 的误差（即舍入误差）按式（1.2.26）递推过程逐次地乘以因子 $2,3,\cdots,7$，致使误差急剧增长。反之，若将式（1.2.26）改写成

$$I_{n-1} = \frac{1-I_n}{n} \tag{1.2.27}$$

先计算出 I_7 的近似值 $\overline{I_7}$ ，再从 $\overline{I_7}$ 开始按式（1.2.27）递推，可依次算出表 1.3 的结果。

表 1.3 按递推关系式（1.2.27）计算结果

$\overline{I_7}$	$\overline{I_6}$	$\overline{I_5}$	$\overline{I_4}$	$\overline{I_3}$	$\overline{I_2}$	$\overline{I_1}$	$\overline{I_0}$
0.1124	0.1268	0.1456	0.1709	0.2073	0.2642	0.3679	0.6321
0.1124	0.1268	0.1456	0.1709	0.2073	0.2642	0.3679	0.6321

表 1.3 中的第 3 行仍然是精确值 I_n 的舍入结果。我们看到，按式（1.2.27）递推的结果是令人满意的，它很好地控制了误差的传播。$\overline{I_7}$ 的初始误差，在之后的每步被依次乘以 $1/7, 1/6, \cdots, 1$，使得误差逐步缩小。

这个例子告诉我们，在设计算法时一定要考虑如何控制误差的传播。

1.3 实验——函数导数的近似计算

函数 $f(x)$ 的导数定义为

$$f'(x_0) = \lim_{h \to 0} \frac{f(x_0+h) - f(x)}{h}$$

于是可以给出 $f(x)$ 在 x_0 点导数的两种计算方法

$$f'(x_0) \approx \frac{f(x_0+h) - f(x_0)}{h} \tag{1.3.1}$$

$$f'(x_0) \approx \frac{f(x_0+h) - f(x_0-h)}{2h} \tag{1.3.2}$$

实验要求：

（1）选择有代表性的函数 $f(x)$，分别用上面两种方法求导数；试比较对同样的步长 h，两种方法的精度，并解释原因。

（2）用同一种方法，比较步长变化时精度的变化，比如从 10^{-2} 到 10^{-14}，思考其原因。

解：

（1）选择代表性函数 $f(x)=2x^2-3x+4+\sin(x)+e^x$，分别用式（1.3.1）和式（1.3.2）求导数，Octave 代码如下：

```
self_fun=@(x)(2.*x.*x-3*x+4+sin(x)+exp(x));
deri=@(x)(4*x-3+cos(x)+exp(x));
deri_1=@(f,x,h)((f(x+h)-f(x))./h);
deri_2=@(f,x,h)((f(x+h)-f(x-h))/2./h);
x=0:0.1:1;
x=x';
y=deri(x);
h0=0.001;
y1=deri_1(self_fun,x,h0);
y2=deri_2(self_fun,x,h0);
plot(x,abs(y1-y),'-ro',x,abs(y2-y),'--b*');
legend('error of deri_1', 'error of deri_2');
xlabel('x (Step h is set as 0.001)');
ylabel('Error of deriviation approximate functions');
x0=0;
d=[(2):(1):(14)]';
h=10.^(-d);
yy=deri(x0)*ones(size(d));
yy1=deri_1(self_fun,x0,h);
yy2=deri_2(self_fun,x0,h);
figure;
plot(d,abs(yy1-yy),'-ro');
legend('error of deri_1');
xlabel('Step h (at the point of x=0)');
ylabel('Error of deriviation approximate function');
```

图 1.3 显示了当步长 $h=0.001$ 时分别用式（1.3.1）和式（1.3.2）求导数的误差比较，结果显示式（1.3.2）的精度远高于式（1.3.1）。

由泰勒公式有

$$f(x_0+h)=f(x_0)+f'(x_0)h+\frac{f''(x_0)}{2!}h^2+O(h^3) \qquad (1.3.3)$$

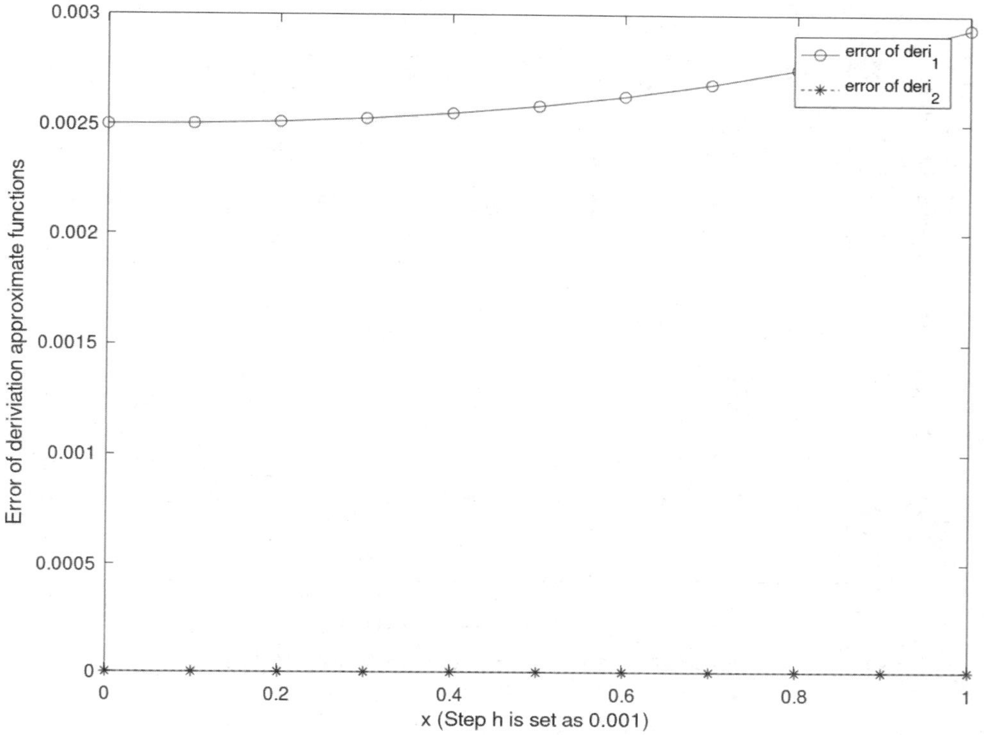

图 1.3 两种方法的精度比较（步长为 0.001）

于是，

$$\frac{f(x_0+h)-f(x_0)}{h}=f'(x_0)+\frac{f''(x_0)}{2!}h+O(h^2)=f'(x_0)+O(h) \tag{1.3.4}$$

又由于

$$f(x_0-h)=f(x_0)-f'(x_0)h+\frac{f''(x_0)}{2!}h^2+O(h^3) \tag{1.3.5}$$

于是由式（1.3.3）减去式（1.3.5）可得

$$\frac{f(x_0+h)-f(x_0-h)}{2h}=f'(x_0)+O(h^2) \tag{1.3.6}$$

由式（1.3.4）和式（1.3.6）可见，式（1.3.1）和式（1.3.2）的误差分别为 $O(h)$和 $O(h^2)$，后者精度比前者高了 1 阶。

（2）图 1.4 显示了第一种方法在步长由 0.1 变化到 10^{-14} 的误差变化，结果显示当步长由 0.1 逐渐变小时误差也随之下降，这与式（1.3.4）和式（1.3.6）结果相符。然而当步长达到 10^{-13} 时，误差随着步长的减小逐渐上升。其原因在于 Octave 中的数只能表示 15 位有效数字，所以当步长减小到一定程度之后，计算机的表示误差上升为算法的主要误差，并随着步长的进一步减小迅速变大。

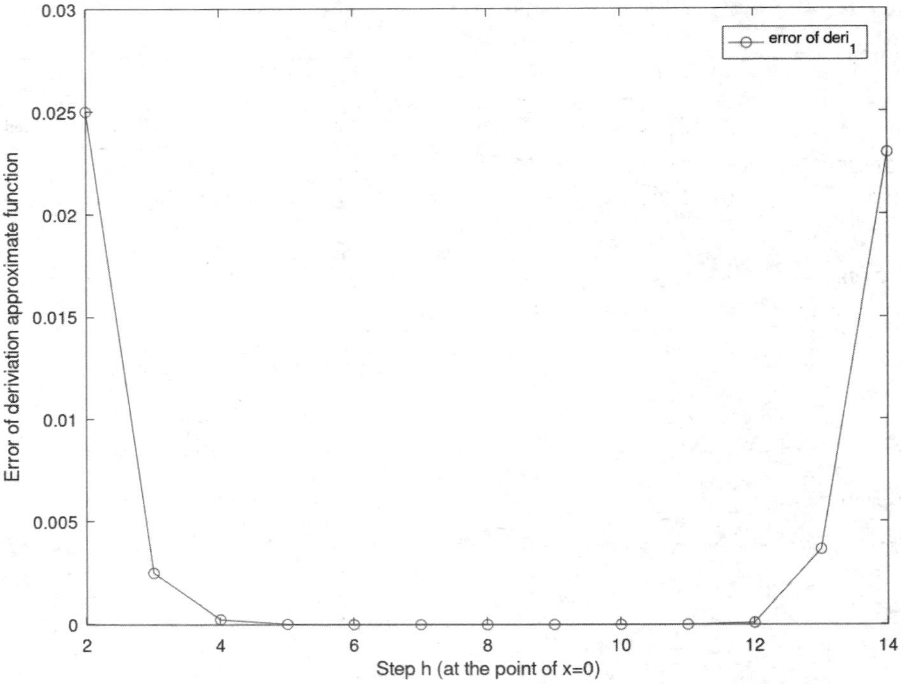

图 1.4　式（1.3.1）的精度在 x=0 点处随步长变化情况

1.4　延伸阅读

延伸阅读 1:
易经与二进制

1.5　思考题

请对式（1.2.4）的误差进行分析。

1.6　习题

1. 下列各数都是经过四舍五入得到的近似数，试指出它们的有效数字的位数，并给出相对误差限。

$$x_1^*=3.1416;\quad x_2^*=0.028;\quad x_3^*=1.250;\quad x_4^*=3\times10^4$$

2. 利用 4 位数学用表求 1−cos2°的近似值，比较下面几种方法的结果，分析各自误差限。

（1）直接按 1−cos2°求解；

（2）按 $1-\cos2° = (\sin2°)^2 / (1+\cos2°)$求解；

（3）按 $1-\cos2° = 2(\sin1°)^2$ 求解。

其中，在数学用表中 cos2°=0.9994，sin2°=0.0349，sin1°=0.0175。

3. 请证明定理 1.1。

4. 将 3.141，3.14，3.15，22/7 分别作为 π 的近似值，试确定它们各有几位有效数字，并确定其相对误差限。

5. 设 $x = 10 \pm 0.05$，试求函数 $f(x)=\sqrt[n]{x}$ 的相对误差限。

6. 函数 sin*x* 有幂级数展开

$$\sin x = x - \frac{x^3}{3!} + \frac{x^5}{5!} - \frac{x^7}{7!} + \cdots$$

利用幂级数计算 sin*x* 的 Octave 程序为

```
function s=power sin(x)
% Power series for sin(x)
s=0;
t=x;
n=1;
while s+t!= s;
s=s+t;
t=-x^2/(n+1)/(n+2)*t;
n=n+2;
end while
endfunction
```

（1）解释上述程序的终止准则；

（2）如果将幂级数在某确定位 *N* 之后截断，试分析误差。

1.7　实验题

1. **问题提出：**计算 1−0.2−0.2−0.2−0.2−0.2。

实验要求：

写出使用 Octave 计算的结果并分析原因。

2. **问题提出：**同例 1.6，即考虑式（1.2.25）的近似计算。

实验要求：

（1）保留 4 位有效数字，给出例 1.6 中关于式（1.2.26）的误差估计式。

（2）其中 I_0 可由式（1.2.25）推出，即 $I_0=1-e^{-1}$。首先在 Octave 的默认精度下实现式（1.2.26）的递推过程，之后在 4 位有效数字下再次实现式（1.2.26）的递推过程。

（3）Octave 的计算精度为 15 位，因此直接用 Octave 计算可以近似看作是用 4 位十进制数进行计算时舍入之前的精确值，比较两者之间的误差是否与你给出的误差估计式相符。

3. **问题提出：**

将函数 $f(x)$ 的二阶导数连续按式（1.3.1）近似计算，可得

$$\begin{aligned} f''(x_0) &\approx \frac{f'(x_0+h)-f'(x_0)}{h} \\ &\approx \frac{\dfrac{f(x_0+2h)-f(x_0+h)}{h}-\dfrac{f(x_0+h)-f(x_0)}{h}}{h} \\ &= \frac{f(x_0+2h)-2f(x_0+h)+f(x_0)}{h^2} \end{aligned} \tag{1.7.1}$$

类似地，将其连续按式（1.3.2）近似计算，可得

$$f''(x_0) \approx \frac{f(x_0+2h)-2f(x_0)+f(x_0-2h)}{4h^2} \tag{1.7.2}$$

实验要求：

（1）选择有代表性的函数 $f(x)$，分别用上面两种方法求二阶导数近似值；试比较对同样的步长 h，两种方法的精度，并解释原因。

（2）对同一种方法，比较步长变化时精度的变化，比如从 10^{-2} 到 10^{-14}，思考其原因。

第2章 线性代数方程组的数值解

2.1 引入——谷歌搜索 PageRank 算法

在日常的生产和生活中，很多实际问题可以转化为线性代数方程组的形式进行求解。下面以大家很熟悉的谷歌（Google）搜索引擎及其成名的 PageRank 算法开始本章的内容。互联网（Internet）的使用已经深入人们的日常生活中，其巨大的信息量和强大的功能给生产和生活带来了很大的便利。随着网络信息量越来越庞大，如何有效地搜索出用户真正需要的信息就变得越来越重要了。搜索引擎就是解决这个问题的主要手段。

Google 早已成为全球最成功的互联网搜索引擎之一，但这个当前的搜索引擎巨无霸却不是最早的互联网搜索引擎。在 Google 出现之前，曾出现过许多通用或专业领域的搜索引擎。Google 最终能击败所有竞争对手，很大程度上是因为它解决了最大难题：按重要性对搜索结果排序。而解决这个问题的算法就是 PageRank。毫不夸张地说，PageRank 算法成就了 Google 今天的地位。

1996 年初，Google 公司的创始人，当时还是美国斯坦福大学研究生的拉里·佩奇（Larry Page）和谢尔盖·布林（Sergey Brin）开始了对网页排序问题的研究。在佩奇和布林看来，网页的重要性是不能靠每个网页自己来标榜的，无论把关键词重复多少次，垃圾网页依然是垃圾网页。佩奇和布林通过研究网页间的相互链接来确定排序。他们认为一个网页被其他网页链接得越多，它的排序就应该越靠前；而且，一个网页若是被排序靠前的网页所链接，它的排序也应该靠前。下面对 PageRank 算法进行简单描述。

设网页 i 的重要性为 Pr_i，链出数为 L_i。如果网页 i 存在一个指向网页 A 的链接，则表明网页 i 的所有者认为网页 A 比较重要，从而把网页 i 的一部分重要性得分赋予网页 A。这个重要性得分值为 Pr_i / L_i。网页 A 的重要性 Pr 值为一系列类似于页面 i 的重要性得分值的累加。于是一个页面的得票数由所有链向它的页面的重要性来决定，链接一个页面相当于对该页面投一票。也就是说，一个页面的重要性是由所有链向它的页面（链入页面）的重要性经过累加得到的。

假设世界上只有 4 个网页：A、B、C、D，其抽象结构如图 2.1 所示。

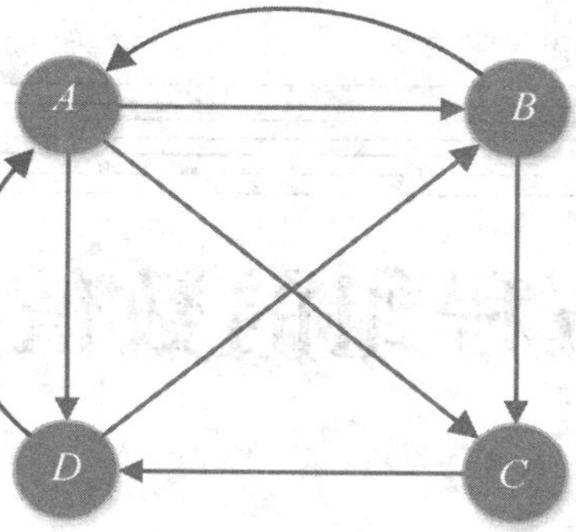

图 2.1　网页链接简图

则网页间的链接矩阵 $\boldsymbol{M}$ 为

$$\boldsymbol{M}=\begin{bmatrix} 0 & \frac{1}{2} & 0 & \frac{1}{2} \\ \frac{1}{3} & 0 & 0 & \frac{1}{2} \\ \frac{1}{3} & \frac{1}{2} & 0 & 0 \\ \frac{1}{3} & 0 & 1 & 0 \end{bmatrix} \quad (2.1.1)$$

其中，如果 m_{ij} 为 0 表示第 j 个网页没有到第 i 个网页的链接，否则 m_{ij} 为 $1/L_j$。由于所有网页的 Pr 值可由所有链向它的页面的重要性加和得到，即有

$$\begin{cases} \frac{1}{2}pr_2 + \frac{1}{2}pr_4 = pr_1 \\ \frac{1}{3}pr_1 + \frac{1}{2}pr_4 = pr_2 \\ \frac{1}{3}pr_1 + \frac{1}{2}pr_2 = pr_3 \\ \frac{1}{3}pr_1 + pr_3 = pr_4 \end{cases} \quad (2.1.2)$$

写出矩阵形式为

$$\boldsymbol{M}\cdot\boldsymbol{Pr}=\boldsymbol{Pr} \quad (2.1.3)$$

或者

$$(\boldsymbol{M}-\boldsymbol{I})\cdot\boldsymbol{Pr}=\boldsymbol{0} \quad (2.1.4)$$

因此，问题转换为求解一个 4 阶线性方程组的问题。

对于这个例子，可以直接按照克拉默法则求解，得到的解为 $\boldsymbol{Pr}=[0.26471, 0.23529, 0.20588, 0.29412]^{\mathrm{T}}$，即 D 的重要性最高。上述过程只是 PageRank 算法的最基本思想，真正使用的 PageRank

算法需要考虑孤立页面问题、作弊问题等情况，要比上面介绍的复杂得多，感兴趣的读者可参考相关文献。

事实上，许多实际问题都可以归结为线性方程组的求解，如数值天气预报、石油地震数据处理、计算流体力学等，而且，许多其他数学模型的求解往往最后也能转化成线性方程组的求解，如有限元模型的求解、偏微分方程的数值解等，因此线性方程组的数值解是计算方法最基础也是最核心的内容之一。

在第 1 章绪论中我们已经知道当方程的阶数增加时，直接按照克拉默法则求解线性方程组的计算量是我们无法承受的，因此必须研究线性方程组的数值解法。求解线性方程组有两大类数值解法，即直接法和迭代法。**直接法**是指在无舍入误差存在的情况下，经过有限次运算可求得方程组的精确解的方法，因此又称精确法。但是必须指出，由于舍入误差的存在，所谓精确法也是不精确的。典型的直接法是消元法。**迭代法**是求解线性代数方程组的另一类主要方法，该方法从解的某个给定的近似值出发，通过构造迭代格式，得到一个无穷序列去逼近精确解。对于一些特殊的方程组，如系数矩阵为大型稀疏矩阵的方程组，迭代法的计算量往往远小于直接法的，而且其计算过程中的误差也比较容易控制。而直接法更适合于低阶稠密矩阵方程组的求解。

2.2　高斯消元法

高斯（Gauss）消元法，又称高斯消去法，是以德国著名数学家高斯（Gauss）命名的求解线性方程组的方法。然而最早记载该方法的是中国的《九章算术》（见图 2.2）。《九章算术》是中国古代重要的数学经典，是通过多人之手逐次整理、修改、补充而成的，是集体劳动的结晶。一般认为其成书大概在公元 1 世纪后半段，比高斯出生足足早了 1700 年！

九章算術細艸圖說
嘉慶庚辰新鐫
語鴻堂藏板
鴻文堂發兌

九章算術細草圖說序
莫若作四元玉鑑序謂河洛圖書泄其秘黃帝九章
著之書其章有九其術則二百四十有六始方田終
句股包括三才旁通萬有凡言數者莫得而逃焉唐
立明算科九章海島共限習三年試九章三條海島
一條不特陳其數且欲明其義也自時厥後算科既
廢諸家不彰近時以算名者如王寅旭梅定九諸君
子咸未之見迨吾宗東原氏與修四庫全書從永樂
大典中錄出一刻於曲阜孔氏再刻於常熟屈氏而
古學復興然未及盡求其解也鍾祥李雲門先生據

图 2.2 《九章算术》图册

例如,《九章算术》第 8 卷的第 1 题如下。

今有

上禾三秉，中禾二秉，下禾一秉，实三十九斗；

上禾二秉，中禾三秉，下禾一秉，实三十四斗；

上禾一秉，中禾二秉，下禾三秉，实二十六斗。

问：上、中、下禾实一秉各几何?

翻译过来大意如下：假设有上等禾三捆，中等禾二捆，下等禾一捆，能结出粮食三十九斗；上等禾二捆，中等禾三捆，下等禾一捆，能结出粮食三十四斗；上等禾一捆，中等禾二捆，下等禾三捆，能结出粮食二十六斗。求上、中、下三等禾每捆能结出多少粮食?

《九章算术》中对问题给出了详细的解答，其方法步骤与高斯消元法完全等价。该问题相当于求解一个三元一次线性代数方程组：

$$\begin{cases} 3x_1+2x_2+x_3=39 \\ 2x_1+3x_2+x_3=34 \\ x_1+2x_2+3x_3=26 \end{cases} \tag{2.2.1}$$

x_1, x_2 和 x_3 分别代表“上禾”“中禾”和“下禾”的产量。求解这个方程组的第 1 步是用第 2 个方程减去第 1 个方程的 2/3，用第 3 个方程减去第一个方程的 1/3，得到与方程组（2.2.1）等价的方程组

$$\begin{cases} 3x_1 + 2x_2 + x_3 = 39 \\ \dfrac{5}{3}x_2 + \dfrac{1}{3}x_3 = 8 \\ \dfrac{4}{3}x_2 + \dfrac{8}{3}x_3 = 13 \end{cases} \tag{2.2.2}$$

其中，第 2、3 个方程中的 x_1 已经被消去了。类似地，继续用第 3 个方程减去第 2 个方程的 4/5，又可消去第 3 个方程中的变量 x_2，得到与方程组（2.2.1）等价的方程组

$$\begin{cases} 3x_1 + 2x_2 + x_3 = 39 \\ \dfrac{5}{3}x_2 + \dfrac{1}{3}x_3 = 8 \\ \dfrac{12}{5}x_3 = \dfrac{33}{5} \end{cases} \tag{2.2.3}$$

这个方程组很容易求解，从第 3 个方程可以解出 $x_3=11/4$，将其代入第 2 个方程可解出 $x_2=17/4$，再将 x_3 和 x_2 代入第一个方程解出 $x_1=37/4$。

将原方程组（2.2.1）化成方程组（2.2.3）的过程称为消元过程，求解方程组（2.2.3）的过程称为回代过程。这个求解过程就是高斯消元法，包含消元和回代两个过程。下面给出一般形式的线性代数方程组的高斯消元法。

2.2.1　消元过程

下面，讨论一般的线性代数方程组

$$\boldsymbol{Ax}=\boldsymbol{b} \tag{2.2.4}$$

的求解。其中，$\boldsymbol{A}\in\mathbf{R}^{n\times n}$，$\boldsymbol{b}\in\mathbf{R}^{n}$。其分量形式为

$$\begin{cases} a_{11}x_1+a_{12}x_2+\cdots+a_{1n}x_n=b_1 \\ a_{21}x_1+a_{22}x_2+\cdots+a_{2n}x_n=b_2 \\ a_{31}x_1+a_{32}x_2+\cdots+a_{3n}x_n=b_3 \\ \cdots\cdots \\ a_{n1}x_1+a_{n2}x_2+\cdots+a_{nn}x_n=b_n \end{cases} \tag{2.2.5}$$

记其增广矩阵为

$$(\boldsymbol{A},\boldsymbol{b})=\begin{bmatrix} a_{11} & a_{12} & a_{13} & \cdots & a_{1n} & b_1 \\ a_{21} & a_{22} & a_{23} & \cdots & a_{2n} & b_2 \\ a_{31} & a_{32} & a_{33} & \cdots & a_{3n} & b_3 \\ \vdots & \vdots & \vdots & \ddots & \vdots & \vdots \\ a_{n1} & a_{n2} & a_{n3} & \cdots & a_{nn} & b_n \end{bmatrix}$$

高斯消元过程的第 1 步：假设 $a_{11}\neq 0$，用 a_{11} 消去 $a_{21},\cdots,a_{n1}$，为此，我们做：

$$（第\ i\ 个方程）-（第\ 1\ 个方程）\times\frac{a_{i1}}{a_{11}},\quad i=2,3,\cdots,n$$

第 1 个方程称为主方程，a_{11} 称为主元。于是我们得到了与方程组（2.2.4）等价的方程组，其增广矩阵为

$$\left(\boldsymbol{A}^{(1)},\boldsymbol{b}^{(1)}\right)=\begin{bmatrix} a_{11} & a_{12} & a_{13} & \cdots & a_{1n} & b_1 \\ 0 & a_{22}^{(1)} & a_{23}^{(1)} & \cdots & a_{2n}^{(1)} & b_2^{(1)} \\ 0 & a_{32}^{(1)} & a_{33}^{(1)} & \cdots & a_{3n}^{(1)} & b_3^{(1)} \\ \vdots & \vdots & \vdots & \ddots & \vdots & \vdots \\ 0 & a_{n2}^{(1)} & a_{n3}^{(1)} & \cdots & a_{nn}^{(1)} & b_n^{(1)} \end{bmatrix}$$

其中，

$$a_{ij}^{(1)}=a_{ij}-l_{i1}a_{1j},\quad i=2,3,\cdots,n,\ \ j=2,3,\cdots,n$$

$$b_i^{(1)}=b_i-l_{i1}b_1,\quad i=2,3,\cdots,n$$

$$l_{i1}=\frac{a_{i1}}{a_{11}},\quad i=2,3,\cdots,n$$

第 2 步：假设 $a_{22}^{(1)}\neq 0$，用 $a_{22}^{(1)}$消去 $a_{32}^{(1)},\cdots,a_{n2}^{(1)}$，为此，我们做：

$$（第\ i\ 个方程）-（第\ 2\ 个方程）\times\frac{a_{i2}^{(1)}}{a_{22}^{(1)}},\quad i=3,4,\cdots,n$$

第 2 个方程称为主方程，$a_{22}^{(1)}$称为主元。于是得到等价方程组的增广矩阵为

$$
\left(\boldsymbol{A}^{(2)},\boldsymbol{b}^{(2)}\right)=\begin{bmatrix} a_{11} & a_{12} & a_{13} & \cdots & a_{1n} & b_1 \\ 0 & a_{22}^{(1)} & a_{23}^{(1)} & \cdots & a_{2n}^{(1)} & b_2^{(1)} \\ 0 & 0 & a_{33}^{(2)} & \cdots & a_{3n}^{(2)} & b_3^{(2)} \\ \vdots & \vdots & \vdots & \ddots & \vdots & \vdots \\ 0 & 0 & a_{n3}^{(2)} & \cdots & a_{nn}^{(2)} & b_n^{(2)} \end{bmatrix}
$$

其中，

$$
a_{ij}^{(2)}=a_{ij}^{(1)}-l_{i2}a_{2j}^{(1)},\quad i=3,\cdots,n,\quad j=3,\cdots,n
$$

$$
b_i^{(2)}=b_i^{(1)}-l_{i2}b_2^{(1)},\quad i=3,\cdots,n
$$

$$
l_{i2}=\frac{a_{i2}{}^{(1)}}{a_{22}{}^{(1)}},\quad i=3,\cdots,n
$$

第 3 步：假设 $a_{33}{}^{(2)}\neq 0$，再用 $a_{33}{}^{(2)}$消去 $a_{43}{}^{(2)},\cdots,a_{n3}{}^{(2)}$，如此继续，共做 $n-1$ 步，便将方程组（2.2.4）的系数矩阵化成易于求解的上三角矩阵形式。这就是高斯消元法的消元过程。需要注意的是，这里假定每步都有 $a_{ii}{}^{(i-1)}\neq 0$。因为每步都重复相同形式的运算，所以易于在计算机上实现，其算法如图 2.3 所示。

```
aij(0)=aij;bi(0)=bi
for k=1: n-1
  for i=k+1: n
      lik=aik(k-1) / akk(k-1);
      bi(k)=bi(k-1)-likbk(k-1);
      for j=k+1: n
          aij(k)=aij(k-1)-lik akj(k-1);
      endfor
  endfor
endfor
```

算法（2.1）

图 2.3　高斯消元过程算法

2.2.2　回代过程

消元过程结束后，我们得到的等价方程组的增广矩阵为

$$
\left(\boldsymbol{A}^{(n-1)},\boldsymbol{b}^{(n-1)}\right)=\begin{bmatrix} a_{11} & a_{12} & a_{13} & \cdots & a_{1n} & b_1 \\ 0 & a_{22}^{(1)} & a_{23}^{(1)} & \cdots & a_{2n}^{(1)} & b_2^{(1)} \\ 0 & 0 & a_{33}^{(2)} & \cdots & a_{3n}^{(2)} & b_3^{(2)} \\ \vdots & \vdots & \vdots & \ddots & \vdots & \vdots \\ 0 & 0 & 0 & \cdots & a_{nn}^{(n-1)} & b_n^{(n-1)} \end{bmatrix} \tag{2.2.6}
$$

现在 x_n 可由第 n 个方程直接求出，代入第 $n-1$ 个方程可以求得 x_{n-1}，如此继续，依次求得

$x_n, x_{n-1}, \cdots, x_1$，这个过程叫作回代过程，其算法如图 2.4 所示。

for $k=n$: 1
  $x_k=b_k^{(k-1)}$
  for $i=k+1$: n
    $x_k=x_k-a_{ki}^{(k-1)}\ x_i$; 算法（2.2）
  endfor
  $x_k=x_k\ /\ a_{kk}^{(k-1)}$
endfor

图 2.4 高斯回代过程算法

这样，我们就得到了原线性代数方程组的解。Octave 代码如下：

```
function [x]=Gauss(A,b)
% Gauss elimination method to solve Ax=b
 [nrow ncol]=size ( A );
  nb=length ( b );
  x=zeros (nrow, 1);
  for i=1 : nrow - 1   %%Elimination Process
      for j=i+1 : nrow
          m=-A(j,i) / A(i,i); %Lij
           A(j,i)=0;
          A(j, i+1:nrow)=A(j, i+1:nrow)+ m * A(i, i+1:nrow);
           b(j)=b(j)+ m * b(i);
      end;
  end;
  x(nrow)=b(nrow) / A(nrow, nrow);  %%Back Substitute Process
  for i=nrow - 1 : -1 : 1
    x(i)=( b(i) - sum ( x(i+1:nrow).* A(i, i+1:nrow)')) / A(i,i);
  end;
endfunction
```

2.2.3 计算量与存储

因为在计算机上做一次乘除法运算所需的时间比做一次加减法运算所需的时间要多很多，所以我们在估算计算量的时候一般只需要考虑乘除法的运算次数。不难看出，回代过程的乘除法次数为

$$S_{\text{Back}}=\sum_{k=1}^{n}(n-k+1)=\sum_{i=1}^{n}i=\frac{n(n+1)}{2}$$

下面讨论消元过程的乘除法次数。在第 k 步计算 $A^{(k)}$和 $b^{(k)}$时，先需要计算 $n-k$ 个 l_{ik}，之后计算 $a_{ij}^{(k)}$ 和 $b_i^{(k)}$的个数，合计为$(n-k)(n-k+1)$个。而计算每个元素只需要一次乘除法，因此第 k 步消元过程需要乘除法的次数为$(n-k)(n-k+2)$。这样 $n-1$ 步消元过程总计需要计算乘除法的次数为

$$
\begin{aligned}
S_{\text{Elimination}} &= \sum_{k=1}^{n-1}(n-k)(n-k+2) \\
&= \sum_{i=1}^{n-1} i(i+2) \\
&= \sum_{i=1}^{n-1} i^2 + \sum_{i=1}^{n-1} 2i \\
&= \frac{(n-1)n(2n-1)}{6} + n(n-1)
\end{aligned}
$$

因此，整个高斯消元法所需的计算量为

$$
S_{\text{Gauss}} = S_{\text{Elimination}} + S_{\text{Back}} = \frac{1}{3}n^3 + n^2 - \frac{1}{3}n \tag{2.2.7}
$$

与第 1 章中的 20 阶线性方程组的例子进行对照，用高斯消元法解同样的方程组，只需要计算 3060 次乘除法，这与用克拉默法则（需要 3.15×10^{16} 次乘除法运算）的计算量简直是天壤之别！

对于算法过程中的存储问题，线性代数方程组的增广矩阵需要存入计算机中，共需要存储 $n(n+1)$个单元。在用主元 a_{11} 消去 $a_{21},\cdots,a_{n1}$ 时，这些元素变成了 0，无须存储，因此可以将它们存储成相应的数据 $l_{21},\cdots,l_{n1}$。而消元后得到的 $a_{ij}^{(1)}$ 和 $b_i^{(1)}$可以直接存储到原来的 a_{ij} 和 b_i 上，因为后者在后面的消元过程中不再需要。这样，在消元过程结束之后，原来的增广矩阵换成了下面的新矩阵：

$$
\begin{bmatrix}
a_{11} & a_{12} & a_{13} & \cdots & a_{1n} & b_1 \\
l_{21} & a_{22}^{(1)} & a_{23}^{(1)} & \cdots & a_{2n}^{(1)} & b_2^{(1)} \\
l_{31} & l_{32} & a_{33}^{(2)} & \cdots & a_{3n}^{(2)} & b_3^{(2)} \\
\vdots & \vdots & \vdots & \ddots & \vdots & \vdots \\
l_{n1} & l_{n2} & l_{n3} & \cdots & a_{nn}^{(n-1)} & b_n^{(n-1)}
\end{bmatrix} \tag{2.2.8}
$$

这就是说，用高斯消元法解线性代数方程组时，不需要增加新的存储单元来存放中间结果，可以节省很多存储空间，降低算法的空间复杂性。

2.3 矩阵的三角分解

2.3.1 矩阵的 *LU* 分解

将高斯消元过程的第 1 步写成矩阵形式就是

$$
\boldsymbol{G}_1(\boldsymbol{A},\boldsymbol{b}) = \left(\boldsymbol{A}^{(1)},\boldsymbol{b}^{(1)}\right)
$$

其中，

$$G_1=\begin{bmatrix}1 & & & & \\ -l_{21} & 1 & & & \\ -l_{31} & 0 & 1 & & \\ \vdots & \vdots & \vdots & \ddots & \\ -l_{n1} & 0 & 0 & 0 & 1\end{bmatrix}$$

$$\left(A^{(1)},b^{(1)}\right)=\begin{bmatrix}a_{11} & a_{12} & a_{13} & \cdots & a_{1n} & b_1\\ 0 & a_{22}^{(1)} & a_{23}^{(1)} & \cdots & a_{2n}^{(1)} & b_2^{(1)}\\ 0 & a_{32}^{(1)} & a_{33}^{(1)} & \cdots & a_{3n}^{(1)} & b_3^{(1)}\\ \vdots & \vdots & \vdots & \ddots & \vdots & \vdots\\ 0 & a_{n2}^{(1)} & a_{n3}^{(1)} & \cdots & a_{nn}^{(1)} & b_n^{(1)}\end{bmatrix}$$

整个消元过程写成矩阵的形式为

$$G_{n-1}\cdots G_2G_1(A,b)=\left(A^{(n-1)},b^{(n-1)}\right) \tag{2.3.1}$$

其中，

$$G_k=\begin{bmatrix}1 & & & & & \\ & \ddots & & & & \\ & & 1 & & & \\ & & -l_{k+1,k} & 1 & & \\ & & \vdots & & \ddots & \\ & & -l_{n,k} & & & 1\end{bmatrix}$$

$$\left(A^{(n-1)},b^{(n-1)}\right)=\begin{bmatrix}a_{11} & a_{12} & a_{13} & \cdots & a_{1n} & b_1\\ 0 & a_{22}^{(1)} & a_{23}^{(1)} & \cdots & a_{2n}^{(1)} & b_2^{(1)}\\ 0 & 0 & a_{33}^{(2)} & \cdots & a_{3n}^{(2)} & b_3^{(2)}\\ \vdots & \vdots & \vdots & \ddots & \vdots & \vdots\\ 0 & 0 & 0 & \cdots & a_{nn}^{(n-1)} & b_n^{(n-1)}\end{bmatrix}$$

注意到

$$G_k^{-1}=\begin{bmatrix}1 & & & & & \\ & \ddots & & & & \\ & & 1 & & & \\ & & l_{k+1,k} & 1 & & \\ & & \vdots & & \ddots & \\ & & l_{n,k} & & & 1\end{bmatrix}$$

则有

$$L=\left(G_{n-1}\cdots G_2G_1\right)^{-1}=G_1^{-1}G_2^{-1}\cdots G_{n-1}^{-1}$$

$$=\begin{bmatrix}1 & & & & \\ l_{21} & 1 & & & \\ l_{31} & l_{32} & 1 & & \\ \vdots & \vdots & & \ddots & \\ l_{n1} & l_{n2} & \cdots & l_{n,n-1} & 1\end{bmatrix}$$

这是对角元素为 1 的下三角矩阵，称为单位下三角矩阵。若记

$$\boldsymbol{U}=\boldsymbol{A}^{(n-1)},\ \boldsymbol{y}=\boldsymbol{b}^{(n-1)}$$

由式（2.3.1）有

$$(\boldsymbol{A},\boldsymbol{b})=\boldsymbol{L}(\boldsymbol{U},\boldsymbol{y})=(\boldsymbol{L}\boldsymbol{U},\boldsymbol{L}\boldsymbol{y}) \tag{2.3.2}$$

这就是说，消元过程将矩阵 $\boldsymbol{A}$ 分解为单位下三角矩阵 $\boldsymbol{L}$ 与上三角矩阵 $\boldsymbol{U}$ 的乘积：

$$\boldsymbol{A}=\boldsymbol{L}\boldsymbol{U} \tag{2.3.3}$$

同时由方程组

$$\boldsymbol{L}\boldsymbol{y}=\boldsymbol{b} \tag{2.3.4}$$

解出 $\boldsymbol{y}$。其中，$\boldsymbol{L}, \boldsymbol{U}, \boldsymbol{y}$ 分别对应于式（2.2.8）中原矩阵 $\boldsymbol{A}$ 所存储的严格下三角部分（由于 $\boldsymbol{L}$ 是单位下三角矩阵，对角线上元素都为 1，没有在矩阵 $\boldsymbol{A}$ 中进行存储）、矩阵 $\boldsymbol{A}$ 所存储的上三角部分以及原常数向量 $\boldsymbol{b}$ 所存储的部分。高斯消元法的回代过程相当于解系数矩阵为上三角矩阵的方程组

$$\boldsymbol{U}\boldsymbol{x}=\boldsymbol{y} \tag{2.3.5}$$

当求解矩阵方程 $\boldsymbol{AX}=\boldsymbol{B}$ 时，只需将 $\boldsymbol{A}$ 做一次 $\boldsymbol{LU}$ 分解式（2.3.3），然后针对 $\boldsymbol{B}$ 的不同列解式（2.3.3）和式（2.3.4），这样就节省了很多计算量。

从 2.1 节中高斯消元法的消元过程可以看出，每一步的消元过程都是在 $a_{kk}^{(k-1)}\neq 0$ 的假设下实现的，也就是说不是任何非奇异矩阵都能做 $\boldsymbol{LU}$ 分解。事实上，我们有下面的 $\boldsymbol{LU}$ 分解定理。

定理 2.1（*LU* 分解） 设 $\boldsymbol{A}$ 的前 $n-1$ 阶顺序主子矩阵非奇异，则存在单位下三角矩阵 $\boldsymbol{L}$ 及上三角矩阵 $\boldsymbol{U}$，使得 $\boldsymbol{A}=\boldsymbol{LU}$，而且这样的分解是唯一的。

定理的证明从略，感兴趣的读者可自行证明。

2.3.2 杜利特尔分解

矩阵的 $\boldsymbol{LU}$ 分解，既可以由高斯消元过程得到，也可以由待定系数法求得。由待定系数法求矩阵的三角分解的方法称为杜利特尔分解（Doolittle Decomposition）。

设矩阵 $\boldsymbol{A}$ 有 $\boldsymbol{LU}$ 分解，即

$$\begin{bmatrix} a_{11} & a_{12} & \cdots & a_{1n} \\ a_{21} & a_{22} & \cdots & a_{2n} \\ \vdots & \vdots & \cdots & \vdots \\ a_{n1} & a_{n2} & \cdots & a_{nn} \end{bmatrix}=\begin{bmatrix} 1 & 0 & \cdots & 0 \\ l_{21} & 1 & \cdots & 0 \\ \vdots & \vdots & \ddots & \vdots \\ l_{n1} & l_{n2} & \cdots & 1 \end{bmatrix}\begin{bmatrix} u_{11} & u_{12} & \cdots & u_{1n} \\ 0 & u_{22} & \cdots & u_{2n} \\ \vdots & 0 & \ddots & \vdots \\ 0 & 0 & \cdots & u_{nn} \end{bmatrix} \tag{2.3.6}$$

比较等式两边的第 1 行元素得

$$u_{1k}=a_{1k},\ k=1,2,\cdots,n$$

再比较等式两边的第 1 列元素得

$$l_{k1}=\frac{a_{k1}}{u_{11}},\ k=2,3,\cdots,n$$

继续比较等式两边的第 2 行元素得

$$u_{2k}=a_{2k}-l_{21}\cdot u_{1k},\ k=2,3,\cdots,n$$

比较等式两边的第 2 列元素得

$$l_{k2}=\frac{(a_{k2}-l_{k1}\cdot u_{12})}{u_{22}},\ k=3,4,\cdots,n$$

一般地，求出 u_{1k} 和 l_{k1} 后，对 $i=2,3,\cdots,n$ 依次利用递推关系

$$\begin{cases} u_{ik}=a_{ik}-\sum_{j=1}^{i-1} l_{ij}u_{jk} & k=i,i+1,\cdots,n \\ l_{ki}=\dfrac{a_{ki}-\sum_{j=1}^{i-1} l_{kj}u_{ji}}{u_{ii}} & k=i+1,\cdots,n,i\neq n \end{cases} \tag{2.3.7}$$

即可算出矩阵 $\boldsymbol{U}$ 和 $\boldsymbol{L}$，从而实现 $\boldsymbol{A}$ 的三角分解。这一过程称为矩阵 $\boldsymbol{A}$ 的杜利特尔分解。相应算法如图 2.5 所示。

---

for k=1: n

　for j=k: n

$$u_{kj}=a_{kj}-\sum_{s=1}^{k-1} l_{ks}u_{sj}$$

　endfor

$$y_k=b_k-\sum_{s=1}^{k-1} l_{ks}y_s$$

算法（2.3）

　for i=k+1: n

$$l_{ik}=\frac{a_{ik}-\sum_{s=1}^{k-1} l_{is}u_{sk}}{u_{kk}}$$

　　endfor

endfor

图 2.5　杜利特尔分解算法

杜利特尔算法的 Octave 代码如下：

```
function [L,U]=DooLittle(A)
% DooLittle Decomposition for Matrix A=L*U
  [m n]=size(A);
  L=zeros(size(A));
  U=zeros(size(A));
  U(1,:)=A(1,:);
  L(:,1)=A(:,1)/U(1,1);
  L(1,1)=1;
  for k=2:m
```

```
    for i=2:m
      for j=i:m
        U(i,j)=A(i,j)-dot(L(i,1:i-1),U(1:i-1,j));
      endfor
      L(i,k)=(A(i,k)-dot(L(i,1:k-1),U(1:k-1,k)))/U(k,k);
    endfor
  endfor
endfunction
```

需要特别指出的是杜利特尔分解过程是按照行、列的顺序交替进行的，即先计算矩阵 $\boldsymbol{U}$ 的第 1 行，然后计算矩阵 $\boldsymbol{L}$ 的第 1 列，然后计算矩阵 $\boldsymbol{U}$ 的第 2 行，再然后计算 $\boldsymbol{L}$ 的第 2 列，直至全部计算完毕。在计算过程中，利用了下列事实：固定 i，当算出 u_{ik} 时，在计算中 a_{ik} 不再出现，因此可以把 u_{ik} 放入 a_{ik} 的位置；当算出 l_{ki} 之后，a_{ki} 也不再需要了，所以同样可以把 l_{ki} 放入 a_{ki} 的位置。这样，按上述算法实现 $\boldsymbol{LU}$ 分解之后，矩阵 $\boldsymbol{A}$ 的元素都分别换成了矩阵 $\boldsymbol{U}$ 或 $\boldsymbol{L}$ 的元素，即矩阵 $\boldsymbol{A}$ 的原有矩阵元素的位置上，实际已经换成了下列矩阵元素

$$\begin{bmatrix} u_{11} & u_{12} & \cdots & u_{1n} \\ l_{21} & u_{22} & \cdots & u_{2n} \\ \vdots & \vdots & \ddots & \vdots \\ l_{n1} & l_{n2} & \cdots & u_{nn} \end{bmatrix}$$

这与高斯消元过程的存储结果是一致的，都没有增加新的存储单元。

有时人们想要将矩阵分解为一个单位上三角矩阵和一般下三角矩阵的乘积，这时可以采取类似杜利特尔分解的方法，仍然由式（2.3.6）用待定系数法进行计算。此时可以按照先求下三角矩阵 $\boldsymbol{L}$ 的第 i 列，再求单位上三角矩阵 $\boldsymbol{U}$ 的第 i 行的计算顺序进行分解。这样的分解称为克洛特（Crout）分解。

对于矩阵 $\boldsymbol{A}$，也可以进一步进行如下分解：

$$\boldsymbol{A}=\boldsymbol{LDU} \tag{2.3.8}$$

其中，$\boldsymbol{D}=\mathrm{diag}(d_1,d_2,\cdots,d_n)$是对角矩阵，$\boldsymbol{L}$ 和 $\boldsymbol{U}$ 分别是单位下三角矩阵和单位上三角矩阵。分解的方法有两种，一是在 $\boldsymbol{LU}$ 分解的基础上进一步分解 $\boldsymbol{U}$，二是直接按照式（2.3.8）的矩阵相等关系由待定系数法确定 $\boldsymbol{L},\boldsymbol{D},\boldsymbol{U}$ 中的元素。这样的分解称为 $\boldsymbol{LDU}$ 分解。这里对克洛特分解和 $\boldsymbol{LDU}$ 分解就不进行详细论述了。

对于方程组（2.2.1），其系数矩阵的三角分解结果如下：

$$\begin{bmatrix} 3 & 2 & 1 \\ 2 & 3 & 1 \\ 1 & 2 & 3 \end{bmatrix}=\begin{bmatrix} 1 & 0 & 0 \\ \dfrac{2}{3} & 1 & 0 \\ \dfrac{1}{3} & \dfrac{4}{5} & 1 \end{bmatrix}\begin{bmatrix} 3 & 2 & 1 \\ 0 & \dfrac{5}{3} & \dfrac{1}{3} \\ 0 & 0 & \dfrac{12}{5} \end{bmatrix}$$

$$
=\begin{bmatrix} 1 & 0 & 0 \\ \frac{2}{3} & 1 & 0 \\ \frac{1}{3} & \frac{4}{5} & 1 \end{bmatrix}\begin{bmatrix} 3 & 0 & 0 \\ 0 & \frac{5}{3} & 0 \\ 0 & 0 & \frac{12}{5} \end{bmatrix}\begin{bmatrix} 1 & \frac{2}{3} & \frac{1}{3} \\ 0 & 1 & \frac{1}{5} \\ 0 & 0 & 1 \end{bmatrix}
$$

$$
=\begin{bmatrix} 3 & 0 & 0 \\ 2 & \frac{5}{3} & 0 \\ 1 & \frac{4}{3} & \frac{12}{5} \end{bmatrix}\begin{bmatrix} 1 & \frac{2}{3} & \frac{1}{3} \\ 0 & 1 & \frac{1}{5} \\ 0 & 0 & 1 \end{bmatrix}
$$

等式右边分别对应的是矩阵的杜利特尔分解、$\boldsymbol{LDU}$ 分解和克洛特分解。

2.3.3　对称正定矩阵的平方根法和 $\boldsymbol{LDL}^{\mathrm{T}}$ 分解

当 $\boldsymbol{A}$ 是对称正定矩阵时，存在非奇异的下三角矩阵 $\boldsymbol{L}$，使得

$$
\boldsymbol{A}=\boldsymbol{L}\boldsymbol{L}^{\mathrm{T}} \tag{2.3.9}
$$

当限定矩阵 $\boldsymbol{L}$ 的对角元素为正时，该分解是唯一的。和杜利特尔分解类似，比较式（2.3.9）两边的对应元素，可得

$$
a_{jj}=l_{j1}^2+l_{j2}^2+\cdots+l_{jj}^2 \tag{2.3.10}
$$

$$
a_{ij}=l_{i1}l_{j1}+l_{i2}l_{j2}+\cdots+l_{ij}l_{jj},\quad j<i \tag{2.3.11}
$$

选取适当的次序，即可由上面两式求出矩阵 $\boldsymbol{L}$ 中的各个元素。比如可按下面顺序求解：

$$
l_{11},l_{21},\cdots,l_{n1};\ l_{22},\cdots,l_{n2};\cdots;\ l_{n-1,n-1},l_{n,n-1};\ l_{n,n}
$$

其算法如图 2.6 所示。

for j=1: n

　　$a_{jj}:=l_{jj}=\left(a_{jj}-\sum_{k=1}^{j-1}l_{jk}^2\right)^{1/2}$

　　for i=j+1: n

　　　　$a_{ij}:=l_{ij}=\dfrac{a_{ij}-\sum_{k=1}^{j-1}l_{ik}l_{jk}}{l_{jj}}$　　　　算法（2.4）

　　endfor

endfor

图 2.6　乔列斯基分解（平方根法）算法

上面的分解过程称为**乔列斯基（Cholesky）分解**，又因为在分解过程中对角元素的计算是用求平方

根的方法得到的，因此又称为平方根法。不难看出，该算法的计算量为$\left(\frac{1}{6}n^3+\frac{1}{2}n^2-\frac{2}{3}n\right)$个乘除法加上 n 个开方运算，存储量为$\frac{n(n+1)}{2}$。**乔列斯基分解**的 Octave 代码如下：

```
function [L]=Cholesky(A)
% Cholesky Decomposition for Matrix A=L*L'
  [n]=size(A,1);
  [L]=zeros(n,n);
  for k=1 : n
    for i=1 : k-1
      somA=0;
      for j=1 : i-1
        somA=somA+ A(i,j) * A(k,j);
      end
      A(k, i)=(A(k, i) - somA)/A(i, i);
    end
    somA=0;
    for j=1 : k -1
     somA=somA+ A(k,j)^2;
    end
    A(k,k)=(A(k,k) - somA)^.5;
  end
  L=tril(A);
endfunction
```

在计算机上进行开方运算是不理想的，为避免开方运算，我们可以将对称正定矩阵 $\boldsymbol{A}$ 分解为

$$\boldsymbol{A}=\boldsymbol{LDL}^{\mathrm{T}} \tag{2.3.12}$$

其中，$\boldsymbol{L}$ 是单位下三角矩阵，$\boldsymbol{D}$ 是对角矩阵，且对角元素均为正数。比较式（2.3.12）等号两边对应元素的值，可以得到矩阵 $\boldsymbol{D}$ 和 $\boldsymbol{L}$ 的计算公式

$$d_j=a_{jj}-\sum_{k=1}^{j-1}l_{jk}^2d_k,\quad j=1,2,\cdots,n \tag{2.3.13}$$

$$l_{ij}=\frac{\left(a_{ij}-\sum_{k=1}^{j-1}l_{ik}l_{jk}d_k\right)}{d_j},\quad i=j+1,\cdots,n \tag{2.3.14}$$

在计算时，求和号中的每个元素都由三个数相乘得到，这样增加了计算量。为此引入辅助量 $\tilde{a}_{ij}=l_{ij}d_j$，并将算法改写为图 2.7 所示的形式。

for j=1: n

$$d_j = a_{jj} - \sum_{k=1}^{j-1} \tilde{a}_{jk} l_{jk}$$

for i=j+1: n

$$\tilde{a}_{ij} = a_{ij} - \sum_{k=1}^{j-1} \tilde{a}_{ik} l_{jk} \qquad \text{算法（2.5）}$$

$$l_{ij} = \frac{\tilde{a}_{ij}}{d_j}$$

endfor

endfor

图 2.7　LDL^T 分解算法

我们称这一分解过程为 LDL^T **分解**。LDL^T **分解**的 Octave 代码如下：

```
function [L,D]=LDLT(A)
% LDLT Decomposition for Matrix A=L*D*L'
  n=size(A,1);
  L=zeros(n,n);
  for j=1:n,
    if (j > 1),
        v(1:j-1)=L(j,1:j-1).*d(1:j-1);
        v(j)=A(j,j)-L(j,1:j-1)*v(1:j-1)';
        d(j)=v(j);
        if (j < n),
            L(j+1:n,j)=(A(j+1:n,j)-L(j+1:n,1:j-1)*v(1:j-1)')/v(j);
        end;
    else
      v(1)=A(1,1);
      d(1)=v(1);
      L(2:n,1)=A(2:n,1)/v(1);
    end;
  end;
  D=diag(d);
  L=L+eye(n);
endfunction
```

进行完 LDL^T 分解之后，解方程组 $Ax=b$ 可分为下面三步完成：

（1）解 $Ly=b$，得到 y；

（2）解 $Dz=y$，即 $z_i=y_i/d_i$, i=1,2,⋯,n；

（3）解 $L^Tx=z$，得到 x。

例 2.1 用 $\boldsymbol{LDL}^{\mathrm{T}}$ 分解求解下面方程组的解

$$\begin{bmatrix} 3 & 3 & 5 \\ 3 & 5 & 9 \\ 5 & 9 & 17 \end{bmatrix}\begin{bmatrix} x_1 \\ x_2 \\ x_3 \end{bmatrix}=\begin{bmatrix} 10 \\ 16 \\ 30 \end{bmatrix}$$

解: 系数矩阵是对称的,容易验证其顺序主子式都大于零,因此是对称正定的,可进行 $\boldsymbol{LDL}^{\mathrm{T}}$ 分解。现在按算法(2.5)进行计算

$$j=1\text{ 时},\ d_1=a_{11}=3$$

$$i=2,\ \tilde{a}_{21}=a_{21}=3,\ l_{21}=\frac{\tilde{a}_{21}}{d_1}=1$$

$$i=3,\ \tilde{a}_{31}=a_{31}=5,\ l_{31}=\frac{\tilde{a}_{31}}{d_1}=\frac{5}{3}$$

$$j=2\text{ 时},\ d_2=a_{22}-\tilde{a}_{21}l_{21}=2$$

$$i=3,\ \tilde{a}_{32}=a_{32}-\tilde{a}_{31}l_{21}=4,\ l_{32}=\frac{\tilde{a}_{32}}{d_2}=2$$

$$j=2\text{ 时},\ d_3=a_{33}-\tilde{a}_{31}l_{31}-\tilde{a}_{32}l_{32}=\frac{2}{3}$$

即有

$$\boldsymbol{L}=\begin{bmatrix} 1 & 0 & 0 \\ 1 & 1 & 0 \\ \frac{5}{3} & 2 & 1 \end{bmatrix},\quad \boldsymbol{D}=\begin{bmatrix} 3 & 0 & 0 \\ 0 & 2 & 0 \\ 0 & 0 & \frac{2}{3} \end{bmatrix}$$

依次解方程组

$$\text{解}\begin{bmatrix} 1 & 0 & 0 \\ 1 & 1 & 0 \\ \frac{5}{3} & 2 & 1 \end{bmatrix}\begin{bmatrix} y_1 \\ y_2 \\ y_3 \end{bmatrix}=\begin{bmatrix} 10 \\ 16 \\ 30 \end{bmatrix},\ \text{得}\begin{bmatrix} y_1 \\ y_2 \\ y_3 \end{bmatrix}=\begin{bmatrix} 10 \\ 6 \\ \frac{4}{3} \end{bmatrix}$$

$$\text{解}\begin{bmatrix} 3 & 0 & 0 \\ 0 & 2 & 0 \\ 0 & 0 & \frac{2}{3} \end{bmatrix}\begin{bmatrix} z_1 \\ z_2 \\ z_3 \end{bmatrix}=\begin{bmatrix} 10 \\ 6 \\ \frac{4}{3} \end{bmatrix},\ \text{得}\begin{bmatrix} z_1 \\ z_2 \\ z_3 \end{bmatrix}=\begin{bmatrix} \frac{10}{3} \\ 3 \\ 2 \end{bmatrix}$$

$$\text{解}\begin{bmatrix} 1 & 1 & \frac{5}{3} \\ 0 & 1 & 2 \\ 0 & 0 & 1 \end{bmatrix}\begin{bmatrix} x_1 \\ x_2 \\ x_3 \end{bmatrix}=\begin{bmatrix} \frac{10}{3} \\ 3 \\ 2 \end{bmatrix},\ \text{得}\begin{bmatrix} x_1 \\ x_2 \\ x_3 \end{bmatrix}=\begin{bmatrix} 1 \\ -1 \\ 2 \end{bmatrix}$$

2.3.4　解三对角方程组的追赶法

许多科学与工程问题最终可归结为大型稀疏矩阵的计算问题，多数大型稀疏线性方程组的求解算法已经超出了本课程的范围，我们只讨论一种最简单的稀疏矩阵形式，即系数为三对角矩阵的线性代数方程组的求解。三对角矩阵是一种简单却有着实际意义的稀疏矩阵，例如，用差分法解二阶常微分方程的边值问题、三次样条函数插值问题等都可以归结为三对角矩阵的线性方程组求解。对三对角矩阵实行杜利特尔（或克洛特）分解，便可以得到求解三对角方程组的有效算法——追赶法。

考虑线性代数方程组

$$\boldsymbol{Ax}=\boldsymbol{b} \tag{2.3.15}$$

其中系数矩阵 $\boldsymbol{A}$ 为三对角矩阵，记为

$$\boldsymbol{A}=\begin{bmatrix} e_1 & f_1 & & & \\ d_2 & e_2 & f_2 & & \\ & \ddots & \ddots & \ddots & \\ & & d_{n-1} & e_{n-1} & f_{n-1} \\ & & & d_n & e_n \end{bmatrix} \tag{2.3.16}$$

设矩阵 $\boldsymbol{A}$ 可进行 $\boldsymbol{LU}$ 分解，即有 $\boldsymbol{A}=\boldsymbol{LU}$。注意到矩阵 $\boldsymbol{A}$ 的三对角性质，则由高斯消元过程可知，消元结束后对角线上方的元素是不变的。因此可将 $\boldsymbol{L}$ 和 $\boldsymbol{U}$ 分别写成

$$\boldsymbol{L}=\begin{bmatrix} 1 & & & \\ l_2 & 1 & & \\ & \ddots & \ddots & \\ & & l_n & 1 \end{bmatrix},\quad \boldsymbol{U}=\begin{bmatrix} r_1 & f_1 & & & \\ & r_2 & f_2 & & \\ & & \ddots & \ddots & \\ & & & r_{n-1} & f_{n-1} \\ & & & & r_n \end{bmatrix} \tag{2.3.17}$$

比较矩阵 $\boldsymbol{A}$ 及 $\boldsymbol{LU}$ 乘积中各元素值可解出 $\boldsymbol{L}$ 和 $\boldsymbol{U}$，进而求解式（2.3.15），算法如图 2.8 所示。

```
r1=e1
for i=2: n
    li=di / ri-1                //杜利特尔分解
    ri=ei - li×fi-1
endfor
-----------------------------------------------
y1=b1
for i=2: n                      //追过程            算法（2.6）
    yi=bi - li×yi-1
endfor
-----------------------------------------------
xn=yn/ rn
for i=n-1:1                     //赶过程
    xi=(yi - fi×xi+1) / ri
endfor
```

图 2.8　追赶法

追赶法只需要大约 $4n$ 个存储单元，$5n$ 个乘除法。值得指出的是上述算法中并没有考虑主元为零的情况。追赶法的 Octave 代码如下：

```
function x=chase(d,e,f,b)
% d is under diag elements, e is diag elements, f is above elements
% b is constant vector. e and b are n dim, d and f are n-1 dim.
  n=length(b);
  r=zeros(n,1);
  l=r;
  y=r;
  x=r;
  r(1)=e(1); %Doolittle Decomposte
  for i=2:n
    l(i)=d(i-1)/r(i-1);
    r(i)=e(i)-l(i)*f(i-1);
  endfor
  y(1)=b(1);%Chase Process
  for i=2:n
    y(i)=b(i)-l(i)*y(i-1);
  endfor
  x(n)=y(n)/r(n);%Back Substitute Process
  for i=n-1:-1:1
    x(i)=(y(i)-f(i)*x(i+1))/r(i);
  endfor
endfunction
```

2.4 消元法在计算机上的实现

2.4.1 选主元的必要性

高斯消元法是在 $a_{kk}^{(k)}\neq 0$ 的假定下进行下去的，而实际情况并不一定总能保证该假定成立，比如 2.1 节中的实例中该假定就不成立。而且，即便这个假定成立，用前面讲过的高斯顺序消元方法求解也可能会存在很大问题。为了说明这一点，下面举一个例子，在第 1 章中提到的 4 位十进制浮点计算机系统下求解下述方程组。

$$\begin{cases} 0.1000\times10^{-3}x_1+0.1000\times10^{1}x_2=0.1000\times10^{1} \\ 0.1000\times10^{1}x_1+0.1000\times10^{1}x_2=0.2000\times10^{1} \end{cases} \qquad (2.4.1)$$

可以求出其精确解为 x_1=10000/9999 ≈ 0.1000×10^1，x_2=9998/9999 ≈ 0.1000×10^1。如果按自然顺序进行消元（$a_{11}=0.1000\times10^{-3}$），得

$$\begin{cases} 0.1000\times10^{-3}x_1+0.1000\times10^{1}x_2=0.1000\times10^{1} \\ \qquad\qquad -0.1000\times10^{5}x_2=-0.1000\times10^{5} \end{cases}$$

回代后得，$x_2=0.1000\times10^1$，$x_1=0.0000\times10^0$。这个结果显然是错误的。如果我们交换方程组（2.4.1）中两个方程的顺序，再进行消元，此时主元变为 $a_{11}=0.1000\times10^1$，得到

$$\begin{cases} 0.1000\times10^{1}x_1+0.1000\times10^{1}x_2=0.2000\times10^{1} \\ \qquad\qquad 0.1000\times10^{1}x_2=0.1000\times10^{1} \end{cases}$$

回代后得，$x_2=0.1000\times10^1$，$x_1=0.1000\times10^1$。这个结果显然是可靠的。为什么按照顺序消元会产生错误结果呢？下面我们分析一下。首先，在回代的第一步求得的 x_2 有误差为

$$\varepsilon=9998/9999-0.1000\times10^1\approx-0.1000\times10^{-3}$$

之后，再将 x_2 代入第一个方程求 x_1 时，公式为 x_1=（$0.1000\times10^1-0.1000\times10^1 x_2$）/$0.1000\times10^{-3}$，因此，误差 ε 被放大了 10000 倍，导致 x_1 得到了面目全非的结果。所以说，在高斯消元法中，我们应该尽量选择那些绝对值大的元素作为主元。

2.4.2　选主元的方法

列主元消元法是一种最简单的选主元方法，即每次从主元所在的列中选择绝对值最大的元素作为主元。具体做法为，在第 k 步时，如果有

$$\left|a_{i_k,k}^{(k-1)}\right|=\max_{k\leqslant i\leqslant n}\left|a_{i,k}^{(k-1)}\right|$$

则选择第 i_k 个方程为主方程，取 $a_{i_k,k}^{(k-1)}$ 作主元。为此，需要交换增广矩阵中的第 k 行和第 i_k 行，之后进行消元过程。列主元消元法的消元过程如图 2.9 所示。

列主元消元法的 Octave 代码如下：

```
function [x]=Gausscolumn(A,b)
% Gauss elimination method according to Column
  [ni,nj]=size(A);
  for j=1:ni %Find the max element in Column
    [tv,ti]=max(A(j:ni,j));
    A([ti+j-1,j],:)=A([j,ti+j-1],:);
    b([ti+j-1,j])=b([j,ti+j-1]);
    for i=j+1:ni                        %Elimination Process
      d=-A(i,j)/A(j,j);
```

```
        A(i,:)=A(i,:)+d*A(j,:);
        b(i)=b(i)+d*b(j);
      endfor
    endfor
    x=zeros(size(b));                         %Back Substitute Process
    x(ni)=b(ni)/A(ni,ni);
    for i=ni-1:-1:1
      x(i)=(b(i)-sum(x(i+1:ni).*A(i,i+1:ni)'))/A(i,i);
    endfor
endfunction
```

```
for k=1: n-1
    r=k
    a=|a_kk|
    for i=k+1: n
      if a <|a_ii|                        //选主元
        a=|a_ii|
        r=i
      endif
    endfor
if r ≠ k
   for j=k: n
    a_kj ↔a_rj                           //换行          算法（2.7）
   endfor
   b_k ↔b_r
Endif
for i=k+1: n
    l_ik=a_ik^(k-1) / a_kk^(k-1);
    b_i^(k)=b_i^(k-1)- l_ik b_k^(k-1);
    for j=k+1: n                          //消元
      a_ij^(k)=a_ij^(k-1) - l_ik a_kj^(k-1);
    endfor
 Endfor
Endfor
```

图 2.9　列主元消元法的消元过程

在杜利特尔分解中，也可以按列选主元。在前面第 k 步交换第 k 行和第 i_k 行相当于对增广矩阵左乘下面的初等置换矩阵：

$$
\boldsymbol{T}_{i_k,k}=\begin{bmatrix}1 & & & & & & \\ & \ddots & & & & & \\ & & 0 & & 1 & & \\ & & & \ddots & & & \\ & & 1 & & 0 & & \\ & & & & & \ddots & \\ & & & & & & 1\end{bmatrix}
$$

而初等置换矩阵之积仍为初等置换矩阵，因此，列主元杜利特尔分解相当于是对矩阵 $\boldsymbol{PA}$ 进行的 $\boldsymbol{LU}$ 分解，此处 $\boldsymbol{P}$ 为某一初等置换矩阵。事实上，有下面的矩阵分解定理。

定理 2.2（列主元 *LU* 分解） 设矩阵 $\boldsymbol{A}$ 非奇异，则存在置换矩阵 $\boldsymbol{P}$，以及单位下三角矩阵 $\boldsymbol{L}$ 及上三角矩阵 $\boldsymbol{U}$，使得 $\boldsymbol{PA}=\boldsymbol{LU}$，并且这样的分解可以由列主元消元法得到。

定理的证明从略，感兴趣的读者可自行证明。

选主元的另一种方法是所谓的全主元方法，即在第 k 步消元过程中，不是仅从第 k 列找绝对值最大的元素，而是从第 k 行和第 k 列之后的所有元素中选取绝对值最大的元素作为主元。也就是说，在第 k 步时，如果有

$$
\left|a_{i_k,j_k}^{(k-1)}\right|=\max_{\substack{k\leqslant i\leqslant n\\ k\leqslant j\leqslant n}}\left|a_{i,j}^{(k-1)}\right|
$$

则将 $a_{i_k,j_k}^{(k-1)}$ 作为主元。为此，需要同时交换增广矩阵中的第 k 行和第 j_k 行，以及第 k 列和第 j_k 列，之后进行消元过程。从所有元素中选择绝对值最大的元素作为主元，使得可以在消去过程中控制误差的传播，保证了算法的稳定性。但是需要指出的是，因为有列的交换，相当于交换了未知数的顺序，所以必须记录下未知数的交换过程，最后在回代求解之后还原回去。此外，全主元算法在确定主元时，需对相应矩阵的所有元素进行比较，浪费时间与计算时间几乎相等，代价较高。因此，当系数矩阵非奇异时，通常以列主元消元法进行求解。

2.4.3　迭代改善

在计算机上用消元法求方程组（2.2.4）的解 $\boldsymbol{x}^{(1)}$，只是近似解，即将 $\boldsymbol{x}^{(1)}$代入方程组（2.2.4）后得到的剩余向量不为 $\boldsymbol{0}$

$$
\boldsymbol{r}^{(1)}=\boldsymbol{b}-\boldsymbol{A}\boldsymbol{x}^{(1)}\neq\boldsymbol{0}
$$

在消元法求解过程中，矩阵 $\boldsymbol{A}$ 已经进行了 $\boldsymbol{LU}$ 分解，所以只需很少的计算量便可以求得方程组

$$
\boldsymbol{A}\boldsymbol{x}=\boldsymbol{r}^{(1)} \tag{2.4.2}
$$

的解 $\boldsymbol{\varepsilon}$。如果 $\boldsymbol{\varepsilon}$ 是方程组（2.4.2）的精确解，则由

$$
\boldsymbol{A}(\boldsymbol{x}^{(1)}+\boldsymbol{\varepsilon})=(\boldsymbol{b}-\boldsymbol{r}^{(1)})+\boldsymbol{r}^{(1)}=\boldsymbol{b} \tag{2.4.3}
$$

知 $\boldsymbol{x}^{(2)}=\boldsymbol{x}^{(1)}+\boldsymbol{\varepsilon}$ 是方程组（2.2.4）的精确解。因此，一般来说，$\boldsymbol{x}^{(2)}$会比 $\boldsymbol{x}^{(1)}$更精确。这种提高精度的办法，是计算方法较为常用的一种思想，称为迭代改善。当然，$\boldsymbol{x}^{(2)}$还可以继续进行迭代改善。

需要指出的是，剩余向量 $\boldsymbol{r}^{(1)}$的计算必须采用高精度（如采用双倍字长计算），这也是计算剩余向量的普遍原则。如果剩余向量 $\boldsymbol{r}^{(1)}$的计算有较大误差，方程组（2.4.2）的解自然会存在较大误差，这样原方程组（2.2.4）的解就无法得到改善。

2.4.4 行列式和逆矩阵的计算

利用矩阵 $\boldsymbol{A}$ 的 $\boldsymbol{LU}$ 分解，容易计算行列式 $\det(\boldsymbol{A})$和逆矩阵。实际上，当已实现矩阵 $\boldsymbol{A}$ 的 $\boldsymbol{LU}$ 分解时，则有

$$\det(\boldsymbol{A})=u_{11}\,u_{22}\cdots u_{nn} \tag{2.4.4}$$

如果矩阵 $\boldsymbol{A}$ 的 $\boldsymbol{LU}$ 分解是按列选主元的，那么在第 k 步就要交换第 k 行和第 i_k 行，当 $i_k\neq k$ 时，行列式就改变一次正负号。所以只需要计数 $k=1,2,\cdots,n-1$ 中 $i_k\neq k$ 的个数 τ，便有

$$\det(\boldsymbol{A})=(-1)^{\tau}\,u_{i1,1}\,u_{i2,2}\cdots u_{in,n} \tag{2.4.5}$$

另一方面，如矩阵 $\boldsymbol{A}$ 已经进行了 $\boldsymbol{LU}$ 分解，可以通过 $\boldsymbol{LU}$ 分解求解向量方程组 $\boldsymbol{AX}=\boldsymbol{I}$，得到的解即为矩阵 $\boldsymbol{A}$ 的逆矩阵。同样，若 $\boldsymbol{LU}$ 分解是按列选主元的，即有 $\boldsymbol{PA}=\boldsymbol{LU}$ 时，向量方程组 $\boldsymbol{AX}=\boldsymbol{I}$ 变成了等价向量方程组 $\boldsymbol{PAX}=\boldsymbol{LUX}=\boldsymbol{P}$，得到的解即为矩阵 $\boldsymbol{A}$ 的逆矩阵。

2.5 向量和矩阵范数

为了对线性方程组的性质进行刻画，以及本章后面求解线性方程组迭代法的收敛性、稳定性的研究需要，必须能够对向量和矩阵进行“度量”。本节所要介绍的向量范数、矩阵范数以及谱半径的概念就是刻画向量和矩阵的重要工具。

2.5.1 向量范数

定义 2.1 设向量 $\boldsymbol{x}\in\mathbf{R}^n$（或 $\boldsymbol{x}\in\mathbf{C}^n$），$N(\boldsymbol{x})\equiv\|\boldsymbol{x}\|$为向量 $\boldsymbol{x}$ 的实值函数。若满足以下条件：

（1）正定性：

$$\forall \boldsymbol{x}\in\mathbf{R}^n，有\|\boldsymbol{x}\|\geqslant 0，当且仅当 \boldsymbol{x}=\boldsymbol{0} 时等号成立 \tag{2.5.1}$$

（2）齐次性：

$$\forall k\in\mathbf{R}，有\|k\boldsymbol{x}\|=|k|\cdot\|\boldsymbol{x}\| \tag{2.5.2}$$

（3）三角不等式：

$$\|x+y\| \leqslant \|x\|+\|y\| \tag{2.5.3}$$

则称 $N(x) \equiv \|x\|$ 为 $\mathbf{R}^n$（或 $\mathbf{C}^n$）上的一个**向量范数**（或称为向量模），$\|x\|$ 的值称为向量 x 的范数。由三角不等式可以很容易推出

$$\|x-y\| \geqslant \big|\, \|x\|-\|y\| \,\big| \tag{2.5.4}$$

向量范数是向量的函数，可以有很多种，比较常见的有以下三种：

$$\|x\|_2 = \left(\sum_{i=1}^{n} |x_i|^2\right)^{\frac{1}{2}} \tag{2.5.5}$$

$$\|x\|_1 = \sum_{i=1}^{n} |x_i| \tag{2.5.6}$$

$$\|x\|_\infty = \max_{1 \leqslant i \leqslant n} |x_i| \tag{2.5.7}$$

分别称为向量的 2 范数（2 模）、1 范数（1 模）和无穷范数（无穷模）。容易验证上面三个函数都满足向量范数定义中的三个条件。其中 2 范数是我们所熟悉的欧氏空间的向量长度，又称欧氏范数。可以证明，三种范数满足如下两个关系式：

$$\|x\|_\infty \leqslant \|x\|_2 \leqslant \sqrt{n}\,\|x\|_\infty \tag{2.5.8}$$

$$\|x\|_\infty \leqslant \|x\|_1 \leqslant n\|x\|_\infty \tag{2.5.9}$$

定义 2.2　设 $\{x^{(k)}=(x_1^{(k)}, x_2^{(k)},\cdots, x_n^{(k)})^{\mathrm{T}}\}$ 为 $\mathbf{R}^n$ 上的一个向量序列（k=1,2,⋯），$x^*=(x_1^*, x_2^*,\cdots, x_n^*)^{\mathrm{T}} \in \mathbf{R}^n$。

如果对于 i=1,2,⋯,n，有

$$\lim_{k\to\infty} x_i^{(k)} = x_i^*$$

则称向量序列 $\{x^{(k)}\}$ 收敛于向量 x^*。

容易证明，$\{x^{(k)}\}$ 收敛于向量 x^* 的充要条件是

$$\lim_{k\to\infty} \|x^{(k)} - x^*\|_\infty = 0$$

再由式（2.5.8）和式（2.5.9）可知，上式成立等价于

$$\lim_{k\to\infty} \|x^{(k)} - x^*\|_2 = 0 \text{ 或 } \lim_{k\to\infty} \|x^{(k)} - x^*\|_1 = 0$$

2.5.2　矩阵范数

对于实数可以用绝对值度量其大小；对于复数可以用模度量其“大小”；前面介绍的向量范数则是度量向量“大小”的工具。而对于空间中的矩阵，我们如何来度量呢？下面给出矩阵范数的概念。

定义 2.3　设矩阵 $A \in \mathbf{R}^{n\times n}$（或 $\mathbf{C}^{n\times n}$），$N(A) \equiv \|A\|$ 为矩阵 A 的实值函数。若满足以下条件：

（1）正定性：

$$\forall \boldsymbol{A}\in\mathbf{R}^{n\times n}，有\|\boldsymbol{A}\|\geqslant 0，当且仅当\ \boldsymbol{A}=\boldsymbol{O}（零矩阵）时等号成立 \tag{2.5.10}$$

（2）齐次性：

$$\forall k\in\mathbf{R}，有\|k\boldsymbol{A}\|=|k|\cdot\|\boldsymbol{A}\| \tag{2.5.11}$$

（3）三角不等式：

$$\|\boldsymbol{A}+\boldsymbol{B}\|\leqslant\|\boldsymbol{A}\|+\|\boldsymbol{B}\| \tag{2.5.12}$$

则称 $N(\boldsymbol{A})\equiv\|\boldsymbol{A}\|$ 为 $\mathbf{R}^{n\times n}$（或 $\mathbf{C}^{n\times n}$）上的一个**矩阵范数**（或称为矩阵模），$\|\boldsymbol{A}\|$的值称为矩阵 $\boldsymbol{A}$ 的范数。与向量范数类似，矩阵范数是矩阵的函数，满足定义 2.3 的函数种类较多，对于线性代数方程组的研究比较有意义的是满足如下两条性质的范数（称为相容范数）：

$$\|\boldsymbol{AB}\|\leqslant\|\boldsymbol{A}\|\cdot\|\boldsymbol{B}\| \quad \forall \boldsymbol{A},\boldsymbol{B}\in\mathbf{R}^{n\times n} \tag{2.5.13}$$

$$\|\boldsymbol{Ax}\|\leqslant\|\boldsymbol{A}\|\cdot\|\boldsymbol{x}\| \quad \forall \boldsymbol{x}\in\mathbf{R}^{n},\boldsymbol{A}\in\mathbf{R}^{n\times n} \tag{2.5.14}$$

另外，最常用的矩阵范数是利用向量范数来定义的矩阵范数：

$$\|\boldsymbol{A}\|_p=\max_{\boldsymbol{x}\neq\boldsymbol{0}}\frac{\|\boldsymbol{Ax}\|_p}{\|\boldsymbol{x}\|_p}=\max_{\|\boldsymbol{x}\|_p=1}\|\boldsymbol{Ax}\|_p \tag{2.5.15}$$

称为矩阵 $\boldsymbol{A}$ 的算子范数，又称诱导范数。其中，$p=1,2,\infty$。

定理 2.3 由式（2.5.15）定义的矩阵范数是相容范数。

证明： 证明此定理只需依次证明由式（2.5.15）给出的矩阵范数分别满足式（2.5.10）～式（2.5.14）5 条性质。下面依次证明：

（1）注意到向量模的正定性，由式（2.5.15）可知，$\forall \boldsymbol{A}\in\mathbf{R}^{n\times n}$，$\|\boldsymbol{A}\|_p\geqslant 0$。下面证明当且仅当 $\boldsymbol{A}$=O 时 $\|\boldsymbol{A}\|_p=0$。显然，若矩阵 $\boldsymbol{A}=\mathbf{O}$，则 $\boldsymbol{Ax}\equiv\mathbf{O}$，即$\|\boldsymbol{A}\|_p=0$。若 $\boldsymbol{A}\neq\mathbf{O}$，不妨假设 $a_{11}\neq 0$，设向量 $\boldsymbol{x}=(1,0,\cdots 0)^{\mathrm{T}}$，则

$$\|\boldsymbol{A}\|_p\geqslant\frac{\|\boldsymbol{Ax}\|_p}{\|\boldsymbol{x}\|_p}=\frac{\|(a_{11},0,\cdots,0)^{\mathrm{T}}\|_p}{\|(1,0,\cdots,0)^{\mathrm{T}}\|_p}=\frac{|a_{11}|}{1}=|a_{11}|>0$$

由此知当且仅当 $\boldsymbol{A}=0$ 时 $\|\boldsymbol{A}\|_p=0$，即式（2.5.10）得证。

（2）$\forall k\in\mathbf{R}$，有

$$\|k\boldsymbol{A}\|_p=\max_{\boldsymbol{x}\neq\boldsymbol{0}}\frac{\|k\boldsymbol{Ax}\|_p}{\|\boldsymbol{x}\|_p}=|k|\max_{\boldsymbol{x}\neq\boldsymbol{0}}\frac{\|\boldsymbol{Ax}\|_p}{\|\boldsymbol{x}\|_p}=|k|\cdot\|\boldsymbol{A}\|_p$$

即式（2.5.11）得证。

（3）设矩阵 $\boldsymbol{A},\boldsymbol{B}\in\mathbf{R}^{n\times n}$，则

$$\|\boldsymbol{A}+\boldsymbol{B}\|_p=\max_{\boldsymbol{x}\neq\boldsymbol{0}}\frac{\|(\boldsymbol{A}+\boldsymbol{B})\boldsymbol{x}\|_p}{\|\boldsymbol{x}\|_p}=\max_{\boldsymbol{x}\neq\boldsymbol{0}}\frac{\|\boldsymbol{Ax}+\boldsymbol{Bx}\|_p}{\|\boldsymbol{x}\|_p}\leqslant\max_{\boldsymbol{x}\neq\boldsymbol{0}}\left(\frac{\|\boldsymbol{Ax}\|_p}{\|\boldsymbol{x}\|_p}+\frac{\|\boldsymbol{Bx}\|_p}{\|\boldsymbol{x}\|_p}\right)$$

$$\leqslant\max_{\boldsymbol{x}\neq\boldsymbol{0}}\left(\frac{\|\boldsymbol{Ax}\|_p}{\|\boldsymbol{x}\|_p}\right)+\max_{\boldsymbol{x}\neq\boldsymbol{0}}\left(\frac{\|\boldsymbol{Bx}\|_p}{\|\boldsymbol{x}\|_p}\right)=\|\boldsymbol{A}\|_p+\|\boldsymbol{B}\|_p$$

即式（2.5.12）得证。

（4）下面先证式（2.5.14）。设矩阵 $\boldsymbol{A}\in\mathbf{R}^{n\times n}$，向量 $\boldsymbol{x}\in\mathbf{R}^{n}$，$\boldsymbol{x}=\boldsymbol{0}$ 时，显然有 $\|\boldsymbol{Ax}\|_p=\|\boldsymbol{A}\|_p\cdot\|\boldsymbol{x}\|_p=0$，否则，当 $\boldsymbol{x}\neq\boldsymbol{0}$ 时

$$\frac{\|\boldsymbol{Ax}\|_p}{\|\boldsymbol{x}\|_p}\leqslant\max_{\boldsymbol{x}\neq\boldsymbol{0}}\left(\frac{\|\boldsymbol{Ax}\|_p}{\|\boldsymbol{x}\|_p}\right)=\|\boldsymbol{A}\|_p$$

即有

$$\|\boldsymbol{Ax}\|_p\leqslant\|\boldsymbol{A}\|_p\cdot\|\boldsymbol{x}\|_p$$

式（2.5.14）得证。

（5）最后证式（2.5.13）。设矩阵 $\boldsymbol{A},\boldsymbol{B}\in\mathbf{R}^{n\times n}$，则

$$\begin{aligned}\|\boldsymbol{AB}\|_p&=\max_{\boldsymbol{x}\neq\boldsymbol{0}}\left(\frac{\|\boldsymbol{ABx}\|_p}{\|\boldsymbol{x}\|_p}\right)=\max_{\boldsymbol{x}\neq\boldsymbol{0}}\left(\frac{\|\boldsymbol{A}(\boldsymbol{Bx})\|_p}{\|\boldsymbol{x}\|_p}\right)\\&\leqslant\max_{\boldsymbol{x}\neq\boldsymbol{0}}\left(\frac{\|\boldsymbol{A}\|_p\|\boldsymbol{Bx}\|_p}{\|\boldsymbol{x}\|_p}\right)=\|\boldsymbol{A}\|_p\max_{\boldsymbol{x}\neq\boldsymbol{0}}\left(\frac{\|\boldsymbol{Bx}\|_p}{\|\boldsymbol{x}\|_p}\right)=\|\boldsymbol{A}\|_p\|\boldsymbol{B}\|_p\end{aligned}$$

式（2.5.13）得证。

定理 2.4　对于由式（2.5.15）定义的矩阵范数，下列等式成立：

$$\|\boldsymbol{A}\|_\infty=\max_{1\leqslant i\leqslant n}\sum_{j=1}^{n}|a_{ij}| \tag{2.5.16}$$

$$\|\boldsymbol{A}\|_1=\max_{1\leqslant j\leqslant n}\sum_{i=1}^{n}|a_{ij}| \tag{2.5.17}$$

$$\|\boldsymbol{A}\|_2=\left(\boldsymbol{A}^{\mathrm{T}}\boldsymbol{A}\text{的最大特征值}\right)^{\frac{1}{2}} \tag{2.5.18}$$

证明从略。

注意到式（2.5.16）右端的含义为矩阵 $\boldsymbol{A}$ 所有行的元素绝对值之和的最大值，因此称 $\|\boldsymbol{A}\|_\infty$ 为行和范数。类似地，称 $\|\boldsymbol{A}\|_1$ 为列和范数。由 2.5.3 节我们会知道，$\|\boldsymbol{A}\|_2$ 与 $\boldsymbol{A}$ 的谱半径有很强的关系，因此称 $\|\boldsymbol{A}\|_2$ 为谱范数。

2.5.3　谱半径

定义 2.4　矩阵 $\boldsymbol{A}$ 的特征值的绝对值的最大值称为 $\boldsymbol{A}$ 的谱半径，记作 $\rho(\boldsymbol{A})$，即

$$\rho(\boldsymbol{A})=\max_{1\leqslant i\leqslant n}|\lambda_i| \tag{2.5.19}$$

其中 λ_i 是 $\boldsymbol{A}$ 的第 i 个特征值。

矩阵的谱半径与矩阵范数具有非常紧密的联系，下面的定理 2.5 给出了它们之间的关系。

定理 2.5　对任意矩阵 $\boldsymbol{A}\in\mathbf{R}^{n\times n}$，有

$$\rho(\boldsymbol{A})\leqslant\|\boldsymbol{A}\|_p,\quad p=1,2,\infty \tag{2.5.20}$$

证明从略。

由矩阵谱半径的定义式（2.5.19）和关于矩阵 2 范数的式（2.5.18），有

$$\rho(\boldsymbol{A})=\sqrt{\rho(\boldsymbol{A}^{\mathrm{T}}\boldsymbol{A})} \tag{2.5.21}$$

如果矩阵 $\boldsymbol{A}$ 是对称的，则有

$$\rho(\boldsymbol{A})=\sqrt{\rho(\boldsymbol{A}^{\mathrm{T}}\boldsymbol{A})}=\sqrt{\rho(\boldsymbol{A}^2)}=\|\boldsymbol{A}\|_2 \tag{2.5.22}$$

式（2.5.22）说明了对称矩阵的谱半径与其 2 范数相等。

2.6 矩阵的条件数与病态方程组

无论用直接法还是用迭代法，求解方程组都要考虑算法是否稳定，以及解的近似程度如何等问题。此外，还有一个相关的重要问题，即同一方法用于不同的方程组效果可能相差甚远。这些都与方程组自身的状态有关。

给定线性代数方程组

$$\boldsymbol{Ax}=\boldsymbol{b} \tag{2.6.1}$$

在实际问题中，系数矩阵 $\boldsymbol{A}$ 和等式右边向量 $\boldsymbol{b}$ 的元素一般都是实验或测量结果，难免会有误差。人们自然关心，这些误差对解的影响大不大，或者换句话说，方程组的解对扰动是否敏感。

例 2.2 令向量 $\boldsymbol{x}=(x_1,x_2,x_3)^{\mathrm{T}}$，$\boldsymbol{b}=(b_1,b_2,b_3)^{\mathrm{T}}$，并设

$$\boldsymbol{A}=\begin{bmatrix}\frac{1}{2} & \frac{1}{3} & \frac{1}{4}\\ \frac{1}{3} & \frac{1}{4} & \frac{1}{5}\\ \frac{1}{4} & \frac{1}{5} & \frac{1}{6}\end{bmatrix}$$

计算知 $\boldsymbol{Ax}=\boldsymbol{b}$ 的精确解为

$$x_1=72b_1-240b_2+180b_3$$

$$x_2=-240b_1-900b_2-720b_3$$

$$x_3=180b_1-720b_2+600b_3$$

假设对等式右边 $\boldsymbol{b}=(b_1,b_2,b_3)^{\mathrm{T}}$ 进行扰动后为

$$\tilde{\boldsymbol{b}}=(b_1+\varepsilon,b_2-\varepsilon,b_3+\varepsilon)$$

由计算可知，相应于 $\boldsymbol{b}$ 和 $\tilde{\boldsymbol{b}}$ 的解 $\boldsymbol{x}$ 和 $\tilde{\boldsymbol{x}}$ 之间的误差是

$$\boldsymbol{x}-\tilde{\boldsymbol{x}}=(-492\varepsilon,1860\varepsilon,-1500\varepsilon)$$

很明显，等式右边的误差 $\|\boldsymbol{b}-\tilde{\boldsymbol{b}}\|_\infty$ 不过是 $|\varepsilon|$，然而方程组相应解的误差 $\|\boldsymbol{x}-\tilde{\boldsymbol{x}}\|_\infty$ 却达到了 1860 倍。

在以下的讨论中，设矩阵 $\boldsymbol{A}$ 非奇异，$\boldsymbol{b}\neq\boldsymbol{0}$，所以 $\|\boldsymbol{x}\|\neq 0$。

（1）设 $\boldsymbol{Ax}=\boldsymbol{b}$ 中仅向量 $\boldsymbol{b}$ 有误差 $\Delta\boldsymbol{b}$，对应的解发生误差 $\Delta\boldsymbol{x}$，即

$$\boldsymbol{A}(\boldsymbol{x}+\Delta\boldsymbol{x})=\boldsymbol{b}+\Delta\boldsymbol{b} \tag{2.6.2}$$

注意到 $\boldsymbol{Ax}=\boldsymbol{b}$，所以有 $\boldsymbol{A}\Delta\boldsymbol{x}=\Delta\boldsymbol{b}$。若矩阵 $\boldsymbol{A}$ 非奇异，有 $\Delta\boldsymbol{x}=\boldsymbol{A}^{-1}\Delta\boldsymbol{b}$，则可得

$$\|\Delta\boldsymbol{x}\|\leqslant\|\boldsymbol{A}^{-1}\|\cdot\|\Delta\boldsymbol{b}\|$$

又因为

$$\|\boldsymbol{b}\|=\|\boldsymbol{Ax}\|\leqslant\|\boldsymbol{A}\|\cdot\|\boldsymbol{x}\|$$

所以有

$$\|\boldsymbol{x}\|\geqslant\frac{\|\boldsymbol{b}\|}{\|\boldsymbol{A}\|}$$

上面两式相除，有

$$\frac{\|\Delta\boldsymbol{x}\|}{\|\boldsymbol{x}\|}\leqslant\|\boldsymbol{A}\|\cdot\|\boldsymbol{A}^{-1}\|\cdot\frac{\|\Delta\boldsymbol{b}\|}{\|\boldsymbol{b}\|} \tag{2.6.3}$$

即 $\boldsymbol{x}$ 的相对误差小于等于 $\boldsymbol{b}$ 的相对误差的 $\|\boldsymbol{A}\|\cdot\|\boldsymbol{A}^{-1}\|$ 倍。

（2）设矩阵 $\boldsymbol{A}$ 有误差 $\Delta\boldsymbol{A}$，而向量 $\boldsymbol{b}$ 无误差，记由 $\Delta\boldsymbol{A}$ 所带来的解的误差为 $\Delta\boldsymbol{x}$，则有

$$(\boldsymbol{A}+\Delta\boldsymbol{A})(\boldsymbol{x}+\Delta\boldsymbol{x})=\boldsymbol{b}$$

同理注意到 $\boldsymbol{Ax}=\boldsymbol{b}$，有 $\boldsymbol{A}\Delta\boldsymbol{x}+\Delta\boldsymbol{A}\boldsymbol{x}+\Delta\boldsymbol{A}\Delta\boldsymbol{x}=\boldsymbol{0}$，等式两边同乘 $\boldsymbol{A}^{-1}$，并移项得

$$\Delta\boldsymbol{x}=-\boldsymbol{A}^{-1}\Delta\boldsymbol{A}\boldsymbol{x}-\boldsymbol{A}^{-1}\Delta\boldsymbol{A}\Delta\boldsymbol{x}$$

$$\|\Delta\boldsymbol{x}\|\leqslant\|\boldsymbol{A}^{-1}\|\cdot\|\Delta\boldsymbol{A}\|\cdot\|\boldsymbol{x}\|+\|\boldsymbol{A}^{-1}\|\cdot\|\Delta\boldsymbol{A}\|\cdot\|\Delta\boldsymbol{x}\|$$

不等式两边同时除以 $\|\boldsymbol{x}\|$，得

$$\frac{\|\Delta\boldsymbol{x}\|}{\|\boldsymbol{x}\|}\leqslant\|\boldsymbol{A}^{-1}\|\cdot\|\Delta\boldsymbol{A}\|+\|\boldsymbol{A}^{-1}\|\cdot\|\Delta\boldsymbol{A}\|\cdot\frac{\|\Delta\boldsymbol{x}\|}{\|\boldsymbol{x}\|}$$

$$\left(1-\|\boldsymbol{A}^{-1}\|\cdot\|\Delta\boldsymbol{A}\|\right)\cdot\frac{\|\Delta\boldsymbol{x}\|}{\|\boldsymbol{x}\|}\leqslant\|\boldsymbol{A}^{-1}\|\cdot\|\Delta\boldsymbol{A}\|$$

一般讲 $\Delta\boldsymbol{A}$ 是一个由微小元素组成的矩阵，故 $\Delta\boldsymbol{A}$ 相当小，$1-\|\boldsymbol{A}^{-1}\|\cdot\|\Delta\boldsymbol{A}\|>0$ 总能成立，解出下式：

$$\frac{\|\Delta\boldsymbol{x}\|}{\|\boldsymbol{x}\|}\leqslant\frac{\|\boldsymbol{A}^{-1}\|\cdot\|\Delta\boldsymbol{A}\|}{1-\|\boldsymbol{A}^{-1}\|\cdot\|\Delta\boldsymbol{A}\|}=\frac{\|\boldsymbol{A}\|\cdot\|\boldsymbol{A}^{-1}\|\cdot\dfrac{\|\Delta\boldsymbol{A}\|}{\|\boldsymbol{A}\|}}{1-\|\boldsymbol{A}\|\cdot\|\boldsymbol{A}^{-1}\|\cdot\dfrac{\|\Delta\boldsymbol{A}\|}{\|\boldsymbol{A}\|}} \tag{2.6.4}$$

它反映了解 $\boldsymbol{x}$ 的相对误差和矩阵 $\boldsymbol{A}$ 的相对误差之间的关系，不难分析出，当 $\|\boldsymbol{A}\|\cdot\|\boldsymbol{A}^{-1}\|$ 增大时，等式右边分子增大，分母减小，等式右边的值增大。

由以上分析不难看出，当 $\Delta\boldsymbol{b}$ 和 $\Delta\boldsymbol{A}$ 一定时，$\|\boldsymbol{A}^{-1}\|\cdot\|\boldsymbol{A}\|$ 的大小决定了 $\boldsymbol{x}$ 的相对误差极限。$\|\boldsymbol{A}^{-1}\|\cdot\|\boldsymbol{A}\|$ 越大时，$\boldsymbol{x}$ 可能产生的相对误差越大，即问题的“病态”程度越严重。同时，我们看

出，$\boldsymbol{Ax}=\boldsymbol{b}$ 的“病态”程度，与矩阵 $\boldsymbol{A}$ 的元素有关，而与 $\boldsymbol{b}$ 的分量是无关的。为此，我们有以下定义。

定义 2.5 设 $\boldsymbol{A}$ 为 n 阶非奇异方阵，称$\|\boldsymbol{A}\|\cdot\|\boldsymbol{A}^{-1}\|$为矩阵 $\boldsymbol{A}$ 的**条件数**，记为

$$\operatorname{cond}(\boldsymbol{A})=\|\boldsymbol{A}\|\cdot\|\boldsymbol{A}^{-1}\| \tag{2.6.5}$$

由此，式（2.6.3）和式（2.6.4）可分别改写为

$$\frac{\|\Delta\boldsymbol{x}\|}{\|\boldsymbol{x}\|}\leqslant\operatorname{cond}(\boldsymbol{A})\cdot\frac{\|\Delta\boldsymbol{b}\|}{\|\boldsymbol{b}\|},\quad \frac{\|\Delta\boldsymbol{x}\|}{\|\boldsymbol{x}\|}\leqslant\frac{\operatorname{cond}(\boldsymbol{A})\cdot\dfrac{\|\Delta\boldsymbol{A}\|}{\|\boldsymbol{A}\|}}{1-\operatorname{cond}(\boldsymbol{A})\cdot\dfrac{\|\Delta\boldsymbol{A}\|}{\|\boldsymbol{A}\|}}$$

由于选用的范数不同，条件数也不同，所以在必要时，可记为

$$\operatorname{cond}_r(\boldsymbol{A})=\|\boldsymbol{A}\|_r\cdot\|\boldsymbol{A}^{-1}\|_r,\quad r=1,2,\infty$$

由于 $1=\|\boldsymbol{I}\|=\|\boldsymbol{AA}^{-1}\|\leqslant\|\boldsymbol{A}\|\cdot\|\boldsymbol{A}^{-1}\|=\operatorname{cond}(\boldsymbol{A})$，可知 $\operatorname{cond}(\boldsymbol{A})$总是大于等于 1 的数，条件数反映了方程组的“病态”程度。条件数越小，方程组的形态越好；条件数很大时，则称该方程组为病态方程组。但多大的条件数才算病态则应视具体问题而定，病态的说法只是相对而言的。

条件数的计算是困难的，首先在于要计算矩阵 $\boldsymbol{A}$ 的逆，而求矩阵 $\boldsymbol{A}$ 的逆比求解 $\boldsymbol{Ax}=\boldsymbol{b}$ 的工作量还大，而且当矩阵 $\boldsymbol{A}$ 为病态时，矩阵 $\boldsymbol{A}$ 的逆求解也不准确；其次由于求范数，特别是求 2 范数又十分困难，因此实际工作中一般不先去判断方程组的病态，而是直接求解。但是必须注意，在解决实际问题的过程中，发现结果有问题，同时数学模型中有线性方程组出现，则方程组的病态可能是出问题的原因之一。病态方程组无论选用什么方法去解，都不能根本解决原始误差的扩大，即使采用全主消元法也不行。但可以试用加大计算机字长的方式，比如用双精度字长计算，或许可使问题得到解决。如仍不行，则最好考虑修改数学模型，避开病态方程组。例如，在拟合问题中出现的正规方程组就往往呈现病态，此时解决问题的方法之一是避开正规方程组，采用正交多项式拟合的方法，尽管后者在理论上和实际计算中都比前者复杂得多。

2.7 迭代法

迭代法是求解线性代数方程组的另一类方法。由于迭代法具有保持迭代矩阵不变的特点，因此特别适合求解大型稀疏系数矩阵的方程组。

2.7.1 迭代法的一般形式

考虑求解线性代数方程组

$$\boldsymbol{Ax}=\boldsymbol{b} \tag{2.7.1}$$

为了采用迭代法求解，首先要将方程组（2.7.1）改写成等价的形式

$$\boldsymbol{x}=\boldsymbol{M}\boldsymbol{x}+\boldsymbol{g} \tag{2.7.2}$$

任意给出 $\boldsymbol{x}$ 的一个值 $\boldsymbol{x}^{(0)}$成为初始向量，代入式（2.7.2）的右边，算得的结果记为 $\boldsymbol{x}^{(1)}$，再将 $\boldsymbol{x}^{(1)}$ 代入式（2.7.2）的右边，算得的结果记为 $\boldsymbol{x}^{(2)}$，一般地有

$$\boldsymbol{x}^{(k+1)}=\boldsymbol{M}\boldsymbol{x}^{(k)}+\boldsymbol{g} \tag{2.7.3}$$

式（2.7.3）称为 $\boldsymbol{A}\boldsymbol{x}=\boldsymbol{b}$ 的迭代格式，$\boldsymbol{M}$ 称为迭代矩阵。由 $\boldsymbol{x}^{(0)}$出发得到的迭代序列 $\boldsymbol{x}^{(0)},\boldsymbol{x}^{(1)},\cdots,\boldsymbol{x}^{(k)}$ 如果有极限，即存在 $\boldsymbol{x}^*$ 使 $\lim\limits_{k\to\infty}\boldsymbol{x}^{(k)}=\boldsymbol{x}^*$，则称式（2.7.3）收敛。此时对式（2.7.3）两边同时取极限，可以得到

$$\boldsymbol{x}^*=\boldsymbol{M}\boldsymbol{x}^*+\boldsymbol{g} \tag{2.7.4}$$

即 $\boldsymbol{x}^*$满足式（2.7.2），为方程组（2.7.1）的解。也就是说，对于由等价方程组（2.7.2）给出的迭代格式为式（2.7.3），如果迭代序列$\{\boldsymbol{x}^{(k)}\}$收敛，则其极限即为原方程组（2.7.1）的解，当 k 充分大时，$\boldsymbol{x}^{(k)}$可以作为方程组的近似解。因此，用迭代法求解线性方程组时面临的重要问题是什么样的迭代格式是收敛的。

2.7.2　迭代法的收敛性

为讨论迭代法的收敛性，引入误差向量 $\boldsymbol{\varepsilon}^{(k)}=\boldsymbol{x}^{(k)}-\boldsymbol{x}^*$。利用式（2.7.2）和式（2.7.4）可得

$$\boldsymbol{\varepsilon}^{(k+1)}=\boldsymbol{x}^{(k+1)}-\boldsymbol{x}^*=\boldsymbol{M}\boldsymbol{x}^{(k)}+\boldsymbol{g}-(\boldsymbol{M}\boldsymbol{x}^*+\boldsymbol{g})=\boldsymbol{M}(\boldsymbol{x}^{(k)}-\boldsymbol{x}^*)=\boldsymbol{M}\boldsymbol{\varepsilon}^{(k)}$$

于是可以迭代得出

$$\boldsymbol{\varepsilon}^{(k+1)}=\boldsymbol{M}\boldsymbol{\varepsilon}^{(k)}=\boldsymbol{M}^2\boldsymbol{\varepsilon}^{(k-1)}=\cdots=\boldsymbol{M}^{k+1}\boldsymbol{\varepsilon}^{(0)} \tag{2.7.5}$$

迭代法收敛，即 $\boldsymbol{\varepsilon}^{(k+1)}\to\boldsymbol{0}$（零向量）（$k\to\infty$）。由于 $\boldsymbol{x}^{(0)}$是任意给定的，所以其充要条件是 $\boldsymbol{M}^{k+1}\to\boldsymbol{O}$（零矩阵）（$k\to\infty$）。下面主要讨论矩阵 $\boldsymbol{M}$ 满足什么条件时，有 $\boldsymbol{M}^k\to\boldsymbol{O}$。

定理 2.6　设 $\boldsymbol{M}=(m_{ij})\in\mathbf{R}^{n\times n}$，则 $\boldsymbol{M}^k\to\boldsymbol{O}\,(k\to\infty)$的充要条件是 $\rho(\boldsymbol{M})<1$。

证明　根据约当（Jordan）标准型定理，存在非奇异矩阵 $\boldsymbol{P}$，使得 $\boldsymbol{M}=\boldsymbol{P}^{-1}\boldsymbol{J}\boldsymbol{P}$，其中

$$\boldsymbol{J}=\begin{bmatrix}\boldsymbol{J}_1 & & & \\ & \boldsymbol{J}_2 & & \\ & & \ddots & \\ & & & \boldsymbol{J}_s\end{bmatrix},\boldsymbol{J}_i=\begin{bmatrix}\lambda_i & 1 & & & 0\\ & \lambda_i & 1 & & \\ & & \ddots & \ddots & \\ & & & \ddots & 1\\ 0 & & & & \lambda_i\end{bmatrix}_{n_i\times n_i},\quad\sum_{i=1}^{s}n_i=n$$

其中，λ_i 为矩阵 $\boldsymbol{M}$ 的特征值。由于

$$\boldsymbol{M}^k=\boldsymbol{P}^{-1}\boldsymbol{J}^k\boldsymbol{P}$$

$$\boldsymbol{J}^k=\begin{bmatrix}\boldsymbol{J}_1^k & & & \\ & \boldsymbol{J}_2^k & & \\ & & \ddots & \\ & & & \boldsymbol{J}_s^k\end{bmatrix}$$

所以，$\boldsymbol{M}^k\to\boldsymbol{O}(k\to\infty)$当且仅当$\boldsymbol{J}^k\to\boldsymbol{O}(k\to\infty)$，当且仅当$\boldsymbol{J}_i^k\to\boldsymbol{O}(k\to\infty)$，$\forall i\in\{1,2,\cdots,s\}$。又有

$$\boldsymbol{J}_i=\begin{bmatrix}\lambda_i & 1 & & & \\ & \lambda_i & 1 & & \\ & & \ddots & \ddots & \\ & & & & 1\\ & & & & \lambda_i\end{bmatrix}=\begin{bmatrix}\lambda_i & & & \\ & \lambda_i & & \\ & & \ddots & \\ & & & \lambda_i\end{bmatrix}+\begin{bmatrix}0 & 1 & & & \\ & 0 & 1 & & \\ & & \ddots & \ddots & \\ & & & & 1\\ & & & & 0\end{bmatrix}=\lambda_i\boldsymbol{I}+\boldsymbol{N}$$

其中，

$$\boldsymbol{N}=\begin{bmatrix}0 & 1 & & & \\ & 0 & 1 & & \\ & & \ddots & \ddots & \\ & & & & 1\\ & & & & 0\end{bmatrix}$$

容易计算

$$\boldsymbol{N}^2=\begin{bmatrix}0 & 0 & 1 & & & \\ & 0 & 0 & 1 & & \\ & & \ddots & \ddots & \ddots & \\ & & & & & 1\\ & & & & & 0\\ & & & & & 0\end{bmatrix},\boldsymbol{N}^3=\begin{bmatrix}0 & 0 & 0 & 1 & & \\ & & & & \ddots & \\ & & & \ddots & & 1\\ & & \ddots & & & 0\\ & & & & & 0\\ & & & & & 0\end{bmatrix},\cdots,\boldsymbol{N}^{n_i}=\boldsymbol{O}$$

所以

$$\boldsymbol{J}_i^k=\left(\lambda_i\boldsymbol{I}+\boldsymbol{N}\right)^k=\sum_{m=0}^{p}\binom{k}{m}\lambda_i^{k-m}\boldsymbol{N}^m$$

其中，$p=\min\{k,n_i-1\}$。显然，当且仅当$|\lambda_i|<1$时，

$$\binom{k}{m}\lambda_i^{k-m}\to 0,\quad k\to\infty$$

于是，当且仅当$\rho(\boldsymbol{M})<1$时，$\boldsymbol{M}^k\to\boldsymbol{O}(k\to\infty)$。证明完毕。

定理 2.7 迭代格式（2.7.3）对任何初始近似值$\boldsymbol{x}^{(0)}$均收敛的充分必要条件是迭代矩阵$\boldsymbol{M}$的谱半径$\rho(\boldsymbol{M})<1$。

因为矩阵的任何一种相容范数均为谱半径的上界，所以自然有下面的推论。

推论 2.1 若$\|\boldsymbol{M}\|<1$（$\|\cdot\|$允许为任何一种相容范数），则迭代格式（2.7.3）收敛。

定理 2.7 给出的是充要条件，揭示了迭代法收敛的本质条件，但是应用时需要计算矩阵条

件数，比较困难。推论 2.1 给出的是充分条件，对定理 2.7 进行了一定程度的放松，矩阵范数的计算相对容易。然而，推论 2.1 的条件显得有些苛刻，很多时候迭代法满足定理 2.7，但是无法满足推论 2.1。

2.7.3 雅可比迭代法

雅可比（Jacobi）迭代法又称为简单迭代法。具体方法可通过以下例题给出。

例 2.3 求解方程组 $\begin{cases} 4x-y+z=7 \\ 4x-8y+z=-21 \\ -2x+y+5z=15 \end{cases}$

若将方程组表示成如下形式

$$\begin{cases} 4x=7+y-z \\ 8y=21+4x+z \\ 5z=15+2x-y \end{cases} \tag{2.7.6}$$

于是

$$\begin{cases} x=\dfrac{7+y-z}{4} \\ y=\dfrac{21+4x+z}{8} \\ z=\dfrac{15+2x-y}{5} \end{cases} \tag{2.7.7}$$

就给出了雅可比迭代过程

$$\begin{cases} x^{(k+1)}=\dfrac{7+y^{(k)}-z^{(k)}}{4} \\ y^{(k+1)}=\dfrac{21+4x^{(k)}+z^{(k)}}{8} \\ z^{(k+1)}=\dfrac{15+2x^{(k)}-y^{(k)}}{5} \end{cases} \tag{2.7.8}$$

如果从初始点$(x_0,y_0,z_0)=(1,2,2)$开始，即将 $x_0=1,y_0=2,z_0=2$ 代入方程组（2.7.8）中每个方程的右边，可得到如下新值

$$\begin{cases} x^{(1)}=\dfrac{(7+2-2)}{4}=1.75 \\ y^{(1)}=\dfrac{(21+4+2)}{8}=3.375 \\ z^{(1)}=\dfrac{(15+2-2)}{5}=3.00 \end{cases}$$

新值更接近理论解。使用方程组（2.7.8）不断迭代，则产生的点序列将解收敛到式（2.4.3）。这个过程就称为雅可比迭代法，可以用来求解某些类型的线性方程组。

下面对上述过程进行分析。在式（2.7.6）中，将方程组等号左边的非对角元素都移到了等号右侧，原方程组变成了一个形式上系数矩阵为对角矩阵的方程组。接下来式（2.7.7）相当于在式（2.7.6）等号两边同时乘以对角矩阵的逆，并由此给出迭代格式。下面讨论一般情况。

设有方程组 $\boldsymbol{Ax=b}$，并设 $\boldsymbol{A=D-L-U}$，其中 $\boldsymbol{D}$ 为 $\boldsymbol{A}$ 的对角线构成的对角矩阵，$-\boldsymbol{L}$ 为 $\boldsymbol{A}$ 的严格下三角部分构成的下三角矩阵，$-\boldsymbol{U}$ 为 $\boldsymbol{A}$ 的严格上三角部分构成的上三角矩阵，则原方程组等价于

$$\boldsymbol{Dx=(L+U)x+b}$$

若矩阵 $\boldsymbol{D}$ 非奇异，则

$$\boldsymbol{x=D^{-1}(L+U)x+D^{-1}b} \tag{2.7.9}$$

于是可以给出迭代格式

$$\boldsymbol{x^{(k+1)}=D^{-1}(L+U)x^{(k)}+D^{-1}b} \tag{2.7.10}$$

上述过程即为求解方程组 $\boldsymbol{Ax=b}$ 的雅可比迭代法，其迭代矩阵为

$$\boldsymbol{M=D^{-1}(L+U)=I-D^{-1}A}$$

雅可比迭代法的分量形式为

$$x_i^{(k+1)}=-\frac{1}{a_{ii}}\left(\sum_{j=1}^{i-1}a_{ij}x_j^{(k)}+\sum_{j=i+1}^{n}a_{ij}x_j^{(k)}-b_i\right),\quad i=1,2,\cdots,n;k=1,2,\cdots \tag{2.7.11}$$

雅可比迭代法的 Octave 代码如下：

```
function [x]=jacobi(A,b)
n=size(A,1);
x=rand(n,1);
normVal=Inf;
JacobItr=0;
eps=1.0e-5;
 while normVal>eps
    xold=x;
   for i=1:n
          sigma=0;
          for j=1:n
                if j~=i
                     sigma=sigma+A(i,j)*xold(j);
                endif
          endfor
          x(i)=(1/A(i,i))*(b(i)-sigma);
    endfor
    JacobItr=JacobItr+1;
```

```
    normVal=norm(xold-x);
  end
endfunction
```

例 2.4　求解方程组 $\begin{cases} -2x+y+5z=15 \\ 4x-8y+z=-21 \\ 4x-y+z=7 \end{cases}$

解： 雅可比迭代公式为

$$\begin{cases} x^{(k+1)}=\dfrac{-15+y^{(k)}+5z^{(k)}}{2} \\ y^{(k+1)}=\dfrac{21+4x^{(k)}+z^{(k)}}{8} \\ z^{(k+1)}=7-4x^{(k)}+y^{(k)} \end{cases}$$

经计算 $x^{(1)}=-1.5$，$y^{(1)}=3.375$，$z^{(1)}=5.00$，迭代结果见表 2.1。

表 2.1　　例 2.4 计算结果

k	$x^{(k)}$	$y^{(k)}$	$z^{(k)}$
0	1.0	2.0	2.0
1	−1.5	3.375	5.0
2	6.687	2.5	16.375
3	34.6875	8.015625	−17.25
4	−46.617188	17.8125	−123.73438
5	−307.929688	−36.150391	211.28125
6	502.62793	−124.929688	1202.56836

该方程组的解应为（2,4,3）^{T}，可见计算结果逐渐远离了方程组的解，因此雅可比方法是发散的，没有收敛。雅可比迭代法收敛的充要条件可根据定理 2.7 由迭代矩阵 $\boldsymbol{M}$ 的谱半径进行判断。

2.7.4　高斯-赛德尔迭代法

一般迭代法的矩阵形式可由式（2.7.3）给出，其分量形式为

$$x_i^{(k+1)}=-\frac{1}{m_{ii}}\left(\sum_{j=1}^{i-1}m_{ij}x_j^{(k)}+\sum_{j=i}^{n}m_{ij}x_j^{(k)}-g_i\right),\quad i=1,2,\cdots,n;k=1,2,\cdots \tag{2.7.12}$$

注意到在计算 $x_i^{(k+1)}$时，$x_1^{(k+1)},\cdots,x_{i-1}^{(k+1)}$均已求出。一般来说，新得到的值可以认为是准确值更好的近似，因此可以用这些新值替换式（2.7.12）中的相应部分，于是得到迭代格式

$$x_i^{(k+1)}=-\frac{1}{m_{ii}}\left(\sum_{j=1}^{i-1}m_{ij}x_j^{(k+1)}+\sum_{j=i}^{n}m_{ij}x_j^{(k)}-g_i\right),\quad i=1,2,\cdots,n;k=1,2,\cdots \tag{2.7.13}$$

像这样在计算的过程中总是利用最新值进行计算的方法称为**赛德尔（Seidel）迭代法**。

下面考察赛德尔迭代法的式（2.7.13）的矩阵形式。在一般迭代法的式（2.7.3）中，令迭代矩阵 $\boldsymbol{M}=\boldsymbol{M}_U+\boldsymbol{M}_L$，其中 $\boldsymbol{M}_U$ 是 $\boldsymbol{M}$ 的上三角部分构成的三角阵，$\boldsymbol{M}_L$ 是 $\boldsymbol{M}$ 的严格下三角部分构成的三角阵。于是由赛德尔迭代法的思想式（2.7.3）可改写成

$$\boldsymbol{x}^{(k+1)}=\boldsymbol{M}_L\boldsymbol{x}^{(k+1)}+\boldsymbol{M}_U\boldsymbol{x}^{(k)}+\boldsymbol{g}$$

即

$$\boldsymbol{x}^{(k+1)}=(\boldsymbol{I}-\boldsymbol{M}_L)^{-1}\boldsymbol{M}_U\boldsymbol{x}^{(k)}+(\boldsymbol{I}-\boldsymbol{M}_L)^{-1}\boldsymbol{g} \tag{2.7.14}$$

特别地，对于雅可比迭代法使用赛德尔迭代技巧，即在式（2.7.11）中，用已计算出的 $x_j^{(k+1)}$替换 $x_j^{(k)}(j=1,2,\cdots,i-1)$，可以得到

$$x_i^{(k+1)}=-\frac{1}{a_{ii}}\left(\sum_{j=1}^{i-1}a_{ij}x_j^{(k+1)}+\sum_{j=i+1}^{n}a_{ij}x_j^{(k)}-b_i\right),\quad i=1,2,\cdots,n;k=1,2,\cdots \tag{2.7.15}$$

称其为**高斯-赛德尔（Gauss-Seidel）迭代法**，简称 G-S 迭代法，其矩阵形式为

$$\boldsymbol{x}^{(k+1)}=\boldsymbol{D}^{-1}(\boldsymbol{L}\boldsymbol{x}^{(k+1)}+\boldsymbol{U}\boldsymbol{x}^{(k)}+\boldsymbol{b}) \tag{2.7.16}$$

整理可得

$$\boldsymbol{x}^{(k+1)}=(\boldsymbol{D}-\boldsymbol{L})^{-1}\boldsymbol{U}\boldsymbol{x}^{(k)}+(\boldsymbol{D}-\boldsymbol{L})^{-1}\boldsymbol{b} \tag{2.7.17}$$

可见其迭代矩阵为$(\boldsymbol{D}-\boldsymbol{L})^{-1}\boldsymbol{U}$。高斯-赛德尔迭代法的 Octave 代码如下：

```
function [x]=Gauss_Seidel(A,b)
n=size(A,1);
x=rand(n,1);
normVal=Inf;
eps=1.0e-5;
GaussItr=0;
while normVal>eps
    x_old=x;
    for i=1:n
        sigma=0;
        for j=1:i-1
            sigma=sigma+A(i,j)*x(j);
        end
        for j=i+1:n
            sigma=sigma+A(i,j)*x_old(j);
        end
        x(i)=(1/A(i,i))*(b(i)-sigma);
    end
    GaussItr=GaussItr+1;
```

```
    normVal=norm(x_old-x);
end
endfunction
```

例 2.5 试用雅可比迭代法和高斯-赛德尔迭代法求解下面线性方程组，并分析其收敛性。

$$\begin{cases} x_1 - 2x_2 + 2x_3 = 6 \\ -x_1 + x_2 - x_3 = -4 \\ -2x_1 - 2x_2 + x_3 = -3 \end{cases}$$

解： 雅可比迭代法的迭代公式为

$$\begin{cases} x_1^{(k+1)} = 6 + 2x_2^{(k)} - 2x_3^{(k)} \\ x_2^{(k+1)} = -4 + x_1^{(k)} + x_3^{(k)} \\ x_3^{(k+1)} = -3 + 2x_1^{(k)} + 2x_2^{(k)} \end{cases}$$

高斯-赛德尔迭代公式为

$$\begin{cases} x_1^{(k+1)} = 6 + 2x_2^{(k)} - 2x_3^{(k)} \\ x_2^{(k+1)} = -4 + x_1^{(k+1)} + x_3^{(k)} \\ x_3^{(k+1)} = -3 + 2x_1^{(k+1)} + 2x_2^{(k+1)} \end{cases}$$

都将 $(x_1^{(0)}, x_2^{(0)}, x_3^{(0)}) = (0,0,0)$ 作为初始值进行计算，结果见表 2.2。

表 2.2 例 2.5 计算结果

迭代次数	雅可比迭代法			高斯-赛德尔迭代法		
k	$x^{(k)}$	$y^{(k)}$	$z^{(k)}$	$x^{(k)}$	$y^{(k)}$	$z^{(k)}$
0	0	0	0	0	0	0
1	6	−4	−3	6	2	13
2	4	−1	1	−16	−7	−49
3	2	1	3	90	37	251
4	2	1	3	−422	−175	−1197

从表 2.2 中可以看出，迭代到第 4 次的时候雅可比迭代法已经收敛，而高斯-赛德尔迭代法则发散。

下面分析其收敛性，设雅可比迭代法和高斯-赛德尔迭代法的迭代矩阵分别为

$$\boldsymbol{M}_J = \boldsymbol{D}^{-1}(\boldsymbol{L}+\boldsymbol{U}) = \begin{bmatrix} 0 & 2 & -2 \\ 1 & 0 & 1 \\ 2 & 2 & 0 \end{bmatrix}$$

$$\boldsymbol{M}_G = (\boldsymbol{D}-\boldsymbol{L})^{-1}\boldsymbol{U} = \begin{bmatrix} 0 & 2 & -2 \\ 0 & 2 & -1 \\ 0 & 8 & -6 \end{bmatrix}$$

分别计算两个矩阵的特征值。

$$|M_J-\lambda I|=\begin{vmatrix}-\lambda & 2 & -2\\ 1 & -\lambda & 1\\ 2 & 2 & -\lambda\end{vmatrix}=-\lambda^3$$

即 $\lambda_1=\lambda_2=\lambda_3=0$，故 $\rho(M_J)=0<1$，所以由定理 2.7 可知雅可比迭代法收敛。

$$|M_G-\lambda I|=\begin{vmatrix}-\lambda & 2 & -2\\ 0 & 2-\lambda & -1\\ 0 & 8 & -6-\lambda\end{vmatrix}=-\lambda(\lambda^2+4\lambda-4)$$

即 $\lambda_1=0,\lambda_{2,3}=-2\pm2\sqrt{2}$，故 $\rho(M_G)=2+2\sqrt{2}>1$，所以由定理 2.7 可知高斯-赛德尔迭代法发散。

2.8 实验——常数项扰动对误差的影响

实验要求：

线性方程组 $Ax=b$ 的常数项发生扰动时，满足式（2.6.3）。试构造非奇异矩阵 A 和常数项 b，对常数项多次进行随机扰动（如 100 次），分析扰动带来的误差，做散点分布图，横轴为 $\|\delta b\|/\|b\|$，纵轴为 $\|\delta x\|/\|x\|$，并与式（2.6.3）进行比较。

解： 令矩阵 $A=\begin{bmatrix}1&0&4\\0&2&1\\0&0&3\end{bmatrix}$，$b=\begin{bmatrix}5\\3\\3\end{bmatrix}$，则易知 A 为非奇异矩阵，且 $Ax=b$ 的解为 $x=\begin{bmatrix}1\\1\\1\end{bmatrix}$。

现在对 b 进行随机扰动，并分析其误差。Octave 代码如下：

```
A=[1,0,4;0,2,1;0,0,3];
b=[5,5,5]';
disturb_scale=0.1;
norm_b=norm(b);
x_0=A\b;
norm_x0=norm(x_0);
Iter_num=100;
deta=(rand(3,Iter_num)-0.5)*disturb_scale;
deta_x=zeros(Iter_num,1);
deta_y=zeros(Iter_num,1);
for i=1:Iter_num
    x=A\(b+deta(:,i));
    deta_y(i)=norm(x-x_0)/norm_x0;
    deta_x(i)=norm(deta(:,i))/norm_b;
end
```

```
plot(deta_x,deta_y,'bo');
cond=norm(A)*norm(A^-1);
hold;
max_x=max(deta_x);
plot([0,max_x],[0,cond*max_x],'-r*');
title('Deviations of x on disturbence of b');
xlabel('||det(b)||/||b||');
ylabel('||det(x)||/||x||');
grid on;
```

误差与常数项随机扰动之间关系的散点图如图 2.10 所示，其中图中斜线的斜率为式(2.6.5)给出的矩阵 $\boldsymbol{A}$ 的条件数。容易发现散点都是落在斜线的下方，即结果满足式（2.6.3）。

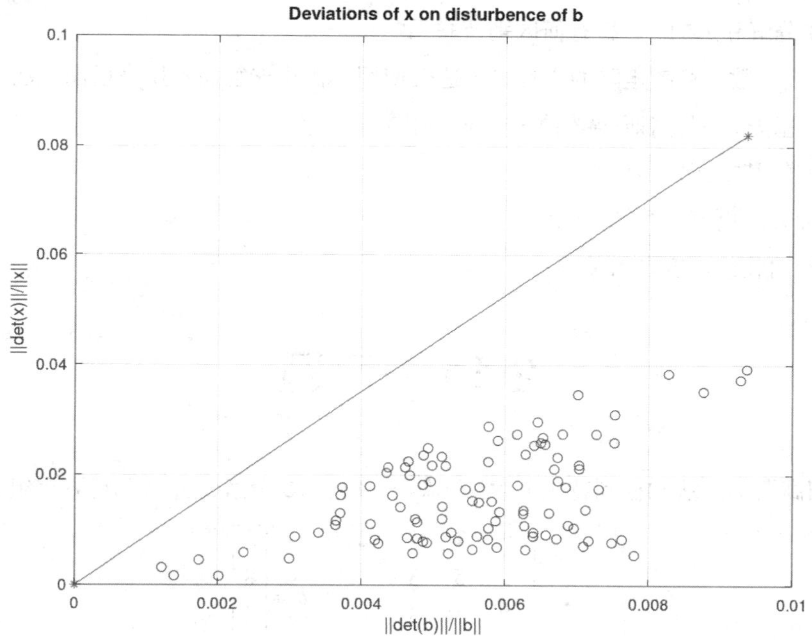

图 2.10　误差与常数项随机扰动之间的关系

2.9　延伸阅读

延伸阅读 2：
九章算术

2.10 思考题

1. 满足下面哪些条件，可以判定矩阵接近奇异?

（1）矩阵的行列式小；

（2）矩阵的范数小；

（3）矩阵的范数大；

（4）矩阵的条件数小；

（5）矩阵的条件数大；

（6）矩阵的元素小。

2. ***LDU*** 分解和 $\boldsymbol{LDL}^{\mathrm{T}}$ 分解有何区别及联系?

3. 为什么系数为稀疏矩阵的方程组更适合使用迭代法求解而不用高斯消元法?

4. 雅可比迭代法与高斯-赛德尔迭代法相比：

（1）它们的基本区别是什么?

（2）哪种方法更节省存储空间?

（3）它们的收敛速度有何关系?

2.11 习题

1. 试用高斯消元法和杜利特尔分解法求矩阵 $\boldsymbol{A}$ 的 ***LU*** 分解，并由此解方程组 $\boldsymbol{Ax}=\boldsymbol{b}$，其中

$$\boldsymbol{A}=\begin{bmatrix}1 & 2 & 1 & -2\\ 2 & 5 & 3 & -2\\ -2 & -2 & 3 & 5\\ 1 & 3 & 2 & 3\end{bmatrix},\quad \boldsymbol{b}=\begin{bmatrix}2\\ 8\\ 4\\ 9\end{bmatrix}$$

2. 利用列主元消元法求解方程组 $\boldsymbol{Ax}=\boldsymbol{b}$，同时对矩阵 $\boldsymbol{A}$ 进行 ***LU*** 分解。其中

$$\boldsymbol{A}=\begin{bmatrix}4 & 2 & 1 & 5\\ 8 & 7 & 2 & 10\\ 4 & 8 & 3 & 6\\ 12 & 6 & 11 & 20\end{bmatrix},\quad \boldsymbol{b}=\begin{bmatrix}12\\ 27\\ 21\\ 49\end{bmatrix}$$

3. 用乔列斯基分解法和 $\boldsymbol{LDL}^{\mathrm{T}}$ 分解法解如下线性方程组：

$$\begin{cases}4x_1+2x_2+2x_3=3\\ 2x_1+10x_2+x_3=6\\ 2x_1+x_2+2x_3=2\end{cases}$$

4. 用追赶法解如下方程组：

$$\begin{bmatrix} 2 & -1 & 0 & 0 \\ -1 & 2 & -1 & 0 \\ 0 & -1 & 2 & -1 \\ 0 & 0 & -1 & 2 \end{bmatrix}\begin{bmatrix} x_1 \\ x_2 \\ x_3 \\ x_4 \end{bmatrix}=\begin{bmatrix} 0 \\ 0 \\ 0 \\ 5 \end{bmatrix}$$

5. 证明：

（1）两个下三角矩阵的乘积仍为下三角矩阵；

（2）两个单位下三角矩阵的乘积仍为单位下三角矩阵。

6. 设非奇异矩阵 $\boldsymbol{A}$ 有 $\boldsymbol{LU}$ 分解。求解方程组 $\boldsymbol{A}^2\boldsymbol{x}=\boldsymbol{b}$，可先计算 $\boldsymbol{A}^2$，再利用 $\boldsymbol{LU}$ 分解法解方程组。试估计此方法的计算量，并给出一种计算量较小的并且仍基于 $\boldsymbol{LU}$ 分解的求解方法。

7.（$\boldsymbol{LU}$ 分解定理）设 $\boldsymbol{A}$ 是 n 阶矩阵，$\boldsymbol{A}_k$ 是由 $\boldsymbol{A}$ 的前 k 行 k 列构成的主子式。试用数学归纳法证明，如果 $\det(\boldsymbol{A}_k)\neq 0, k=1,2,\cdots,n-1$，则存在唯一的单位下三角矩阵 $\boldsymbol{L}$ 和上三角矩阵 $\boldsymbol{U}$，使得 $\boldsymbol{A}=\boldsymbol{LU}$，并且 $\det(\boldsymbol{A})=u_{11}u_{22}\cdots u_{nn}$。

8. 若矩阵 $\boldsymbol{A}=(a_{ij})$满足 $\sum\limits_{j=1, j\neq i}^{n}\left|a_{ij}\right|<\left|a_{ii}\right|,\quad i=1,2,\cdots,n$，则称 $\boldsymbol{A}$ 为按行严格对角占优矩阵。试证明按行严格对角占优矩阵经过一步顺序高斯消元过程后仍为按行严格对角占优矩阵。

9. 设矩阵 $\boldsymbol{A}=(a_{ij})$是对称正定矩阵，证明：

（1）对于任意 $i\neq j$ 都有$|a_{ij}|<(a_{ii}\,a_{jj})^{1/2}$；

（2）$\boldsymbol{A}$ 的绝对值最大的元素必在主对角线上；

（3）设 $\boldsymbol{A}^{(2)}$是由 $\boldsymbol{A}$ 经过一步顺序高斯消元过程得到的矩阵，$\boldsymbol{B}$ 是 $\boldsymbol{A}^{(2)}$划去第一行和第一列得到的 $n-1$ 阶矩阵，则 $\boldsymbol{B}$ 仍是对称正定的；

（4）$a_{ii}^{(2)}\leqslant a_{ii}\ (i=2,\cdots,n)$；

（5）$\max|a_{ij}^{(2)}|\leqslant\max|a_{ij}|(i,j=2,\cdots,n)$。

10. 已知矩阵 $\boldsymbol{A}=\begin{bmatrix} 2 & 1 \\ -1 & 4 \end{bmatrix}$，求$\|\boldsymbol{A}\|_\infty$, $\|\boldsymbol{A}\|_1$, $\|\boldsymbol{A}\|_2$, $\rho(\boldsymbol{A})$。

11. 求矩阵

$$\boldsymbol{A}=\begin{bmatrix} 2 & -1 & -1 \\ -1 & 2 & 0 \\ -1 & 0 & 1 \end{bmatrix}$$

的 2 范数和条件数 $\mathrm{cond}_2(\boldsymbol{A})$。

12. 设 $\boldsymbol{x}=(x_1, x_2, x_3)^{\mathrm{T}}$，下面三个函数是否为向量范数，为什么？

（1）$|x_1|+|2x_2|+|x_3|$；

（2）$|x_1+2x_2|+|x_3|$；

（3）$\boldsymbol{x}^{\mathrm{T}}\boldsymbol{A}\boldsymbol{x}$，其中 $\boldsymbol{A}$ 为 3×3 的对称正定矩阵。

13. 设 $\boldsymbol{B}$ 是满足 $\|\boldsymbol{B}\|_p \leqslant 1$ 的任意方阵，证明 $\boldsymbol{I}+\boldsymbol{B}$ 是非奇异的，且

$$\left\|(\boldsymbol{I}+\boldsymbol{B})^{-1}\right\|_p \leqslant \frac{1}{\left(1-\|\boldsymbol{B}\|_p\right)}$$

14. 设 $\boldsymbol{A}, \boldsymbol{B}$ 为 n 阶非奇异矩阵，$\|\cdot\|$表示矩阵的一种算子范数，试证：

（1）$\|\boldsymbol{A}^{-1}\| \geqslant 1/\|\boldsymbol{A}\|$

（2）$\|\boldsymbol{A}^{-1}-\boldsymbol{B}^{-1}\| \leqslant \|\boldsymbol{A}^{-1}\|\cdot\|\boldsymbol{B}^{-1}\|\cdot\|\boldsymbol{A}-\boldsymbol{B}\|$

15. 设矩阵 $\boldsymbol{A}$ 非奇异，λ_i 是方阵 $\boldsymbol{A}^{\mathrm{T}}\boldsymbol{A}$ 的特征值，证明：

$$\mathrm{cond}_2^2(\boldsymbol{A}) = \mathrm{cond}_2(\boldsymbol{A}^{\mathrm{T}}\boldsymbol{A}) = \frac{\max\limits_i \lambda_i}{\min\limits_i \lambda_i}$$

16. 用雅可比迭代法和高斯-赛德尔迭代法解线性方程组

$$\begin{cases} 20x_1 + 2x_2 + 3x_3 = 25 \\ x_1 + 8x_2 + x_3 = 10 \\ 2x_1 - 3x_2 + 15x_3 = 14 \end{cases}$$

17. 设矩阵 $\boldsymbol{A} = \begin{bmatrix} 1 & 3a & 0 \\ a & 1 & 0 \\ 2a & 0 & 1 \end{bmatrix}$，$\boldsymbol{b} = \begin{bmatrix} 1 \\ 1 \\ 1 \end{bmatrix}$，试给出方程组 $\boldsymbol{Ax}=\boldsymbol{b}$ 的雅可比迭代公式，并讨论 a 取何值时迭代收敛。

18. 设线性方程组的系数矩阵为

$$\boldsymbol{A} = \begin{bmatrix} 1 & 0 & 1 \\ -1 & 1 & 0 \\ 1 & 2 & -3 \end{bmatrix},\quad \boldsymbol{B} = \begin{bmatrix} 1 & \frac{1}{2} & \frac{1}{2} \\ \frac{1}{2} & 1 & \frac{1}{2} \\ \frac{1}{2} & \frac{1}{2} & 1 \end{bmatrix}$$

验证：对于矩阵 $\boldsymbol{A}$，雅可比迭代法收敛而高斯-赛德尔迭代法不收敛；对于矩阵 $\boldsymbol{B}$，雅可比迭代法不收敛而高斯-赛德尔迭代法收敛。

19. 证明由习题 3 定义的按行严格对角占优矩阵非奇异。

20. 若线性方程组的系数矩阵为按行严格对角占优矩阵，则雅可比迭代法和高斯-赛德尔迭代法均收敛。

2.12 实验题

1. 用追赶法解下列 n 阶方程组：

$$
\begin{bmatrix}
-4 & 1 & & & & \\
1 & -4 & 1 & & & \\
 & 1 & -4 & 1 & & \\
 & & \ddots & \ddots & \ddots & \\
 & & & 1 & -4 & 1 \\
 & & & & 1 & -4
\end{bmatrix}
\begin{bmatrix} x_1 \\ x_2 \\ x_3 \\ \vdots \\ x_{n-1} \\ x_n \end{bmatrix}
=
\begin{bmatrix} -27 \\ -15 \\ -15 \\ \vdots \\ -15 \\ -15 \end{bmatrix}
$$

分别取 n=10 和 n=100。

2. 设有下列 n 阶方程组：

$$
\begin{bmatrix}
3 & 1 & & & & \\
9 & 3 & 1 & & & \\
 & 9 & 3 & 1 & & \\
 & & \ddots & \ddots & \ddots & \\
 & & & 9 & 3 & 1 \\
 & & & & 9 & 3
\end{bmatrix}
\begin{bmatrix} x_1 \\ x_2 \\ x_3 \\ \vdots \\ x_{n-1} \\ x_n \end{bmatrix}
=
\begin{bmatrix} 4 \\ 13 \\ 13 \\ \vdots \\ 13 \\ 12 \end{bmatrix}
$$

取 n=10 和 n=100，分别用顺序消元法和列主元法进行求解，看产生了什么结果，并分析结果产生的原因。

第3章 非线性方程（组）的数值解

3.1 引入——开平方计算

早在4000多年以前，古巴比伦地区就已经萌发出数学智慧的幼芽。古巴比伦数学取得了一系列的重要成就，譬如制成了关于平方根的计算表。古巴比伦人制造开方表的方法难以考证，相对于加减乘除四则运算来说，开方运算无疑是复杂的。人们自然希望将复杂的开方运算归为某些四则运算的重复。

我们都知道

$$\sqrt{4}=2$$

$$\cdots$$

$$\sqrt{81}=9$$

$$\sqrt{100}=10$$

$$\cdots$$

那么$\sqrt{90}$等于多少？我们可以查开方表得到结果，如果不查开方表，手动计算是否可以算出结果呢？

给定$a>0$，求开方值的问题就是要解方程

$$x^2-a=0 \tag{3.1.1}$$

这样归结到非线性方程的求解，从初等数学的角度来看它的求解也是有难度的。该如何化难为易呢？

设给定某个预报值x_0，希望借助某种简单方法确定校正量Δx，使校正值$x_1=x_0+\Delta x$能够比较准确地满足所给方程$x^2-a=0$，即有

$$(x_0+\Delta x)^2\approx a$$

一般认为校正量Δx是一个小量，因此略去其二阶项，得到

$$x_0^{\ 2}+2x_0\Delta x\approx a$$

这是个关于 Δx 的一次方程，据此写出 $\Delta x=\frac{1}{2}\left(\frac{a}{x_0}-x_0\right)$，从而对校正值 $x_1=x_0+\Delta x$ 有

$$x_1=\frac{1}{2}\left(x_0+\frac{a}{x_0}\right)$$

反复执行这种预报校正过程，即可导出开方公式

$$x_{k+1}=\frac{1}{2}\left(x_k+\frac{a}{x_k}\right) \tag{3.1.2}$$

从给定的某个初值 $x_0>0$ 出发，利用上式反复迭代，即可获得满足精度要求的开方值（$\sqrt{a}$）。

例 3.1　用开方算法求根号 $\sqrt{90}$，误差精度到 10^{-6}。

解： 取 $x_0=9$，采用迭代公式 $x_{k+1}=\frac{1}{2}\left(x_k+\frac{a}{x_k}\right)$，所得迭代结果如表 3.1 所示。

表 3.1　例 3.1 计算结果

i	x_i
0	9.0000000
1	9.5000000
2	9.4868421
3	9.4868330
4	9.4868330

3.2　非线性方程问题

线性方程是方程式中包含未知量的一次方项和常数项的方程，除此之外的方程都是非线性方程。例如，大家熟知的“一元二次方程”就是一个非线性方程。一般而言，非线性方程的解的存在性和个数是很难确定的，它可能无解，也可能有一个或多个解。

例 3.2　考虑下面的非线性方程

（1）$e^{x}+1=0$

（2）$x^6-2x^5-8x^4+14x^3+11x^2-28x+12=0$

（3）$\cos x=0$

这 3 个方程的解的情况如下

（1）式无解；

（2）式有 3 个解，x=1, −2, 3，无论 x 取值的区间怎样变化，只要它包含[−2,3]这个区间，解的性质和个数不变。读者可以直接验证这 3 个数分别满足方程，从而表明它们是方程的解。但这 3 个解的性质又各不相同，x=3 是一个单根，x= −2 是两重根，x=1 则是三重根。

（3）式则不同，x 的取值范围不同，它解的个数也不同。事实上，在整个实数轴上有无穷多个解。在讨论非线性问题时，通常总是要更强调“定义域”，往往要求的是自变量在一定范围内的解，道理就在于此。

非线性方程的一个特例是 n 次多项式方程（$n\geqslant 2$），当 n=1,2 时，方程的求解方法大家都熟悉，当 n=3,4 时，虽然也有求根公式，但已经很复杂，在实际计算时并不一定适用。当 $n\geqslant 5$ 时，就没有一般的求根公式了，只能借助数值求解方法来求根。

给定如下非线性方程组

$$f_i(x_1,x_2,\cdots,x_n)=0,\ i=1,2,\cdots,n \tag{3.2.1}$$

引入向量、向量函数记号

$$\boldsymbol{x}=\begin{bmatrix}x_1\\x_2\\\vdots\\x_n\end{bmatrix}\qquad F(\boldsymbol{x})=\begin{bmatrix}f_1(x)\\f_2(x)\\\vdots\\f_n(x)\end{bmatrix}\qquad \boldsymbol{0}=\begin{bmatrix}0\\0\\\vdots\\0\end{bmatrix} \tag{3.2.2}$$

则方程组（3.2.1）可改为

$$F(\boldsymbol{x})=\boldsymbol{0}$$

当 n=1 时，方程组（3.2.1）是一个非线性方程式

$$f(x)=0 \tag{3.2.3}$$

定义 3.1 设有 x^* 使 $f(x^*)=0$，则称 x^* 为方程（3.2.3）的**根或零点**。若存在正整数 m，使

$$f(x)=(x-x^*)^m g(x) \tag{3.2.4}$$

且 $0<g(x^*)<+\infty$，则称 x^* 为式（3.2.3）的 $\boldsymbol{m}$ **重根**。当 m=1 时，x^* 为单根，这时 x^* 满足条件

$$f(x^*)=0\ ,\quad f'(x^*)\neq 0$$

本章主要介绍求解非线性方程（组）的数值解法，主要是迭代法。需要指出的是，非线性方程（组）求解和最优化问题可以互相转化。因此，一方面可以利用非线性方程（组）求解最优化问题，另一方面也可以利用最优化问题求解非线性方程（组）。限于篇幅，并未在本书中展开，感兴趣的读者可以参考其他资料。

3.3 二分法

数值求解非线性方程通常是一个迭代的过程，迭代开始之前要先有个初始的近似解，然后随着迭代步数的增多，近似解越来越接近准确解，当达到一定要求时停止计算过程。本节先介绍一种最基本的方法，即二分法。在求方程的根的方法中，二分法是最简单、最直观的方法。

设函数 $f(x)$ 在 $[a,b]$ 上连续，且 $f(a)f(b)<0$，由连续函数的介值定理可知，必有一点 $x^*\in(a,b)$

使 $f(x^*)=0$。若 $f(x)$在$[a,b]$上为单调函数，或 $f(x)$在$[a,b]$上可微，且 $f'(x)\neq 0$，$x\in(a,b)$，则方程 $f(x)=0$ 在(a,b)内有唯一实根，记为 x^*。

二分法的基本思想是将有根区间$[a,b]$逐步对分，通过检验对分点处函数值 $f(x)$的符号，来决定如何将原有根区间$[a,b]$丢掉一半，且剩余区间仍为 $f(x)=0$ 的有根区间。反复逐步对分有根区间，每次丢掉现有区间的一半，当区间长度充分小的时候，便可确定出精确根 x^*的近似值。具体算法如图 3.1 所示。

```
输入：a, b, f (x)；输出：x
While (b-a)>ε do
    x=a+(b-a)/2;
      If sign(f (x))=sign(f (a)) Then
          a:=x;
      else
          b:=x;
      End
End
x:=a+(b-a)/2;
```

算法（3.1）

图 3.1　二分法

由算法 3.1 很容易看出，初始的区间长度为 $b-a$，每迭代一次区间长度减半，因此迭代 k 次后区间的长度为$(b-a)/2^k$。因为精确解一定会位于此区间内，若取此区间中点为新的近似解，则迭代误差小于$(b-a)/2^{k+1}$。对于事先给定的允许误差ε（$\varepsilon>0$），只需令迭代次数 k 满足$(b-a)/2^{k+1}<\varepsilon$即可。Octave 代码如下：

```
function [mid] = Bisection(f,a,b,eps)
% Bisection method: find zero point of nonlinear function f
% within [a, b], with precision of eps
 if a<b
    while (b-a)>eps
     mid = (a+b)/2;
     if (f(a)*f(mid)<0)
        b = mid;
     else
        a = mid;
     endif
    endwhile
 endif
endfunction
```

例 3.3　用二分法求方程 $f(x)=\sin x-x^2/4=0$ 的非零实根的近似值，使误差不超过 10^{-2}。

分析　方程 $f(x)=\sin x-x^2/4=0$ 等价于 $\sin x = x^2/4$，也就是求 $y=\sin x$ 和 $y=x^2/4$ 的交点。由图

3.2 可以看出，两条曲线除了原点之外只有一个交点，且横坐标位于 1.5 和 2 之间。因此，可以选择初始区间为[1.5, 2]，区间长度为 1/2。为使误差不超过 10^{-2}，只需令迭代次数 k 满足$(1/2)^{k+2}<10^{-2}$，即 $k=5$ 次即可。

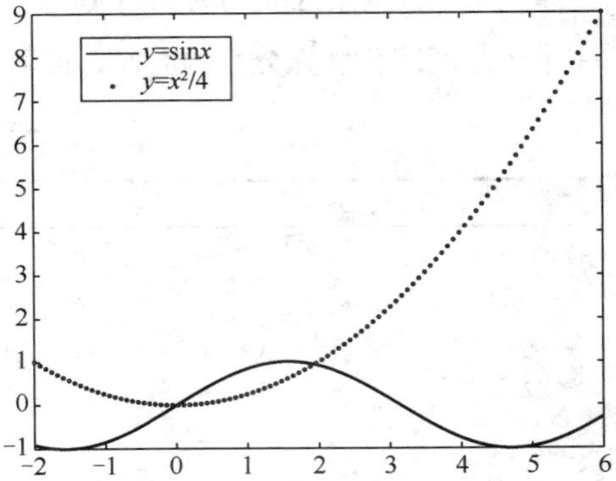

图 3.2　例 3.3 图

计算的中间步骤以及结果见表 3.2。

表 3.2　　例 3.3 的计算结果

n	a_n	b_n	x_{n+1}	$f(x_{n+1})$
0	1.5	2	1.75	0.218361
1	1.75	2	1.875	0.0751796
2	1.875	2	1.9375	−0.0496228
3	1.875	1.9375	1.90265	0.0404208
4	1.90625	1.9375	1.921875	0.156014
5	1.921875	1.9375	1.9296875	0.00536340

二分法的优点是计算过程简单，便于上机计算，收敛可保证，对函数性质要求低，只要求函数连续即可；它的缺点是只对 $f(x)=0$ 的单实根或奇数重实根有效，不能求偶数重根及复根和虚根。

3.4　不动点迭代法

二分法的效率不高，通常作为迭代法初始值选择的方法。本章后续部分将介绍几种应用广泛、收敛较快的迭代法。本节介绍的迭代法及其收敛性理论，可为后续其他方法的讨论建立基础。

3.4.1　不动点迭代法

不动点迭代法是一种逐步逼近过程，通过某个公式反复校正根的近似值，使之逐步精确化，最后得到满足一定精度要求的结果。该法目前已成为非线性方程 $f(x)=0$ 求根的一类重要的算法。

类似于解线性方程组迭代法的过程，方程求根迭代法的第一步，也是要将已知方程 $f(x)=0$ 化为与之等价的（同解）方程 $x=\varphi(x)$，即

$$f(x)=0 \Leftrightarrow x=\varphi(x) \tag{3.4.1}$$

定义 3.2 称所有满足方程 $x=\varphi(x)$ 的点 x 为该**方程的不动点**。

由定义 3.2 可知，求 $f(x)=0$ 根的问题，等价于求方程 $x=\varphi(x)$ 的不动点问题。取初始迭代值 x_0，记 $x_1=\varphi(x_0), x_2=\varphi(x_1),\cdots$，一般有

$$x_{k+1}=\varphi(x_k) \tag{3.4.2}$$

记数列 $x_0,x_1,\cdots,x_k,\cdots$ 为 $\{x_k\}$，当 k 充分大时，如果 $\{x_k\}$ 有极限 x^* 存在，即

$$\lim_{k\to\infty} x_k = x^* \tag{3.4.3}$$

则对式（3.4.2）两边同时取极限，得

$$x^* = \lim_{k\to\infty} x_{k+1} = \lim_{k\to\infty} \varphi(x_k) = \varphi(x^*) \tag{3.4.4}$$

这表明 x^* 为等价方程 $x=\varphi(x)$ 的不动点，即 x^* 为方程 $f(x)=0$ 的根。

上述求解方程 $f(x)=0$ 的根的近似值的过程，称为**不动点迭代法**，其中式（3.4.2）中的 $\varphi(x)$ 称为**迭代函数**，x_0 称为**迭代的初始值**，式（3.4.2）称为**迭代格式或迭代过程**，x_k 称为根 x^* 的第 k 次近似值，$\{x_k\}$ 称为**迭代数列**。若式（3.4.3）成立，则称此迭代法为**收敛的**，否则称为**发散的**。

应用迭代法求方程根的基本问题是：（1）化等价方程，构造迭代函数；（2）研究迭代数列 $\{x_k\}$ 的收敛性、收敛速度及误差估计。

3.4.2 迭代法的几何解释

对同一方程 $f(x)=0$ 取不同的等价方程可以得到不同的迭代格式，迭代中可能会出现截然不同的效果。这种现象与迭代函数 $\varphi(x)$ 的几何状态有直接联系。

由于求方程 $f(x)=0$ 的根等价于求 $x=\varphi(x)$ 的不动点，这又等价于求两条曲线 $y=\varphi(x)$ 与 $y=x$ 的交点，若令 $\begin{cases} y=\varphi(x) \\ y=x \end{cases}$，此时迭代格式 $x_{k+1}=\varphi(x_k)$，等价于

$$\begin{cases} y_{k+1}=\varphi(x_k) \\ y_{k+1}=x_{k+1} \end{cases} \quad (k=0,1,2,\cdots) \tag{3.4.5}$$

因此，取迭代初始值 x_0，迭代一次，有 $\begin{cases} y_1=\varphi(x_0) \\ y_1=x_1 \end{cases}$，即在曲线 $y=\varphi(x)$ 上，确定点 $A_0=A_0(x_0,\varphi(x_0))=A_0(x_0,y_1)$。由于 $y=x$ 与 $y=\varphi(x)$ 的纵坐标是相同的，因此再在曲线 $y=x$ 上确定与点 A_0 有相同纵坐标的点 B_1，并记点 B_1 的横坐标为 $x_1=y_1=\varphi(x_0)$，即 $B_1=(x_1,y_1)$。这样由初始值 x_0 出发，经过一次迭代得到近似值 x_1。接下来，以 x_1 作为初始值，重复上述步骤，依次可得到点 $A_2, B_3, A_4, B_5\cdots$，且 A_k 与 B_{k+1} 有相同的纵坐标 y_{k+1}，而 A_k 的横坐标为 x_k，B_{k+1} 的横坐标为 x_{k+1}（恰为从 x_k 出发，

迭代一次得到的第 k+1 次近似值）。详细的几何解释如图 3.3 所示。如果点列 $\{A_k,B_{k+1}\}$逐步逼近两曲线的交点 P，则迭代法收敛，否则迭代法发散。

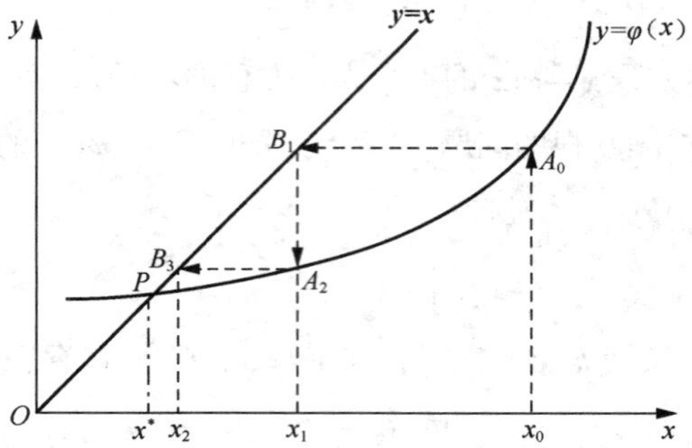

图 3.3　迭代法的几何解释

从图 3.4 可以看出，迭代序列$\{x_k\}$收敛与否，主要取决于根 x^*附近的迭代函数 $\varphi(x)$的变化率。图 3.4（a）和图 3.4（b）所示两种情况，虽然初值 x_0 距根 x^*非常近，但由于 $\varphi'(x)$变化率大，即$|\varphi'(x)|\geqslant 1$，此时迭代序列$\{x_k\}$迅速发散，而图 3.4（c）和图 3.4（d）所示两种情况，迭代序列$\{x_k\}$则是迅速收敛的，原因是在根 x^*附近$|\varphi'(x)|<1$。因此，为保证迭代法能收敛，对于等价方程 $x=\varphi(x)$，应注意选择那些$|\varphi'(x)|<1$ 的 $\varphi(x)$作为迭代函数。当然除了这点之外，还有其他约束条件需要考虑。

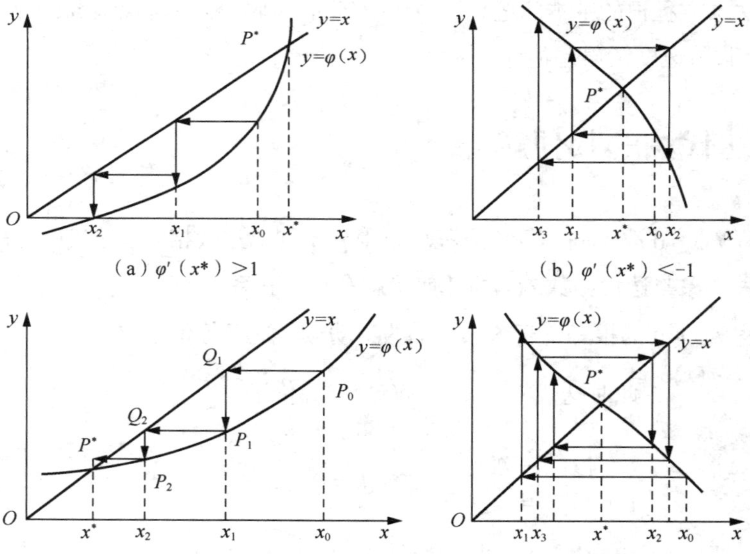

图 3.4　迭代函数 $\varphi(x)$的变化率对收敛性的影响

3.4.3　迭代法的收敛

为研究迭代法的收敛性，下面给出判别迭代法收敛的充分条件。

定理 3.1（收敛性定理）　假定方程 $x=\varphi(x)$满足：（1）$\varphi(x)$在$[a,b]$上连续；（2）当 $x\in[a,b]$时，$\varphi(x)\in[a,b]$；（3）$\varphi'(x)$存在，且对任取 $x\in[a,b]$有

$$|\varphi'(x)|\leqslant L<1 \tag{3.4.6}$$

则方程 $x=\varphi(x)$在$[a,b]$上存在唯一不动点 x^*，且对任取 $x_0\in[a,b]$，由迭代格式

$$x_{k+1}=\varphi(x_k),\quad k=0,1,2,\cdots$$

所定义的$\{x_k\}$收敛于唯一不动点 x^*，即 $\lim\limits_{k\to\infty}x_k=x^*$，同时下列误差估计式成立

$$\left|x^*-x_k\right|\leqslant\frac{1}{1-L}\left|x_{k+1}-x_k\right| \tag{3.4.7}$$

$$\left|x^*-x_k\right|\leqslant\frac{L^k}{1-L}\left|x_1-x_0\right| \tag{3.4.8}$$

证明　令 $h(x)=x-\varphi(x)$，则 $h(x)$在$[a,b]$上连续且可微。根据定理 3.1 的条件（2）知 $h(a)\leqslant 0, h(b)\geqslant 0$，由连续函数的介值定理，必有 $x^*\in[a,b]$使 $h(x^*)=0$，即 $x^*=\varphi(x^*)$。因此 x^*便为方程 $x=\varphi(x)$在$[a,b]$内的不动点。假设另有 $\bar{x}\in[a,b]$，且 $\bar{x}\neq x^*$使 $\bar{x}=\varphi(\bar{x})$，则由拉格朗日（Lagrange）中值定理，得

$$x^*-\bar{x}=\varphi(x^*)-\varphi(\bar{x})=\varphi'(\xi)(x^*-\bar{x})$$

其中 ξ 介于 x^* 和 $\bar{x}$ 之间，从而

$$(x^*-\bar{x})(1-\varphi'(\xi))=0$$

因 $\bar{x}\neq x^*$，故只有 $\varphi'(\xi)=1$，这与定理 3.1 的条件（3）中$|\varphi'(x)|\leqslant L<1$ 矛盾，可见不动点 x^*是唯一的。

对任 $x\in[a,b]$，由$|\varphi'(x)|\leqslant L<1$ 得

$$\begin{aligned}\left|x^*-x_k\right|&=\left|\varphi(x^*)-\varphi(x_{k-1})\right|=\left|\varphi'(\xi_{k-1})(x^*-x_{k-1})\right|\\&\leqslant L\left|x^*-x_{k-1}\right|\leqslant L^2\left|x^*-x_{k-2}\right|\leqslant\cdots\leqslant L^k\left|x^*-x_0\right|\to 0,\quad k\to\infty\end{aligned}$$

即对任 $x_0\in[a,b]$，$\lim\limits_{k\to\infty}x_k=x^*$。

注意

$$\left|x^*-x_{k+1}\right|\leqslant L\left|x^*-x_k\right|$$

及

$$\left|x^*-x_k\right|=\left|x^*-x_{k+1}+x_{k+1}-x_k\right|\leqslant\left|x^*-x_{k+1}\right|+\left|x_{k+1}-x_k\right|$$

得

$$\left|x_{k+1}-x_k\right|\geqslant\left|x^*-x_k\right|-\left|x^*-x_{k+1}\right|\geqslant\left|x^*-x_k\right|-L\left|x^*-x_k\right|=(1-L)\left|x^*-x_k\right|$$

即式（3.4.7）成立，由于

$$\left|x_{k+1}-x_k\right|=\left|\varphi(x_k)-\varphi(x_{k-1})\right|\leqslant L\left|x_k-x_{k-1}\right|\leqslant L^2\left|x_{k-1}-x_{k-2}\right|\leqslant\cdots\leqslant L^k\left|x_1-x_0\right|$$

再利用已证式（3.4.7），即知式（3.4.8）成立。

定理 3.1 给出了迭代法收敛的充分条件且十分适用。首先，对有根区间$[a, b]$并没有限制其范围大小，只要满足定理 3.1 中的 3 个条件即可，故$[a, b]$可取为任意有限大小的区间。因此，

可视此定理为大范围收敛定理。其次，从收敛性的证明过程可以看出，迭代序列收敛速度的快慢取决于$|\varphi'(x)|\leqslant L<1$中$L$的大小，$L$越小，收敛越快。式（3.4.7）可以作为上机控制迭代中止的一个条件；式（3.4.8）可用于估计满足指定误差精度所需的最少迭代次数k。

例 3.4 求方程$f(x)=xe^x-1=0$（或$x=e^{-x}$）在$[\frac{1}{2},\ln 2]$中的解。若要求$\left|x^*-x_k\right|<\varepsilon=10^{-6}$，迭代次数$k$至少应为多少？

解： 取迭代函数$\varphi(x)=e^{-x}$，当$x\in[\frac{1}{2},\ln 2]$时，$\varphi(x)$连续可微，又$\varphi'(x)=-e^{-x}<0$，故$\varphi(x)$为单调下降函数，且有

$$\frac{1}{2}=e^{-\ln 2}\leqslant e^{-x}\leqslant e^{-\frac{1}{2}}<\ln 2, \forall x\in\left[\frac{1}{2},\ln 2\right]$$

又

$$|\varphi'(x)|=\left|e^{-x}\right|\leqslant e^{-\frac{1}{2}}=0.606531<1$$

可见，$\varphi(x)$满足定理 3.1 的全部条件，因此$x=e^{-x}$于$[\frac{1}{2},\ln 2]$有唯一不动点，且由$x_{k+1}=e^{-x_k}$所定义的迭代序列$\{x_k\}$收敛到此不动点。现取初值$x_0=\frac{1}{2}$，迭代序列$\{x_k\}$见表 3.3。

由式（3.4.8）可知，为使迭代误差满足指定精度ε，即$\left|x^*-x_k\right|<\varepsilon$，需$\frac{L^k}{1-L}\left|x_1-x_0\right|\leqslant\varepsilon$，从而迭代次数应满足

$$k\ln L+\ln\frac{\left|x_1-x_0\right|}{1-L}\leqslant\ln\varepsilon$$

由此可解出

$$k\geqslant\frac{\ln(\frac{\varepsilon(1-L)}{\left|x_1-x_0\right|})}{\ln L}$$

在本题中，指定控制误差为$\varepsilon=10^{-6}$，取$L=e^{-\frac{1}{2}}$，$x_0=\frac{1}{2}$，先算出$x_1=0.606531$，再代入上式可得

$$k\geqslant\frac{\ln(\frac{0.393469\times10^{-6}}{0.106531})}{\ln e^{-\frac{1}{2}}}$$

由上式解出$k\geqslant25$，即为使$\left|x^*-x_k\right|<10^{-6}$，至少需迭代 25 次。

表 3.3　　例 3.4 的计算结果

k	x_k	k	x_k
1	0.606531	6	0.564863
2	0.545239	7	0.568438
3	0.579703	8	0.566410
4	0.560065	9	0.567560
5	0.571172	10	0.566907

续表

k	x_k	k	x_k
11	0.567278	18	0.567141
12	0.567067	19	0.567145
13	0.567187	20	0.567142
14	0.567119	21	0.567144
15	0.567157	22	0.567143
16	0.567135	23	0.567143
17	0.567147	24	0.567143

3.4.4　稳定性与收敛阶

上述迭代法的每步计算都可以通过判停准则来评估解的准确度，因此解的误差容易被及时发现和纠正。只要迭代过程是收敛的，误差将随迭代步数的增加逐渐趋于零，而不会使舍入误差随迭代过程逐渐累积。因此，收敛的迭代法总是稳定的。在后续算法中，将不再关心稳定性，而将重点放在收敛性的讨论上。

对于收敛的迭代法，其收敛速度的快慢也很重要，它关系到达到特定的准确度至少需要迭代多少次，也就是需要多少计算量。下面先看一个例子，然后给出收敛阶的概念。

例 3.5　假设有 3 个迭代过程，其迭代解的误差 $|e(x_k)|=|x_k-x^*|$ 随迭代步变化情况分别为：

（1）10^{-2}，10^{-3}，10^{-4}，10^{-5}…

（2）10^{-2}，10^{-4}，10^{-6}，10^{-8}…

（3）10^{-2}，10^{-4}，10^{-8}，10^{-16}…

很显然，3 个迭代法的收敛速度是不同的，方法（3）收敛得最快，方法（1）收敛得最慢。再仔细观察发现方法（1）和方法（2）的相邻步的误差的比例为一常数：对于方法（1），这个比例是 $|e(x_{k+1})/e(x_k)|=10^{-1}$，对于方法（2），这个比例是 $|e(x_{k+1})/e(x_k)|=10^{-2}$。而对于方法（3），相邻步误差的比值逐步变小，因此，它表现出更快趋于 0 的收敛过程。

定义 3.3　设迭代格式 $x_{k+1}=\varphi(x_k)$ 收敛于方程 $x=\varphi(x)$ 的不动点 x^*，如果迭代误差 $\varepsilon_k=x_k-x^*$ 满足渐近关系

$$\frac{|\varepsilon_{k+1}|}{|\varepsilon_k|^p}=\frac{|x_{k+1}-x^*|}{|x_k-x^*|^p}\to c\neq 0\ ,\ k\to+\infty, p>0$$

则称此迭代格式是 p 阶收敛的。特别地，当 p=1 时，称迭代格式是线性收敛的；当 $p>1$ 时，称迭代格式是超线性收敛的；当 p=2 时，称迭代格式是平方收敛的或二次收敛的。

根据定义 3.3，例 3.5 中 3 个迭代过程的收敛阶分别为：

（1）1 阶收敛，$c=10^{-1}$；

（2）1 阶收敛，$c=10^{-2}$；

（3）2 阶收敛，$c=1$。

由定理 3.1 的证明可知，不动点迭代法一般是线性收敛的。收敛阶越高，迭代法收敛得越快，计算量也越少，所以我们往往寻求收敛阶尽量高的迭代法。

3.5 牛顿迭代法

前面介绍的不动点迭代法是一大类方法，在实际应用时其形式多种多样，收敛性质也是好坏不一。本节介绍的牛顿（Newton）迭代法是一种被广泛使用的方法。它具有比较固定的公式，因此可减少构造不动点迭代法的盲目性，且具有较高的收敛阶。

3.5.1 定义

牛顿迭代法是一种重要且常用的迭代法，它的基本思想是将非线性函数 $f(x)$逐步线性化，从而将非线性方程 $f(x)=0$ 近似地转化为线性方程求解。

设已知方程 $f(x)=0$ 有近似根 x_k（假定 $f'(x_k)\neq 0$），将函数在点 x_k 处泰勒展开

$$f(x)=f(x_k)+f'(x_k)(x-x_k)+\frac{f''(x_k)}{2!}(x-x_k)^2$$

$$+\cdots+\frac{f^{(n)}(x_k)}{n!}(x-x_k)^n+\frac{f^{(n+1)}(\xi)}{(n+1)!}(x-x_k)^{n+1}$$

$$f(x)\approx f(x_k)+f'(x_k)(x-x_k)$$

方程 $f(x)=0$ 可以近似地表示成

$$f(x_k)+f'(x_k)(x-x_k)=0$$

这是一个线性方程，其根为

$$x=x_k-\frac{f(x_k)}{f'(x_k)}$$

将根 x 记为 x_{k+1}，则有

$$x_{k+1}=x_k-\frac{f(x_k)}{f'(x_k)},\ k=0,1,\cdots \tag{3.5.1}$$

称式（3.5.1）为求方程 $f(x)=0$ 的根的**牛顿迭代法**，也称为**切线法**。牛顿迭代法 Octave 代码如下：

```
function [x2] = Newton(f, fd, a,b,eps)
% Newtow method to find the zero point of function f within [a, b]
% with the precision of eps. fd is the derivation funciton of f
  while (abs(b-a)>eps)
    a = b;
```

```
        b = a - f(a)/fd(a);
    endwhile
    x2 = b;
endfunction
```

需要指出的是，牛顿迭代法执行过程中需要计算非线性函数 $f(x)$的导数，有时候会比较复杂，这是限制该算法的主要局限性之一。

3.5.2　牛顿迭代法的几何解释

牛顿迭代法的几何解释如下。

方程 $f(x)=0$ 的根 x^*是曲线 $y=f(x)$与 x 轴交点的横坐标，设 x_k是根 x^*的某个近似值，过曲线 $y=f(x)$的横坐标为 x_k 的点 $P_k=(x_k, f(x_k))$引切线交 x 轴于 x_{k+1}，并将其作为新的近似值 x^*，重复上述过程，一次次用切线方程来逐步接近方程 $f(x)=0$ 的根，所以牛顿迭代法亦称为切线法，如图 3.5 所示。

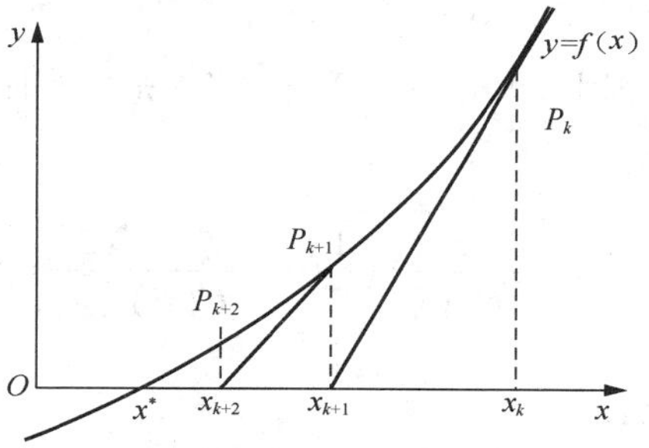

图 3.5　牛顿迭代法的几何解释

3.5.3　牛顿迭代法的收敛性与收敛阶

对于方程 $f(x)=0$，若有 $f'(x)\neq 0$，并定义其等价方程为

$$x=\varphi(x)=x-\frac{f(x)}{f'(x)}$$

由此看出，式（3.5.1）即为一个以 $\varphi(x)$ 为迭代函数的迭代法。

由于牛顿迭代法采用了特定形式的等价方程及迭代函数，故它必有其自身的特点。不动点迭代法 $x_{k+1}=\varphi(x_k)$ 的收敛阶是线性的，但在一定条件下，牛顿迭代法的收敛阶可为二次的，即平方收敛。

定理 3.2　设函数 $f(x)$在根 x^*附近有二阶连续导数且 $f'(x^*)\neq 0$，则存在 x^* 的邻域

$$D=\{x\,\big|\,|x-x^*|\leqslant\delta\}$$

使对任意 $x_0\in D$，由迭代公式（3.5.1）所定义的序列$\{x_k\}$收敛到方程 $f(x)=0$ 的根 x^*，且有

$$\lim_{k\to\infty}\frac{x^*-x_{k+1}}{(x^*-x_k)^2}=-\frac{f''(x^*)}{2f'(x^*)} \tag{3.5.2}$$

即牛顿迭代法是平方收敛的。

证明： 已知牛顿迭代法的迭代函数为 $\varphi(x)=x-\dfrac{f(x)}{f'(x)}$，由于

$$\varphi'(x)=1-\frac{(f'(x))^2-f(x)f''(x)}{(f'(x))^2}=\frac{f(x)f''(x)}{(f'(x))^2}$$

又因 $f(x^*)=0$，且 $f'(x^*)\neq 0$，故存在 x^* 的邻域 $D=\{x\,\big|\,|x-x^*|\leqslant\delta\}$，使得在 D 内 $f'(x)\neq 0$，并且 $|\varphi'(x)|<1$ 成立。这样，牛顿迭代法的局部收敛性（当初始值充分靠近 x^* 时）可由定理 3.1 推出。下面再证明极限式成立。

将函数 $f(x)$ 于 x_k 点泰勒展开为

$$f(x)=f(x_k)+(x-x_k)f'(x_k)+\frac{1}{2}(x-x_k)^2f''(\xi_k)\text{，}\ \xi_k \text{介于} x \text{和} x_k \text{之间}$$

取 $x=x^*$，并利用 $f(x^*)=0$，可得

$$f(x_k)+(x^*-x_k)f'(x_k)+\frac{1}{2}(x^*-x_k)^2f''(\xi_k)=0$$

因 $f'(x)$ 连续，且 $f'(x^*)\neq 0$，则由 $\lim\limits_{k\to\infty}x_k=x^*$ 可知，当 k 充分大时，$f'(x_k)\neq 0$，将上式等号两边同时除以 $f'(x_k)$，得到

$$x^*-\left(x_k-\frac{f(x_k)}{f'(x_k)}\right)+\frac{1}{2}\frac{(x^*-x_k)^2f''(\xi_k)}{f'(x_k)}=0$$

再利用式（3.5.1），有

$$\frac{x^*-x_{k+1}}{(x^*-x_k)^2}=-\frac{1}{2}\frac{f''(\xi_k)}{f'(x_k)}$$

最后根据 $f'(x)$ 和 $f''(x)$ 的连续性，将上式等号两边同时取极限，即得

$$\lim_{k\to\infty}\frac{x^*-x_{k+1}}{(x^*-x_k)^2}=-\frac{1}{2}\lim_{k\to\infty}\frac{f''(\xi_k)}{f'(x_k)}=-\frac{1}{2}\frac{f''(x^*)}{f'(x^*)}$$

定理证明完毕。

例 3.6 利用牛顿迭代法求方程 $f(x)=\mathrm{e}^{-\frac{x}{4}}(2-x)-1=0$ 在[0,2]内的根。

解： 显然 $f(0)f(2)<0$，即 $f(x)=0$ 在[0,2]内有根。由于

$$f'(x)=\frac{1}{4}(x-6)\mathrm{e}^{-\frac{x}{4}}$$

故牛顿迭代格式为

$$x_{k+1}=x_k-\frac{\mathrm{e}^{-\frac{x_k}{4}}(2-x_k)-1}{\frac{1}{4}(x_k-6)\mathrm{e}^{-\frac{x_k}{4}}},\quad k=0,1,2,\cdots$$

分别取初始值 x_0=1.0 和 x_0=8.0，计算结果见表 3.4。当 x_0=1.0 时，得到 $x^* \approx x_6$，这时 $f(x_6)=3.8\times10^{-8}(\approx 0)$，当取 x_0=8.0 时，迭代法发散。

表 3.4 不同初始值对牛顿迭代法的收敛性的影响

k	x_k（初值 x_0=1.0）	x_k（初值 x_0=8.0）
0	1.0	8.0
1	−1.15599	34.778107
2	0.189433	869.1519
3	0.714043	…
4	0.782542	…
5	0.783595	…
6	0.783596	发散

由表 3.4 可以看出，选择不同的初始值会直接影响牛顿迭代法的收敛性。关于初始值的选择，有下面的定理。

定理 3.3 假定方程 $f(x)$=0 在$[a,b]$区间上有二阶连续函数，且满足条件：（1）$f(a)f(b)<0$；（2）$f'(x)\neq 0$，$x\in[a,b]$；（3）$f''(x)$ 在$[a,b]$上不变号。那么对于任意 $x_0\in[a,b]$，只要满足

$$f(x_0)f''(x)>0$$

则以 x_0 为初始值所产生的牛顿迭代序列$\{x_k\}$必定收敛到 $f(x)$=0 的唯一实根 x^*。

证明略。

3.5.4 割线法

牛顿迭代法的主要优点是适用性强，并具有较快的收敛速度。其缺点是对初始值 x_0 的要求高，且需计算导数 $f'(x_k)$ 的值。如果 $f(x)$比较复杂，致使导数的计算困难，那么使用牛顿迭代法就不方便了。

为了避开求导数，可以考虑用差商替代微商，从而避免复杂的导数计算，利用相邻两次迭代的函数值做差商，得

$$f'(x)\approx\frac{f(x_k)-f(x_{k-1})}{x_k-x_{k-1}} \tag{3.5.3}$$

将式（3.5.3）代入式（3.5.1）后，得到

$$x_{k+1}=x_k-\frac{x_k-x_{k-1}}{f(x_k)-f(x_{k-1})}f(x_k),\ \ k=1,2,\cdots \tag{3.5.4}$$

以式（3.5.4）为迭代格式的迭代法称为求方程 $f(x)$=0 的根的**割线法**。

下面从几何角度对割线法进行解释。若已知方程 $f(x)$=0 的根 x^*的两个近似值 x_{k-1} 和 x_k，过点 P_{k-1}=($x_{k-1}, f(x_{k-1})$)和点 P_k=($x_k, f(x_k)$)做一条直线，将该直线与 x 轴的交点的横坐标记为 x_{k+1}，则 x_{k+1} 的表达式为式（3.5.4）。由于每迭代一次，都要事先在曲线 $y=f(x)$上取两个点，然后连成

割线，再取割线与 x 轴的交点的横坐标作为根 x^* 的近似值 x_{k+1}，故此迭代法称为割线法，也叫**弦截法**，如图 3.6 所示。

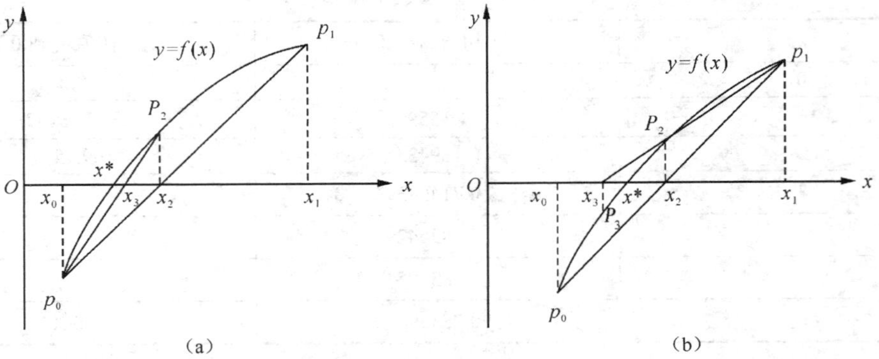

图 3.6　割线法的几何解释

在割线法的计算中，每次求 x_{k+1} 时都要用到前面两步的结果 x_{k-1} 和 x_k，因此，运用割线法进行方程求根，必须先给出两个迭代初始点 x_0 和 x_1。割线法的 Octave 代码如下：

```
function [x2] = Secant(f, a,b,eps)
% Secant method to find the zero point of function f, with precision of eps.
% a and b is the initial two points
  while (abs(b-a)>eps)
    x2 = b - f(b)*(b-a)/(f(b)-f(a));
    a = b;
    b = x2;
  endwhile
endfunction
```

例 3.7　用割线法求方程 $f(x)=x\mathrm{e}^x-1=0$ 在[0.5, 0.6]内的根。

解：取初始点 x_0=0.5, x_1=0.6，相应的割线法公式为

$$x_{k+1}=x_k-\frac{x_k-x_{k-1}}{x_k\mathrm{e}^{x_k}-x_{k-1}\mathrm{e}^{x_{k-1}}}(x_k\mathrm{e}^{x_k}-1),\quad k=1,\ 2,\cdots$$

计算结果见表 3.5。

表 3.5　例 3.7 的计算结果

k	x_k
0	0.5
1	0.6
2	0.56532
3	0.56709
4	0.56714

比较例 3.4 中表 3.3 与本例中表 3.5 的计算结果可知，用割线法迭代 4 次的精度比不动点迭代法迭代 14 次所得的近似解的精度还要好。可见割线法的收敛速度还是相当快的。

3.6　解非线性方程组的牛顿迭代法

考虑 3.2 节中的非线性方程组

$$f_i(x_1,x_2,\cdots,x_n)=0,\ \ i=1,2,\cdots,n \tag{3.2.1}$$

设 $\boldsymbol{x}^*=(x_1^*,x_2^*,\cdots,x_n^*)^{\mathrm{T}}$ 是它的一个精确解，讨论如何计算近似解，即 $\boldsymbol{x}^*$ 的近似值，将方程组（3.2.1）中的每个非线性方程 $f_i(x_1,x_2,\cdots,x_n)=0$ 在 $\boldsymbol{x}^{(k)}=(x_1^{(k)},x_2^{(k)},\cdots,x_n^{(k)})^{\mathrm{T}}$ 点做泰勒展开，并舍去关于 $x_i-x_i^{(k)}$ 的二次及以上的项，则有

$$\begin{cases} f_1(\boldsymbol{x})\approx f_1(\boldsymbol{x}^{(k)})+(x_1-x_1^{(k)})\dfrac{\partial f_1(\boldsymbol{x}^{(k)})}{\partial x_1}+\cdots+(x_n-x_n^{(k)})\dfrac{\partial f_1(\boldsymbol{x}^{(k)})}{\partial x_n}=0 \\ f_2(\boldsymbol{x})\approx f_2(\boldsymbol{x}^{(k)})+(x_1-x_1^{(k)})\dfrac{\partial f_2(\boldsymbol{x}^{(k)})}{\partial x_1}+\cdots+(x_n-x_n^{(k)})\dfrac{\partial f_2(\boldsymbol{x}^{(k)})}{\partial x_n}=0 \\ \cdots\cdots \\ f_n(\boldsymbol{x})\approx f_n(\boldsymbol{x}^{(k)})+(x_1-x_1^{(k)})\dfrac{\partial f_n(\boldsymbol{x}^{(k)})}{\partial x_1}+\cdots+(x_n-x_n^{(k)})\dfrac{\partial f_n(\boldsymbol{x}^{(k)})}{\partial x_n}=0 \end{cases} \tag{3.6.1}$$

记 $\partial_j f_i(\boldsymbol{x})=\dfrac{\partial f_i(\boldsymbol{x})}{\partial x_j}$，于是式（3.6.1）可表示为

$$\begin{bmatrix} f_1(\boldsymbol{x}^{(k)}) \\ f_2(\boldsymbol{x}^{(k)}) \\ \vdots \\ f_n(\boldsymbol{x}^{(k)}) \end{bmatrix}+\begin{bmatrix} \partial_1 f_1(\boldsymbol{x}) & \partial_2 f_1(\boldsymbol{x}) & \cdots & \partial_n f_1(\boldsymbol{x}) \\ \partial_1 f_2(\boldsymbol{x}) & \partial_2 f_2(\boldsymbol{x}) & \cdots & \partial_n f_2(\boldsymbol{x}) \\ \vdots & \vdots & \ddots & \vdots \\ \partial_1 f_n(\boldsymbol{x}) & \partial_2 f_n(\boldsymbol{x}) & \cdots & \partial_n f_n(\boldsymbol{x}) \end{bmatrix}_{\boldsymbol{x}=\boldsymbol{x}^{(k)}} \begin{bmatrix} x_1^{(k+1)}-x_1^{(k)} \\ x_2^{(k+1)}-x_2^{(k)} \\ \vdots \\ x_n^{(k+1)}-x_n^{(k)} \end{bmatrix}=0 \tag{3.6.2}$$

记解 $\boldsymbol{x}^*$ 的第 k+1 次近似值为 $\boldsymbol{x}^{(k)}=(x_1^{(k)},x_2^{(k)},\cdots,x_n^{(k)})^{\mathrm{T}}$，则式（3.6.2）的矩阵形式为

$$\boldsymbol{F}(\boldsymbol{x}^{(k)})+\boldsymbol{F}'(\boldsymbol{x}^{(k)})(\boldsymbol{x}^{(k+1)}-\boldsymbol{x}^{(k)})=0 \tag{3.6.3}$$

其中

$$\boldsymbol{F}'(\boldsymbol{x}^{(k)})=\begin{bmatrix} \partial_1 f_1(\boldsymbol{x}) & \partial_2 f_1(\boldsymbol{x}) & \cdots & \partial_n f_1(\boldsymbol{x}) \\ \partial_1 f_2(\boldsymbol{x}) & \partial_2 f_2(\boldsymbol{x}) & \cdots & \partial_n f_2(\boldsymbol{x}) \\ \vdots & \vdots & \ddots & \vdots \\ \partial_1 f_n(\boldsymbol{x}) & \partial_2 f_n(\boldsymbol{x}) & \cdots & \partial_n f_n(\boldsymbol{x}) \end{bmatrix}_{\boldsymbol{x}=\boldsymbol{x}^{(k)}}$$

为 $\boldsymbol{F}(\boldsymbol{x})$在点 $\boldsymbol{x}^{(k)}$处的雅可比矩阵。如果 $\boldsymbol{F}'(\boldsymbol{x}^{(k)})$ 可逆，则得牛顿迭代法的迭代公式

$$\boldsymbol{x}^{(k+1)}=\boldsymbol{x}^{(k)}-[\boldsymbol{F}'(\boldsymbol{x}^{(k)})]^{-1}\boldsymbol{F}(\boldsymbol{x}^{(k)}),\ \ k=0,1,\cdots \tag{3.6.4}$$

当 n 很大时，求雅可比矩阵的逆是比较困难的，通常改写式（3.6.4）为

$$\begin{cases} \boldsymbol{x}^{(k+1)} = \boldsymbol{x}^{(k)} + \Delta \boldsymbol{x}^{(k)} \\ \boldsymbol{F}'(\boldsymbol{x}^{(k)})\Delta \boldsymbol{x}^{(k)} = -\boldsymbol{F}(\boldsymbol{x}^{(k)}) \end{cases} \tag{3.6.5}$$

式（3.6.5）中的第二式为线性方程组，称为牛顿方程。这时牛顿迭代法每迭代一步，都要先求解牛顿方程，得到 $\Delta \boldsymbol{x}^{(k)}$ 后，再计算 $\boldsymbol{x}^{(k+1)}$。

例 3.8 用牛顿迭代法求解下列非线性方程组

$$\begin{cases} f_1(\boldsymbol{x}) = 3x_1 - \cos(x_2 x_3) - \dfrac{1}{2} = 0 \\ f_2(\boldsymbol{x}) = x_1^2 - 81(x_2 + 0.1)^2 + \sin x_3 + 1.06 = 0 \\ f_3(\boldsymbol{x}) = \mathrm{e}^{-x_1 x_2} + 20x_3 + \dfrac{10\pi - 3}{3} = 0 \end{cases}$$

解： 记函数向量为 $\boldsymbol{F}(\boldsymbol{x}) = \begin{bmatrix} f_1(\boldsymbol{x}) \\ f_2(\boldsymbol{x}) \\ f_3(\boldsymbol{x}) \end{bmatrix}$，则其雅可比矩阵 $\boldsymbol{F}'(\boldsymbol{x})$ 为

$$\boldsymbol{F}'(\boldsymbol{x}) = \begin{bmatrix} 3 & x_3 \sin(x_2 x_3) & x_2 \sin(x_2 x_3) \\ 2x_1 & -162(x_2 + 0.1) & \cos x_3 \\ -x_2 \mathrm{e}^{-x_1 x_2} & -x_1 \mathrm{e}^{-x_1 x_2} & 20 \end{bmatrix}$$

取初始向量 $\boldsymbol{x}^{(0)} = (0.1, 0.1, -0.1)^{\mathrm{T}}$，按式（3.6.5）计算，结果见表 3.6。可见，迭代 5 次以后，所得近似解误差接近于 0。

表 3.6　　例 3.8 的计算结果

k	$x_1^{(k)}$	$x_2^{(k)}$	$x_3^{(k)}$	$\left\Vert \boldsymbol{x}^{(k)} - \boldsymbol{x}^{(k-1)} \right\Vert_\infty$
0	0.1	0.1	−0.1	
1	0.50003702	0.01946686	−0.52152047	0.423
2	0.50004593	0.00158859	−0.52355711	1.79×10^{-2}
3	0.50000034	0.00001244	−0.52359845	1.58×10^{-3}
4	0.50000000	0.00000000	−0.53259877	1.20×10^{-5}
5	0.50000000	0.00000000	−0.52359877	0

3.7 实验——牛顿迭代法求解非线性方程

实验要求：

用牛顿迭代法求解非线性方程 $x^3 - x - 1 = 0$ 的解，取初始值为 0.6。

解： 牛顿迭代法的公式为式（3.5.1），即

$$x_{k+1} = x_k - \frac{f(x_k)}{f'(x_k)},\ k = 0,1,\cdots$$

其中 $f(x)$ 为待求解的函数，$f'(x)$ 为 $f(x)$ 的导数。

牛顿迭代法的 Octave 代码如下：

```
self_fun =@ (x)(x.^3 - x - 1);% Original function
deri =@ (x)(3*x.^2 - 1);% deriviation function
x = 0:0.1:20;
y = self_fun(x);
hold on;
plot(x,y,'-b');
hold on;
x0 = 0.6;
err = 100;
while (err > 1e-6)
  x1 = x0 - self_fun(x0)/deri(x0);
  err = abs(x1 - x0)
  plot([x0,x1],[self_fun(x0),self_fun(x0)],'-ro');
  plot([x1,x1],[self_fun(x0),self_fun(x1)],'-ro');
  hold on;
  x0 = x1;
endwhile
text(15,7000,"y = x^3 - x - 1");
title('Newton Method');
```

牛顿迭代法搜索的过程如图 3.7 所示。

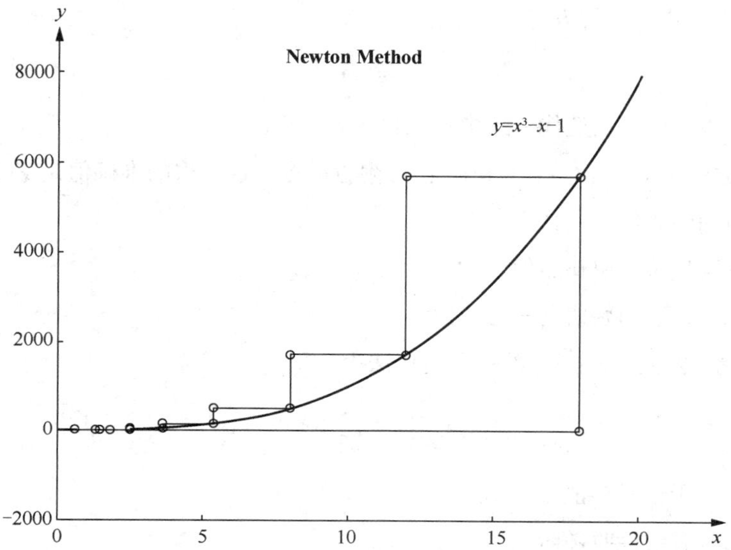

图 3.7　牛顿迭代法搜索的过程

3.8 延伸阅读

延伸阅读 3：
割圆术与圆周率

3.9 思考题

1. 为什么说牛顿迭代法的收敛性依赖于初始值 x_0 的选取？

2. 思考割线法的计算工作量，并思考如何能减少该算法的工作量。

3.10 习题

1. 用二分法求方程 $f(x)=x^3-2=0$ 在区间[1,2]上的根。

2. 证明：对任何初始值 x_0，迭代格式 $x_{k+1}=\cos x_k$（ $k=0,1\cdots$ ）产生的序列 $\{x_k\}$ 都收敛于方程 $x-\cos x=0$ 的根。

3. 用不动点迭代法求解方程

$$x^2=2$$

的正根，迭代一步，要求在迭代公式中不包含开方运算。

4. 用下列方法求 $f(x)=x^3-3x-1=0$ 在 $x_0=2$ 附近的根。这个根的准确值是 $x^*=1.87938524\cdots$，要求计算结果精确到 4 位有效数字。

（1）用牛顿迭代法，取初始值 $x_0=2$；

（2）用割线法，取初始值 $x_0=2, x_1=1.9$。

5. 求解方程 $12-3x+2\cos x=0$ 的一种迭代法为

$$x_{k+1}=4+\frac{2}{3}\cos x_k$$

（1）证明它对于任意初值 x_0 均收敛；

（2）证明它具有线性收敛阶；

（3）取初始值 $x_0=0.4$，求误差不超过 10^{-3} 的近似根。

6. 已知方程 $x^3-x^2-1=0$ 在 $x_0=1.5$ 附近有根，将方程写成以下 3 种等价格式

（1）$x=1+\dfrac{1}{x^2}$

（2）$x=\sqrt[3]{1+x^2}$

（3）$x=\sqrt{\dfrac{1}{x-1}}$

试判断以上 3 种格式迭代函数的收敛性，并选出一种较好的格式。

7. 证明：对任意的 $x_0<0$，由迭代格式

$$x_{n+1}=\frac{x_n}{2}+\frac{1}{x_n},\quad n=0,\ 1,\ \cdots$$

产生的迭代序列均收敛于 $-\sqrt{2}$。

8. 确定求解非线性方程的割线法计算公式的收敛阶。

9. 用牛顿迭代法求解方程组，取初始值 $\boldsymbol{x}^{(0)}=(1,1)^{\mathrm{T}}$。

$$\begin{cases} x^2+xy+y^2=3 \\ \sin x-y^2=0 \end{cases}$$

3.11　实验题

1. 对于方程

$$f(x)=x^2-3x+2=0$$

可以有以下多种不动点迭代方式：

$$\varphi_1=\frac{x^2+2}{3},\quad \varphi_2=\sqrt{3x-2},\quad \varphi_3=3-\frac{2}{x},\quad \varphi_4=\frac{x^2-2}{2x-3}$$

（1）对于根 $x=2$，通过分析 $|\varphi_i'(2)|$，$i=1,2,3,4$，分析各个算法的收敛性。

（2）用程序验证分析的结果。

2. 编程实现二分法、不动点迭代法、牛顿迭代法、割线法求解下面各个问题，列表比较各算法的性能。

（1）$x^5-3x-10=0$

（2）$\sin 10x+2\cos x-x-3=0$

（3）$x+\arctan x=3$

（4）$(x+2)\ln(x^2+x+1)+1=0$

第4章 特征值问题的数值解

4.1 引入——再论 PageRank 算法

第 2 章中提到了 Google 搜索引擎及其成名算法 PageRank，下面我们再次回顾一下 PageRank 算法。它可以简单描述为：设网页 i 的重要性为 Pr_i，链出数为 L_i。如果网页 i 存在一个指向网页 j 的链接，则表明网页 i 的所有者认为网页 j 比较重要，从而把网页 i 的一部分重要性得分赋予网页 j。这个重要性得分值为 Pr_i / L_i。网页 j 的 Pr 值为一系列类似于页面 i 的重要性得分值的累加。于是一个页面的得票数由所有链向它的页面的重要性来决定，到一个页面的超链接相当于对该页面投一票。仍然回到 2.1 节中提到的简单例子：假设世界上只有 4 张网页：A、B、C、D，其抽象结构如图 4.1 所示。

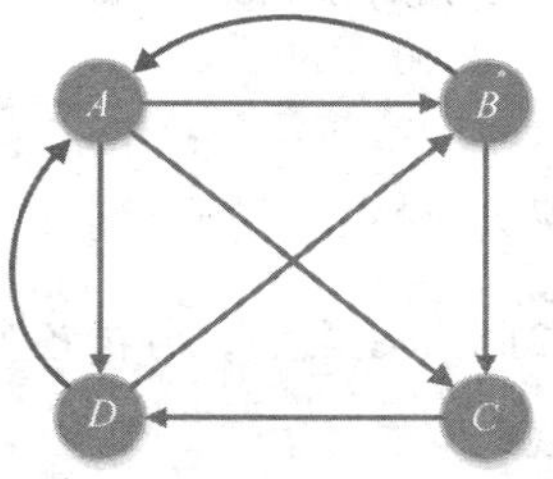

图 4.1　网页链接简图

网页间的链接矩阵 $\boldsymbol{M}$ 为

$$\boldsymbol{M}=\begin{bmatrix} 0 & \frac{1}{2} & 0 & \frac{1}{2} \\ \frac{1}{3} & 0 & 0 & \frac{1}{2} \\ \frac{1}{3} & \frac{1}{2} & 0 & 0 \\ \frac{1}{3} & 0 & 1 & 0 \end{bmatrix} \tag{4.1.1}$$

其中，如果 m_{ij} 为 0 则表示第 j 个网页没有到第 i 个网页的链接，否则 m_{ij} 为 $1/L_j$。由于所有网页的 *Pr* 值可由所有链向它的页面的重要性加和得到，写成矩阵形式即有

$$\boldsymbol{M}\cdot\boldsymbol{Pr}=\boldsymbol{Pr} \tag{4.1.2}$$

也即式（2.1.3），在第 2 章中将其转化为式（2.1.4）所示的 4 阶线性代数方程组的形式。然而式（4.1.2）本身具有非常明确的意义，表明了 $\boldsymbol{Pr}$ 为 $\boldsymbol{M}$ 的特征向量，且对应的特征值为 1。因此，可以很自然地想到利用矩阵特征值和特征向量的方法对问题进行求解。现在，我们换一个角度来思考这个问题。每个页面的 *Pr* 值都是未知的，实际上也是我们最终要求解的，在初始时首先假设每个页面的 *Pr* 值都为 $1/N$，即 1/4。将所有页面的 *Pr* 值记为向量 $\boldsymbol{Pr}$，则有

$$\boldsymbol{Pr}=\begin{bmatrix}\frac{1}{4}\\ \frac{1}{4}\\ \frac{1}{4}\\ \frac{1}{4}\end{bmatrix} \tag{4.1.3}$$

注意，矩阵 $\boldsymbol{M}$ 的第一行分别是 A、B、C 和 D 转移到页面 A 的概率，而列向量 $\boldsymbol{Pr}$ 的元素分别是 A、B、C 和 D 当前的 *Pr* 值，因此用 $\boldsymbol{M}$ 的第一行乘以 $\boldsymbol{Pr}$，所得结果就是页面 A 最新的 *Pr* 值合理估计。同理，$\boldsymbol{M}\cdot\boldsymbol{Pr}$ 的结果就分别代表 A、B、C、D 的新 *Pr* 值，即

$$\boldsymbol{M}\cdot\boldsymbol{Pr}=\begin{bmatrix}0.25000\\ 0.20833\\ 0.20833\\ 0.33333\end{bmatrix} \tag{4.1.4}$$

然后用 $\boldsymbol{M}$ 乘以这个新的向量，会产生一个更新的 *Pr* 值。如此迭代下去，可以证明 $\boldsymbol{Pr}$ 最终会收敛，即

$$\boldsymbol{Pr}=\boldsymbol{M}\cdot\boldsymbol{Pr} \tag{4.1.5}$$

对于这个例子，最终收敛的结果为$[0.26471, 0.23529, 0.20588, 0.29412]^{\mathrm{T}}$。

式（4.1.5）表明 $\boldsymbol{Pr}$ 为矩阵 $\boldsymbol{M}$ 的特征向量，而前面的迭代求解过程则给出了求解该特征向量的具体数值解法，实际上这就是 4.2.1 节所要讲的乘幂法的主要步骤。

求解特征值问题在科学与工程领域都非常重要，如动力学系统和结构系统中的振动问题，需要求系统的频率与振幅，又如物理学中某些临界值的确定等，都需要转化为特征值求解问题。对于一个 n 阶矩阵，求解其特征值问题相当于求解一个 n 次方程。我们知道，对于 5 次及以上的一元高次方程没有通用的代数解法和求根公式，因此必须给出求解特征值问题的数值解法。在实际问题中，我们有时关心的是最大特征值或最小特征值之类的特殊特征值（及其对应的特征向量），而有时又要计算所有的特征值（及其对应的特征向量）。此外，在许多实际问题中，矩阵常会具有特殊性质，如对称性、正定性等。本章将会针对不同类型的矩阵以及所要求解的

特征值（及其对应的特征向量）给出不同的数值解法。

思考：为什么矩阵 $\boldsymbol{M}$ 一定会有值为 1 的特征值？

4.2 幂法及其变体

设 $\boldsymbol{A}$ 为 n 阶方阵，$\boldsymbol{A}=(a_{ij})\in\mathbf{R}^{n\times n}$，若有 $\boldsymbol{x}\in\mathbf{C}^n(\boldsymbol{x}\neq\mathbf{0})$和数 λ 使得

$$\boldsymbol{Ax}=\lambda\boldsymbol{x} \tag{4.2.1}$$

则称 λ 为矩阵 $\boldsymbol{A}$ 的特征值，$\boldsymbol{x}$ 为对应于 λ 的特征向量。因此，特征值问题的求解包括下面两方面。

（1）求特征值 λ，满足

$$\varphi(\lambda)=\det(\boldsymbol{A}-\lambda\boldsymbol{I})=0 \tag{4.2.2}$$

（2）求特征向量 $\boldsymbol{x}\in\mathbf{C}^n(x\neq 0)$，满足齐次方程组

$$(\boldsymbol{A}-\lambda\boldsymbol{I})\boldsymbol{x}=0 \tag{4.2.3}$$

称 $\varphi(\lambda)$为 $\boldsymbol{A}$ 的**特征多项式**，它是关于 λ 的 n 次代数多项式。

在实际工程应用中，如大型结构的振动问题中，往往要计算振动系统的最低频率（或前几个最低频率）及其振幅，相应的数学问题变为求解矩阵的按模最大（小）或前几个按模最大（小）特征值及相应的特征向量。

4.2.1 乘幂法

乘幂法是用于求解大型稀疏矩阵的主特征值的迭代方法，其特点是公式简单，易于上机实现。乘幂法的计算公式如下：

设 $\boldsymbol{A}\in\mathbf{R}^{n\times n}$，取初始向量 $\boldsymbol{x}^{(0)}\in\mathbf{R}^n(\boldsymbol{x}^{(0)}\neq 0)$，令 $\boldsymbol{x}^{(1)}=\boldsymbol{Ax}^{(0)}, \boldsymbol{x}^{(2)}=\boldsymbol{Ax}^{(1)},\cdots$，一般有

$$\boldsymbol{x}^{(k)}=\boldsymbol{Ax}^{(k-1)} \tag{4.2.4}$$

并形成序列$\{\boldsymbol{x}^{(k)}\}$。由递推公式（4.2.4），有

$$\boldsymbol{x}^{(k)}=\boldsymbol{Ax}^{(k-1)}=\boldsymbol{A}(\boldsymbol{Ax}^{(k-2)})=\boldsymbol{A}^2\boldsymbol{x}^{(k-2)}=\cdots=\boldsymbol{A}^k\boldsymbol{x}^{(0)} \tag{4.2.5}$$

由于$\{\boldsymbol{x}^{(k)}\}$是由 $\boldsymbol{A}$ 的 k 次幂左乘 $\boldsymbol{x}^{(0)}$得到的，因此称此方法为乘幂法，式（4.2.4）称为乘幂公式，$\{\boldsymbol{x}^{(k)}\}$称为乘幂序列。

下面对乘幂过程进行分析，即讨论当 $k\to\infty$时，$\{\boldsymbol{x}^{(k)}\}$与矩阵 $\boldsymbol{A}$ 的特征值及特征向量的关系。

设 $\boldsymbol{A}$ 有完全的特征向量系，且有唯一的主特征值（按模最大的特征值），即其特征值满足

$$|\lambda_1|>|\lambda_2|\geqslant\cdots\geqslant|\lambda_n| \tag{4.2.6}$$

并且其相应的特征向量 $\boldsymbol{v}_1,\boldsymbol{v}_2,\cdots,\boldsymbol{v}_n$ 线性无关，从而构成 $\mathbf{R}^n$ 上的一组基底。

对任意的初始向量 $\boldsymbol{x}^{(0)}\in\mathbf{R}^n$ $(x^{(0)}\neq\mathbf{0})$，可按上述基底展开为

$$\boldsymbol{x}^{(0)}=\alpha_1\boldsymbol{v}_1+\alpha_2\boldsymbol{v}_2+\cdots+\alpha_n\boldsymbol{v}_n=\sum_{j=1}^{n}\alpha_j\boldsymbol{v}_j \tag{4.2.7}$$

其中 α_1 $\alpha_2,\cdots,\alpha_n$ 为展开系数。将上面 $\boldsymbol{x}^{(0)}$的展开式代入式（4.2.5），得

$$\boldsymbol{x}^{(k)}=\boldsymbol{A}^k\boldsymbol{x}^{(0)}=\boldsymbol{A}^k\sum_{j=1}^{n}\alpha_j\boldsymbol{v}_j=\sum_{j=1}^{n}\alpha_j(\boldsymbol{A}^k\boldsymbol{v}_j)=\sum_{j=1}^{n}\alpha_j\lambda_j^k\boldsymbol{v}_j \tag{4.2.8}$$

上面的推导利用了 $\boldsymbol{A}^k v_j=\lambda^k v_j$。由式（4.2.6）知 $\lambda_1\neq 0$，进而有

$$\boldsymbol{x}^{(k)}=\lambda_1^k\left(\alpha_1\boldsymbol{v}_1+\sum_{j=2}^{n}\alpha_j\left(\frac{\lambda_j}{\lambda_1}\right)^k\boldsymbol{v}_j\right)=\lambda_1^k\left(\alpha_1\boldsymbol{v}_1+\boldsymbol{\varepsilon}_k\right) \tag{4.2.9}$$

其中 $\boldsymbol{\varepsilon}_k=\sum_{j=2}^{n}\alpha_j\left(\frac{\lambda_j}{\lambda_1}\right)^k\boldsymbol{v}_j$ 。由于 $\left|\frac{\lambda_j}{\lambda_1}\right|<1,\ j=2,3,\cdots,n$ ，故当 $k\to\infty$时，$\boldsymbol{\varepsilon}_k$ 为一个无穷小量。此时

$$\boldsymbol{x}^{(k)}\approx\lambda_1^k\alpha_1\boldsymbol{v}_1 \tag{4.2.10}$$

若 $\alpha_1\boldsymbol{v}_1\neq\mathbf{0}$ ，对 $i=1,2,\cdots,n$ ，计算相邻迭代向量对应分量比值

$$\frac{x_i^{(k+1)}}{x_i^{(k)}}\approx\frac{\lambda_1^{k+1}\alpha_1\boldsymbol{v}_1}{\lambda_1^k\alpha_1\boldsymbol{v}_1}=\lambda_1 \tag{4.2.11}$$

可见

$$\lim_{k\to\infty}\frac{x_i^{(k+1)}}{x_i^{(k)}}=\lambda_1 \tag{4.2.12}$$

这表明主特征值 λ_1 可由式（4.2.11）近似给出。另外，当 k 充分大时，由式（4.2.10）可看出 $\boldsymbol{x}^{(k)}$ 与 $\boldsymbol{v}_1$ 只相差一个常数因子，故可取 $\boldsymbol{x}^{(k)}$为主特征向量的近似。此时，迭代序列的收敛速度取决于$|\lambda_2/\lambda_1|$的大小。

上述迭代过程非常简单，然而当$|\lambda_1|>1$时，若 k 充分大，迭代向量的模会变得非常大，导致计算机上的上溢出，反之，当$|\lambda_1|<1$时，则会导致计算机上的下溢出。因此，在实际计算时，需要对乘幂法进行规范化。

令 $\max(\boldsymbol{x})$表示向量 $\boldsymbol{x}$ 各分量绝对值最大者，即如果有某个 i_0，使

$$|x_{i0}|=\max_{1\leqslant i\leqslant n}|x_i| \tag{4.2.13}$$

则

$$\max(\boldsymbol{x})=x_{i_0}$$

对任取的初始向量 $\boldsymbol{x}^{(0)}$，记

$$\boldsymbol{y}^{(0)}=\frac{\boldsymbol{x}^{(0)}}{\max(\boldsymbol{x}^{(0)})} \tag{4.2.14}$$

并定义

$$x^{(1)} = Ay^{(0)} \tag{4.2.15}$$

一般地，若已知 $x^{(k)}$，类似地定义

$$\begin{cases} y^{(k)} = \dfrac{x^{(k)}}{\max(x^{(k)})} \\ x^{(k+1)} = Ay^{(k)} \end{cases}, \quad k = 0,1,\cdots \tag{4.2.16}$$

称为规范化的乘幂法。能够证明式（4.2.16）收敛，并且当收敛时，$\max(x^{(k)})$为 λ_1 的近似值，$y^{(k)}$为相应的特征向量。乘幂法的 Octave 代码如下所示：

```
function [maxEig,eigen_vec] = eigen_pow (A, u, ep)
  %To compute matrix A's biggest eigen value(maxEig) and appropriate
  %eigen vector(eigen_vec), u is the initial vector, ep is the error threshold
  err=100;
  u0=u;
  [ele,label]=max(abs(u0));
  v0 = u0/u0(label);
  while err>ep
    u1 = A*v0;
    [ele,label]=max(abs(u1));
    maxEig = u1(label);
    v1 = u1 / maxEig ;
    err = max (abs(v1-v0));
    v0 = v1;
    u0 = u1;
    end
   eigen_vec = v0;
endfunction
```

思考：

（1）如果所取的初始向量 $x^{(0)}$恰好使得 α_1=0 会怎样？

（2）如果矩阵 A 的主特征值不唯一会怎样？即分别当 $\lambda_1=\lambda_2,\lambda_1=-\lambda_2,\lambda_1=\overline{\lambda}_2$ 时会怎样？

例 4.1 用规范化乘幂法计算矩阵 A 的主特征值及相应的特征向量。

$$A = \begin{bmatrix} -4 & 14 & 0 \\ -5 & 13 & 0 \\ -1 & 0 & 2 \end{bmatrix}$$

解： 初始值取

$$x^{(0)} = \begin{pmatrix} 1 \\ 1 \\ 1 \end{pmatrix}$$

取 $\boldsymbol{x}^{(0)}$ 各分量的最大值

$$\max_{1\leqslant i\leqslant n}\{(\boldsymbol{x}^{(0)})_i\}=1$$

第 1 次规范化

$$\boldsymbol{y}^{(0)}=\frac{\boldsymbol{x}^{(0)}}{\max\limits_{1\leqslant i\leqslant n}\{(\boldsymbol{x}^{(0)})_i\}}=\begin{pmatrix}1\\1\\1\end{pmatrix}$$

第 1 次迭代

$$\boldsymbol{x}^{(1)}=\boldsymbol{A}\boldsymbol{y}^{(0)}=\begin{pmatrix}10\\8\\1\end{pmatrix}$$

取 $\boldsymbol{x}^{(1)}$ 各分量的最大值

$$\max_{1\leqslant i\leqslant n}\{(\boldsymbol{x}^{(1)})_i\}=10$$

第 2 次规范化

$$\boldsymbol{y}^{(1)}=\frac{\boldsymbol{x}^{(1)}}{\max\limits_{1\leqslant i\leqslant n}\{(\boldsymbol{x}^{(1)})_i\}}=\begin{pmatrix}1\\0.8\\0.1\end{pmatrix}$$

第 2 次迭代

$$\boldsymbol{x}^{(2)}=\boldsymbol{A}\boldsymbol{y}^{(1)}=\begin{pmatrix}7.2\\5.4\\-0.8\end{pmatrix}$$

如此重复迭代，直到 n=12 时相邻两步的最大值足够接近，此时取 $\max\{(\boldsymbol{x}^{(12)})_i\}=6.00083$ 作为主特征值的近似值，相应的特征向量为 $\boldsymbol{y}^{(12)}=\begin{pmatrix}1\\0.7143\\-0.249896\end{pmatrix}$。

4.2.2　反幂法

乘幂法是用来求解按模最大的特征值及其特征向量的一种方法，然而我们有时候想要求的是按模最小的特征值及相应的特征向量。根据互逆矩阵之间的特征值互为倒数，可以很容易由乘幂法给出求解按模最小特征值及特征向量的反幂法。

设矩阵 $\boldsymbol{A}\in\mathbf{R}^{n\times n}$ 可逆，若有 $\boldsymbol{Ax}=\lambda\boldsymbol{x}(\boldsymbol{x}\neq\boldsymbol{0})$，则 $\boldsymbol{A}^{-1}\boldsymbol{x}=\lambda^{-1}\boldsymbol{x}$。即 λ 若是 $\boldsymbol{A}$ 的特征值，则 λ^{-1} 必为 $\boldsymbol{A}^{-1}$ 的特征值，且特征向量相同。因此，以 $\boldsymbol{A}^{-1}$ 为乘幂矩阵，可用乘幂法求得 $\boldsymbol{A}^{-1}$ 的按模最大特征值 $1/\lambda_n$，于是 λ_n 即为矩阵 $\boldsymbol{A}$ 的按模最小特征值，特征向量相同。

对任取的初始向量 $\boldsymbol{x}^{(0)}$，可按公式

$$\boldsymbol{x}^{(k)}=\boldsymbol{A}^{-1}\boldsymbol{x}^{(k-1)}\tag{4.2.17}$$

进行迭代，即可得求解矩阵 $\boldsymbol{A}$ 的按模最小特征值的反幂法。

然而式（4.2.17）需要计算矩阵的逆，由第 2 章我们知道求矩阵的逆比较复杂、麻烦，而且，如果矩阵 $\boldsymbol{A}$ 是稀疏矩阵，求逆之后会破坏其稀疏性，因此将式（4.2.17）改写为

$$\boldsymbol{A}\boldsymbol{x}^{(k)}=\boldsymbol{x}^{(k-1)},\ k=0,1,2,\cdots \tag{4.2.18}$$

注意式（4.2.18）是求解系数矩阵为 $\boldsymbol{A}$ 的线性代数方程组。和乘幂法类似，反幂法也需要进行规范化。

$$\begin{cases} \boldsymbol{y}^{(k)} = \dfrac{\boldsymbol{x}^{(k)}}{\max(\boldsymbol{x}^{(k)})} \\ \boldsymbol{A}\boldsymbol{x}^{(k+1)} = \boldsymbol{y}^{(k)} \end{cases},\ k=0,1,\cdots \tag{4.2.19}$$

反幂法的每一步都要求解一个线性代数方程组，而系数矩阵 $\boldsymbol{A}$ 是保持不变的，因此可以先对矩阵 $\boldsymbol{A}$ 进行 $\boldsymbol{LU}$ 分解，即 $\boldsymbol{A}=\boldsymbol{LU}$，这样可以把每次迭代过程求解一个一般矩阵的方程组转化为求解两个三角形方程组的组合

$$\begin{cases} L\tilde{x} = y^{(k)} \\ Ux^{(k+1)} = \tilde{x} \end{cases},\ k=0,1,\cdots \tag{4.2.20}$$

当 $|\lambda_1| \geqslant |\lambda_2| \geqslant \cdots \geqslant |\lambda_{n-1}| > |\lambda_n| > 0$ 时，有

$$\lim_{k\to\infty} \max(\boldsymbol{x}^{(k)}) = \frac{1}{\lambda_n} \tag{4.2.21}$$

而 $\boldsymbol{y}^{(k)}$ 即为相应的近似特征向量，收敛速度取决于 $|\lambda_n/\lambda_{n-1}|$ 的大小。

反幂法的 Octave 代码如下：

```
function [lamda,eigen_vec] = anti_eigen_pow (A, u, ep)
 %To compute matrix A's smallest eigen value to lamda0(lamda) and appropriate
  %eigen vector(eigen_vec), u is the initial vector, ep is the error threshold
  err=100;
  u0=u;
 [ele,label]=max(abs(u0));
  v0 = u0/u0(label);
  while err>ep
    u1 = A\v0;
    [ele,label]=max(abs(u1));
    lamda = u1(label)
    v1 = u1 / lamda
    err = max (abs(v1-v0));
    v0 = v1;
    u0 = u1;
   end
```

```
    eigen_vec = v0;
    lamda = 1/lamda;
endfunction
```

思考：利用高斯消元法求解式（4.2.18）与利用式（4.2.20）进行求解计算量有何区别？

例 4.2 计算矩阵 $\boldsymbol{A}$ 的绝对值最小特征值及特征向量。

$$\boldsymbol{A}=\begin{bmatrix}1 & 1 & 0.5\\ 1 & 1 & 0.25\\ 0.5 & 0.25 & 2\end{bmatrix}$$

解：采用反幂法进行计算。

初始值取

$$\boldsymbol{x}^{(0)}=\begin{pmatrix}1\\1\\1\end{pmatrix}$$

取 $\boldsymbol{x}^{(0)}$ 各分量的最大值

$$\max_{1\leqslant i\leqslant n}\{(\boldsymbol{x}^{(0)})_i\}=1$$

第 1 次规范化

$$\boldsymbol{y}^{(0)}=\frac{\boldsymbol{x}^{(0)}}{\max\limits_{1\leqslant i\leqslant n}\{(\boldsymbol{x}^{(0)})_i\}}=\begin{pmatrix}1\\1\\1\end{pmatrix}$$

第 1 次迭代求解方程组

$$\boldsymbol{A}\boldsymbol{x}^{(1)}=\boldsymbol{y}^{(0)}$$

可得

$$\boldsymbol{x}^{(1)}=\begin{pmatrix}3\\-2\\0\end{pmatrix}$$

取 $\boldsymbol{x}^{(1)}$ 各分量的最大值

$$\max_{1\leqslant i\leqslant n}\{(\boldsymbol{x}^{(1)})_i\}=3$$

第 2 次规范化

$$\boldsymbol{y}^{(1)}=\frac{\boldsymbol{x}^{(1)}}{\max\limits_{1\leqslant i\leqslant n}\{(\boldsymbol{x}^{(1)})_i\}}=\begin{pmatrix}1\\-\dfrac{2}{3}\\0\end{pmatrix}$$

迭代 $\boldsymbol{x}^{(2)}=\boldsymbol{A}\boldsymbol{y}^{(1)}=\cdots\cdots$，如此反复，直到相邻两步的最大值足够接近时停止迭代。迭代结果见表 4.1。

表 4.1　　迭代 k 次后的计算结果

k	$y^{(k)}=x^{(k)}/\max(x^{(k)})$	$\lambda\approx 1/\max(x^{(k)})$
0	$(1, 1, 1)^T$	
1	$(1, 0.6667, 0)^T$	0.333333
2	$(0.7482, 0.6497, 1)^T$	−0.019608
3	$(1.00000, -0.95425, -0.13072)^T$	−0.016625
4	$(1.00000, -0.95165, -0.12996)^T$	−0.016648
5	$(1.00000, -0.95167, -0.12996)^T$	−0.016647

此时，用规范化反幂法计算绝对值最小特征值的近似值为

$$\lambda_1\approx\frac{1}{\max(\boldsymbol{x}^{(5)})}=-0.016647$$

相应的特征向量为

$$v_1\approx\boldsymbol{y}^{(5)}=(1.00000, -0.95167, -0.12996)^T$$

4.2.3　幂法的平移

若已知 λ 和 $\boldsymbol{x}$ 分别为矩阵 $\boldsymbol{A}$ 的特征值及相应的特征向量，即有 $\boldsymbol{Ax}=\lambda\boldsymbol{x}$，则若令 $\boldsymbol{B}=\boldsymbol{A}-\lambda_0\boldsymbol{I}$，必有 $\boldsymbol{Bx}=(\lambda-\lambda_0)\boldsymbol{x}$。也就是说，$\lambda-\lambda_0$ 和 $\boldsymbol{x}$ 分别为矩阵 $\boldsymbol{B}$ 的特征值及相应的特征向量。我们将用矩阵 $\boldsymbol{B}$ 代替矩阵 $\boldsymbol{A}$ 进行乘幂迭代的方法称为乘幂法的原点平移，也简称为幂法的平移。有时，我们可以根据矩阵特征值的性质，利用幂法的平移进行乘幂法的加速，或者与反幂法结合求指定位置的特征值及对应的特征向量。

由 4.2.1 节已经知道，乘幂法的收敛速度取决于 $|\lambda_2/\lambda_1|$ 的大小，当其接近于 1 时，收敛速度会变得很慢，此时可采取幂法的平移法进行改善。

例 4.3　采用原点位移的加速法求解矩阵 $\boldsymbol{A}$ 的最大特征值和特征向量（精确到 10^{-3}）.

$$\boldsymbol{A}=\begin{bmatrix}-3 & 1 & 0\\ 1 & -3 & -3\\ 0 & -3 & 4\end{bmatrix}$$

解：取 $\lambda_0=-4$，则矩阵 $\boldsymbol{B}=\boldsymbol{A}-\lambda_0\boldsymbol{I}$ 为

$$\boldsymbol{B}=\begin{bmatrix}1 & 1 & 0\\ 1 & 1 & -3\\ 0 & -3 & 8\end{bmatrix}$$

对矩阵 $\boldsymbol{B}$ 应用规范化乘幂法公式，计算结果如表 4.2 中第 4、5 列所示。$k=7$ 时，停止迭代，从而可得

$$\lambda_1=\mu_1+\lambda_0\approx 5.125$$

未加速的规范化乘幂法公式计算结果在表 4.2 中第 2、3 列给出，需要迭代到第 92 步才能终止，可以看出原点平移法的加速效果是显著的。

表 4.2　原点位移的加速法和规范化乘幂法的计算结果

k	$y_A^{(k)}=x_A^{(k)}/\max(x_A^{(k)})$	$\max(x_A^{(k)})$	$y_B^{(k)}=x_B^{(k)}/\max(x_B^{(k)})$	$\max(x_B^{(k)})$
0	$(1, 1, 1)^T$		$(1, 1, 1)^T$	
1	$(0.4000, 1.0000, -0.2000)^T$	−5.0000	$(0.7483, 0.6497, 1)^T$	1.7866587
…	…	…	…	…
6	$(-0.2874, 0.1573, 1.0000)^T$	−6.0584	$(-0.0461, -0.3749, 1.0000)^T$	9.1241
7	$(-0.2712, 1.0000, -0.9385)^T$	−3.7593	$(-0.0462, -0.3749, 1.0000)^T$	9.1247
…	…	…		
91	$(-0.0461, -0.3751, 1.0000)^T$	5.1243		
92	$(-0.0462, -0.3748, 1.0000)^T$	5.1252		

幂法的平移法变换简单并且不会破坏矩阵的稀疏性。但是该方法的主要缺陷在于必须事先对特征值的分布情况有一定了解，所以应用起来有一定困难。幂法的平移除了可以加速乘幂法的收敛，还可以通过与反幂法结合，求矩阵最接近某一数值的特征值及特征向量。

思考： 是否 $|(\lambda_2-\lambda_0)/(\lambda_1-\lambda_0)|$ 越小越好？

例 4.4　用反幂法求 $\boldsymbol{A}$ 接近 2.93 的特征值及特征向量，初始值取 $\boldsymbol{x}^{(0)}=(0,0,1)^T$，其中

$$\boldsymbol{A}=\begin{pmatrix}2 & -1 & 0\\ 0 & 2 & -1\\ 0 & -1 & 2\end{pmatrix}$$

解： 对 $\boldsymbol{B}=\boldsymbol{A}-2.93\boldsymbol{I}$ 做三角分解得

$$\boldsymbol{A}-2.93\boldsymbol{I}=\begin{bmatrix}-0.93 & -1 & 0\\ 0 & -0.93 & -1\\ 0 & -1 & -0.93\end{bmatrix}$$

$$=\begin{bmatrix}1 & 0 & 0\\ 0 & 1 & 0\\ 0 & \dfrac{1}{0.93} & 1\end{bmatrix}\begin{bmatrix}-0.93 & -1 & 0\\ 0 & -0.93 & -1\\ 0 & 0 & -0.93+\dfrac{1}{0.93}\end{bmatrix}$$

对 B 用反幂算法迭代，只需迭代 3 次，就可得最接近 2.93 的特征值为 $\lambda\approx 3.0000954$，与准确值 3 的误差小于 10^{-4}，相应的特征向量为 $v\approx(1,-0.9992431,0.9991478)^T$，与准确值（1,−1,1）^{T} 比较，残差 $\|\gamma\|_\infty<0.001$。

4.3　雅可比旋转法

雅可比（Jacobi）旋转法是一种用来求实对称矩阵的全部特征值及特征向量的方法。

设 $\boldsymbol{A}=(a_{ij})\in\mathbf{R}^{n\times n}$ 为 n 阶实对称矩阵，则存在正交矩阵 $\boldsymbol{P}$，使得

$$\boldsymbol{P}^T\boldsymbol{A}\boldsymbol{P}=\boldsymbol{P}^{-1}\boldsymbol{A}\boldsymbol{P}=\boldsymbol{D}=\mathrm{diag}(\lambda_1,\lambda_2,\cdots,\lambda_n)$$

其中$\lambda_1,\lambda_2,\cdots,\lambda_n$为 $\boldsymbol{A}$ 的 n 个特征值，正交矩阵 $\boldsymbol{P}$ 的各列 $\boldsymbol{P}_1,\boldsymbol{P}_2,\cdots,\boldsymbol{P}_n$ 恰为 $\boldsymbol{A}$ 的相应于$\lambda_1,\lambda_2,\cdots,\lambda_n$的特征向量。

雅可比旋转法的基本思想是寻找（或构造）一系列正交矩阵 $\boldsymbol{P}_1,\boldsymbol{P}_2,\cdots,\boldsymbol{P}_n$，对 $\boldsymbol{A}$ 实施正交相似变换，将 $\boldsymbol{A}$ 逐渐约化为近似对角阵，从而得到其全部特征值的近似值，再把逐次得到的正交相似变换矩阵乘在一起，所得矩阵的各列便为所要求的特征向量的近似向量。

4.3.1 平面旋转变换矩阵

令

$$\boldsymbol{P}=\boldsymbol{P}_{ij}=\begin{bmatrix}1 & & & & & & \\ & \ddots & & & & & \\ & & \cos\theta & \dots & \sin\theta & & \\ & & \vdots & \ddots & \vdots & & \\ & & -\sin\theta & \dots & \cos\theta & & \\ & & & & & \ddots & \\ & & & & & & 1\end{bmatrix}$$

称 $\boldsymbol{P}$ 为平面旋转变换矩阵。容易验证，$\boldsymbol{P}$ 为正交矩阵，即 $\boldsymbol{P}^{\mathrm{T}}\boldsymbol{P}=\boldsymbol{I}$。

如果用矩阵 $\boldsymbol{P}$ 对 $\boldsymbol{A}$ 进行正交相似变换，即令

$$\boldsymbol{C}=\boldsymbol{P}^{\mathrm{T}}\boldsymbol{A}\boldsymbol{P}$$

则矩阵 $\boldsymbol{A}$ 与 $\boldsymbol{C}$ 的元素之间有如下关系式。

（1）第 i 行第 i 列及第 j 行第 j 列元素为

$$c_{ii}=a_{ii}\cos^2\theta+a_{jj}\sin^2\theta-a_{ij}\sin 2\theta \tag{4.3.1}$$

$$c_{jj}=a_{ii}\sin^2\theta+a_{jj}\cos^2\theta+a_{ij}\sin 2\theta \tag{4.3.2}$$

（2）第 i 行第 j 列及第 j 行第 i 列元素为

$$c_{ij}=c_{ji}=\frac{1}{2}(a_{ii}-a_{jj})\sin 2\theta+a_{ij}\cos 2\theta \tag{4.3.3}$$

（3）第 i 行及第 i 列其他元素为

$$c_{ik}=c_{ki}=a_{ik}\cos\theta-a_{jk}\sin\theta,\ \ k\neq i,j \tag{4.3.4}$$

（4）第 j 行及第 j 列其他元素为

$$c_{jk}=c_{kj}=a_{jk}\cos\theta+a_{ik}\sin\theta,\ \ k\neq i,j \tag{4.3.5}$$

（5）其他元素为

$$c_{lk}=a_{lk},\ \ l,k\neq i,j$$

可以验证：

$$c_{il}^2+c_{jl}^2=a_{il}^2+a_{jl}^2,\ \ l\neq i,j \tag{4.3.6}$$

$$c_{ii}^2+c_{jj}^2+2c_{ij}^2=a_{ii}^2+a_{jj}^2+2a_{ij}^2 \tag{4.3.7}$$

引入记号

$$\sigma(\boldsymbol{A})=\sum_{i,j=1}^{n}a_{ij}^2\text{ ，}\quad \tau(\boldsymbol{A})=\sum_{\substack{i,j=1\\ i\neq j}}^{n}a_{ij}^2$$

则由式（4.3.6）和式（4.3.7）可知

$$\sigma(\boldsymbol{C})=\sigma(\boldsymbol{A})\ \ \tau(\boldsymbol{C})=\tau(\boldsymbol{A})-2a_{ij}^2+2c_{ij}^2 \tag{4.3.8}$$

若想经过一次正交相似变换，使得 $c_{ij}=c_{ji}=0$，只需令式（4.3.3）的等号右边为零，即选择角 θ，使得 $\frac{1}{2}(a_{ii}-a_{jj})\sin 2\theta+a_{ij}\cos 2\theta=0$，或

$$\tan 2\theta=\frac{2a_{ij}}{a_{jj}-a_{ii}},\quad |\theta|\leqslant\frac{\pi}{4} \tag{4.3.9}$$

4.3.2 雅可比旋转法

由于一次正交相似变换 $\boldsymbol{A}\to\boldsymbol{C}=\boldsymbol{P}^{\mathrm{T}}\boldsymbol{A}\boldsymbol{P}$ 可将 $\boldsymbol{A}$ 的两个非对角元素化为零元素。因此可选一系列正交变换阵 $\boldsymbol{P}_K$，对 $\boldsymbol{A}$ 进行正交相似变换，直至将 $\boldsymbol{A}$ 化为近似对角阵。

雅可比旋转法的具体算法如下。

（1）在 $\boldsymbol{A}=\boldsymbol{A}_1=(a_{ls}^{(1)})$ 的非对角元素中选取绝对值最大的元素，记为

$$\left|a_{i_1-j_1}^{(1)}\right|=\max_{l\neq s}\left|a_{ls}^{(1)}\right|\neq 0$$

对确定的 i_1,j_1，用式（4.3.9）确定出 θ，从而产生平面旋转阵 $\boldsymbol{P}_1=\boldsymbol{P}_{i_1,j_1}$，约化 $\boldsymbol{A}_1$ 为 $\boldsymbol{A}_2=\boldsymbol{P}_1^{\mathrm{T}}\boldsymbol{A}_1\boldsymbol{P}_1$，且 $\boldsymbol{A}_2=(a_{ls}^{(2)})$ 的非对角元素 $a_{j_1,i_1}^{(2)}=a_{j_1,i_1}^{(2)}=0$。

（2）在 $\boldsymbol{A}_2$ 的非对角元素中选绝对值最大的元素，确定其位置，按式（4.3.9）确定 θ，产生平面旋转阵 $\boldsymbol{P}_2=\boldsymbol{P}_{i_2,j_2}$，并将 $\boldsymbol{A}_2$ 中的 (i_2,j_2) (j_2,i_2) 位置的元素约化为零，得到

$$\boldsymbol{A}_3=\boldsymbol{P}_2^{\mathrm{T}}\boldsymbol{A}_2\boldsymbol{P}_2=\boldsymbol{P}_2^{\mathrm{T}}\boldsymbol{P}_1^{\mathrm{T}}\boldsymbol{A}_1\boldsymbol{P}_1\boldsymbol{P}_2$$

（3）如此继续做下去，可得一系列平面旋转阵 $\boldsymbol{P}_k=\boldsymbol{P}_{i_k,j_k}, k=1,2,\cdots$，使得

$$\boldsymbol{A}_{k+1}=\boldsymbol{P}_k^{\mathrm{T}}\cdots\boldsymbol{P}_2^{\mathrm{T}}\boldsymbol{P}_1^{\mathrm{T}}\boldsymbol{A}_1\boldsymbol{P}_1\boldsymbol{P}_2\cdots\boldsymbol{P}_k \tag{4.3.10}$$

当 k 充分大时，$\boldsymbol{A}_k$ 的对角元素可作为矩阵 $\boldsymbol{A}$ 的特征值的近似值。

由于每一次变换都会将 $\boldsymbol{A}$ 的两个非对角元素化为零，由式（4.3.8）可知

$$\tau(\boldsymbol{A}_k)=\tau(\boldsymbol{A}_{k-1})-2\left(a_{ij}^{(k-1)}\right)^2+2\left(a_{ij}^{(k)}\right)^2=\tau(\boldsymbol{A}_{k-1})-2\left(a_{ij}^{(k-1)}\right)^2$$

进一步，由于消掉的是非对角元素绝对值最大的两个，可知

$$\left(a_{ij}^{(k-1)}\right)^2\geqslant\frac{1}{n(n-1)}\tau(\boldsymbol{A}_{k-1})$$

即有

$$\tau(\boldsymbol{A}_k) \leqslant \tau(\boldsymbol{A}_{k-1}) - \frac{2}{n(n-1)}\tau(\boldsymbol{A}_{k-1})$$
$$= \left(1 - \frac{2}{n(n-1)}\right)\tau(\boldsymbol{A}_{k-1}) \leqslant \cdots$$
$$\leqslant \left(1 - \frac{2}{n(n-1)}\right)^{k-1} \tau(\boldsymbol{A}_1) \to 0,\ k \to \infty$$

如果令 $\boldsymbol{S}_k=\boldsymbol{P}_1\boldsymbol{P}_2\cdots\boldsymbol{P}_k$，则 $\boldsymbol{S}_k$ 的各列为相应特征向量的近似值，并且由 $\boldsymbol{S}_k=\boldsymbol{S}_{k-1}\boldsymbol{P}_k$ 得

$$\begin{cases} S_{ip}^{(k)} = S_{ip}^{(k-1)}\cos\theta - S_{iq}^{(k-1)}\sin\theta, \\ S_{iq}^{(k)} = S_{ip}^{(k-1)}\sin\theta + S_{iq}^{(k-1)}\cos\theta, \quad i=1,2,\cdots,n,\ j \neq p,q \\ S_{ij}^{(k)} = S_{ij}^{(k-1)}, \end{cases}$$

这样就不用保留每步的旋转矩阵 $\boldsymbol{P}_k$，而只需存储矩阵 $\boldsymbol{S}_k$。当雅可比旋转法完成时，$\boldsymbol{S}_k$ 的列向量就是所求矩阵 $\boldsymbol{A}$ 的特征向量。雅可比旋转法的 Octave 代码如下所示：

```
function [lamda,eigen_vec] = jacobi (A)
 %To compute SYMMETRICAL matrix A's eigen values to lamda0(lamda)
 %eigen vectors(eigen_vec)
  ep=1e-6; %the error threshold and LOWER LIMIT of numbers
  UP=1e9; %The UPPER LIMIT of numbers
  B = A;
  eigen_vec = eye(size(B));
  while 1
    [max_col,row_label]=max(abs(B-diag(diag(B))));
    [max_B,col_label]=max(max_col);
    if max_B<ep
       break;
    end
    tan2theta=2*B(row_label(col_label),col_label)/(B(col_label,col_label) ...
    -B(row_label(col_label),row_label(col_label)));
    if tan2theta>UP
       sinTheta=sqrt(2)/2;
       cosTheta=sinTheta;
    elseif tan2theta<-UP
       sinTheta=-sqrt(2)/2;
       cosTheta=-sinTheta;
    elseif abs(tan2theta)<ep
       sinTheta=0;
       cosTheta=1;
    else
```

```
        sinTheta=sin(atan(tan2theta)/2);
        cosTheta=cos(atan(tan2theta)/2);
    end
    P=eye(size(B));
    P(row_label(col_label),row_label(col_label))=cosTheta;
    P(col_label,col_label)=cosTheta;
    P(row_label(col_label),col_label)=sinTheta;
    P(col_label,row_label(col_label))=-sinTheta;
    eigen_vec = eigen_vec*P;
    B = P'*B*P;
    lamda = diag(B);
  end
endfunction
```

例 4.5　用雅可比旋转法求矩阵 $\boldsymbol{A}$ 特征值及特征向量。

$$\boldsymbol{A}=\begin{pmatrix}2 & -1 & 0\\ -1 & 2 & 1\\ 0 & 1 & 2\end{pmatrix}$$

解：因为 $(a_{ls}^{(0)})=-1$ 是 $\boldsymbol{A}$ 中所有非主对角线元素中绝对值最大的元素，此时 i=1，j=2，$\cos\theta=\dfrac{1}{\sqrt{2}}$，$\sin\theta=\dfrac{1}{\sqrt{2}}$，于是相应的平面旋转变换矩阵为

$$\boldsymbol{P}_1=\begin{pmatrix}\dfrac{1}{\sqrt{2}} & -\dfrac{1}{\sqrt{2}} & 0\\ \dfrac{1}{\sqrt{2}} & \dfrac{1}{\sqrt{2}} & 0\\ 0 & 0 & 1\end{pmatrix}$$

进行旋转变换后可得

$$\boldsymbol{A}_2=\boldsymbol{P}_1^{\mathrm{T}}\boldsymbol{A}\boldsymbol{P}_1=\begin{pmatrix}1 & 0 & -\dfrac{1}{\sqrt{2}}\\ 0 & 3 & -\dfrac{1}{\sqrt{2}}\\ -\dfrac{1}{\sqrt{2}} & -\dfrac{1}{\sqrt{2}} & 2\end{pmatrix}$$

因为 $(a_{13}^{(1)})=-\dfrac{1}{\sqrt{2}}$ 是 $\boldsymbol{A}_2$ 中所有非主对角线元素中绝对值最大的元素，此时 i=1，j=3，$\cos\theta$=0.8881，$\sin\theta$=−0.4597，于是相应的平面旋转变换矩阵为

$$\boldsymbol{P}_2=\begin{pmatrix}0.8881 & 0 & -0.4597\\ 0 & 1 & 0\\ 0.4597 & 0 & 0.8881\end{pmatrix}$$

进行旋转变换后可得

$$A_3 = P_2^{\mathrm{T}} A_2 P_2 = \begin{pmatrix} 0.6340 & -0.3251 & 0 \\ -0.3251 & 3 & -0.6280 \\ 0 & -0.6280 & 2.3660 \end{pmatrix}$$

如此经过 7 次旋转后，得

$$A_8 = \begin{pmatrix} 0.5858 & 0 & 0 \\ 0 & 3.4142 & 0 \\ 0 & 0 & 2 \end{pmatrix}$$

由此可得矩阵 $\boldsymbol{A}$ 的特征根为

$$\lambda = (0.5858, 3.4142, 2)$$

相应的累次变换矩阵的乘积为

$$P^{\mathrm{T}} = P_1^{\mathrm{T}} P_2^{\mathrm{T}} \cdots P_{10}^{\mathrm{T}} = (p_1, p_2, p_3) = \begin{pmatrix} 0.5 & -0.5 & -0.7 \\ 0.7 & 0.7 & 0 \\ 0.5 & -0.5 & 0.7 \end{pmatrix}$$

即，对应的三个特征向量分别为

$$v_1 = \begin{pmatrix} 0.5 \\ 0.7 \\ 0.5 \end{pmatrix}, \quad v_2 = \begin{pmatrix} -0.5 \\ 0.7 \\ -0.5 \end{pmatrix}, \quad v_3 = \begin{pmatrix} -0.7 \\ 0 \\ 0.7 \end{pmatrix}$$

4.3.3 雅可比过关法

雅可比旋转法每次旋转变换前都要选非零非主对角线元素的最大值，因此工作量较大。本节将介绍雅可比旋转法的改进方法——雅可比过关法。

计算矩阵 $\boldsymbol{A}$ 的非对角元素的平方和，预取阈值

$$\gamma_0 = \left(\sum_{l \neq s}^{n} a_{ls}^2 \right)^{\frac{1}{2}} = [\tau(\boldsymbol{A})]^{\frac{1}{2}} \tag{4.3.11}$$

$$\gamma_1 = \frac{\gamma_0}{n} \tag{4.3.12}$$

对矩阵 $\boldsymbol{A}$ 的非对角元素进行扫描，对 $|a_{ij}| \geqslant \gamma_1$ 的元素进行旋转变换，将 a_{ij} 化为零，其余元素视为“过关”，不做相应的变换。当所有非对角元素的绝对值都小于 γ_1 后，缩小阈值，重复前面的步骤，直到满足 $\gamma_n = \dfrac{\gamma_0}{n^r} \leqslant \varepsilon$，停止计算。

4.4 豪斯霍尔德变换*

豪斯霍尔德（Householder）方法是计算实对称矩阵 $\boldsymbol{A}$ 的全部或部分特征值及其特征向量的

方法。计算过程是首先利用正交相似变换将矩阵 $\boldsymbol{A}$ 约化为对称的三对角矩阵 $\boldsymbol{C}$，然后应用对分法计算 $\boldsymbol{C}$ 的特征值，最后计算相应的特征向量。

4.4.1　实对称矩阵的三对角化

1. 吉文斯旋转变换

对任一实对称矩阵 $\boldsymbol{A}=(a_{ij})_{n\times n}$，用 4.3 节中介绍的旋转变换矩阵 $\boldsymbol{P}$，对矩阵 $\boldsymbol{A}$ 实施若干次正交相似变换 $\boldsymbol{C}=\boldsymbol{P}^{\mathrm{T}}\boldsymbol{A}\boldsymbol{P}$，可以将 $\boldsymbol{A}$ 化为三对角矩阵。这里与雅可比旋转方法不同的是，角 θ 的选取不再是使新矩阵中的元素 $c_{ij}=c_{ji}$ 变成零，而是使某个 $c_{jk}=c_{kj}(k\neq i,j)$ 变为零，即选取角 θ 使

$$c_{jk}=c_{kj}=a_{ij}\cos\theta+a_{ik}\sin\theta=0,\quad k=i,j \tag{4.4.1}$$

事实上，只要取

$$\rho=\frac{1}{\sqrt{a_{ik}^2+a_{jk}^2}}$$

使 $\sin\theta=-\rho a_{jk}$，$\cos\theta=\rho a_{ik}$，就可以实现。记上述旋转矩阵为 $\boldsymbol{P}=\boldsymbol{P}_{i,j,k}$，则相似变换 $\boldsymbol{C}=\boldsymbol{P}_{i,j,k}^{\mathrm{T}}\boldsymbol{A}\boldsymbol{P}_{i,j,k}$ 使元素

$$c_{jk}=c_{kj}=0,\quad k=i,j$$

取 $\boldsymbol{P}_{2,3,1},\boldsymbol{P}_{2,4,1},\cdots,\boldsymbol{P}_{2,n,1};\boldsymbol{P}_{3,4,2},\boldsymbol{P}_{3,5,2},\cdots,\boldsymbol{P}_{3,n,2};\cdots;\boldsymbol{P}_{n-1,n,n-2}$，或对 $i=2,3,\cdots,n-1$ 用 $\boldsymbol{P}_{i,j,i-1}$，$j=i+1,i+2,\cdots,n$ 依次对 $\boldsymbol{A}$ 进行正交相似变换，便可将 $\boldsymbol{A}$ 化为三对角矩阵 $\boldsymbol{C}$。

上述矩阵变换方法就是吉文斯（Givens）旋转变换，其 Octave 代码如下：

```
function B = givens (A)
 %To compute SYMMETRICAL matrix A's Three Diag Matrix
  B = A;
  [m,n]=size(A);
  if m!=n
     return;
  end
  for i=2:m-1
  for j=i+1:m
     k = i-1;
     rho=1/sqrt(B(i,k)*B(i,k)+B(j,k)*B(j,k));
     sinTheta=-rho*B(j,k);
     cosTheta=rho*B(i,k);
     P=eye(size(A));
     P(i,i)=cosTheta;
```

```
        P(j,j)=cosTheta;
        P(i,j)=sinTheta;
        P(j,i)=-sinTheta;
        B = P'*B*P;
      end
    end
endfunction
```

例 4.6 利用吉文斯旋转变换将下述矩阵化为三对角矩阵。

$$\boldsymbol{A}=\begin{pmatrix}1 & 2 & 1 & 2\\ 2 & 2 & -1 & 1\\ 1 & -1 & 1 & 1\\ 2 & 1 & 1 & 1\end{pmatrix}$$

解： 首先约化第一行和第一列，取 i=2, j=3, k=1，这时

$$\rho=1/\sqrt{2^2+1}=0.4472\ ,\quad \sin\theta=-0.4472\ ,\quad \cos\theta=0.8944$$

$$\boldsymbol{P}_{2,3,1}=\begin{pmatrix}1 & 0 & 0 & 0\\ 0 & 0.89442 & -0.4472 & 0\\ 0 & 0.4472 & 0.8944 & 0\\ 0 & 0 & 0 & 1\end{pmatrix}$$

$$\boldsymbol{A}_1=\boldsymbol{P}_{2,3,1}^{\mathrm{T}}\boldsymbol{A}\boldsymbol{P}_{2,3,1}=\begin{pmatrix}1 & 2.2361 & 0 & 2\\ 2.2361 & 1 & -1 & 0\\ 0 & -1 & 2 & 0\\ 2 & 1.3416 & 0.4472 & 1\end{pmatrix}$$

然后约化第二行和第二列，取 i=2,j=4,k=1，此时

$$\rho=1/\sqrt{(2.2361)^2+2^2}=0.3333\ ,\quad \sin\theta=-0.6666\ ,\quad \cos\theta=0.7453$$

$$\boldsymbol{P}_{2,4,1}=\begin{pmatrix}1 & 0 & 0 & 0\\ 0 & 0.7453 & 0 & -0.6666\\ 0 & 0 & 1 & 0\\ 0 & 0.6666 & 0 & 0.7453\end{pmatrix}$$

$$\boldsymbol{A}_2=\boldsymbol{P}_{2,4,1}^{\mathrm{T}}\boldsymbol{A}\boldsymbol{P}_{2,4,1}=\begin{pmatrix}1 & 3 & 0 & 0\\ 3 & 2.3333 & -0.4472 & 0.1491\\ 0 & -0.4472 & 2 & 1\\ 0 & 0.1491 & 1 & -0.3333\end{pmatrix}$$

最后约化第三行和第三列，取 i=3,j=4,k=2，这时

$$\rho=2.1213\ ,\quad \sin\theta=-0.3163\ ,\quad \cos\theta=-0.9486$$

$$P_{3,4,2}=\begin{pmatrix}1&0&0&0\\0&1&0&0\\0&0&-0.9468&-0.3163\\0&0&0.3163&-0.9468\end{pmatrix}$$

所求三对角阵为

$$A_3=\begin{pmatrix}1&3&0&0\\3&2.3333&0.4714&0\\0&0.4714&1.1663&1.5000\\0&0&1.5000&0.5000\end{pmatrix}$$

2. 豪斯霍尔德变换

设 $\boldsymbol{u}\in\mathbf{R}^n$ 为单位向量，即 $\boldsymbol{u}^{\mathrm{T}}\boldsymbol{u}=1$，定义矩阵

$$\boldsymbol{H}=\boldsymbol{I}-2\boldsymbol{u}\boldsymbol{u}^{\mathrm{T}} \tag{4.4.2}$$

称此为**豪斯霍尔德矩阵**，简称 $\boldsymbol{H}$ 矩阵。

豪斯霍尔德矩阵具有下面的性质。

（1）$\boldsymbol{H}^{\mathrm{T}}=\boldsymbol{H}$。

（2）$\boldsymbol{H}^{\mathrm{T}}\boldsymbol{H}=\boldsymbol{H}^2=\boldsymbol{I}$。

（3）由于 $\boldsymbol{Hu}=(\boldsymbol{I}-2\boldsymbol{u}\boldsymbol{u}^{\mathrm{T}})\boldsymbol{u}=-\boldsymbol{u}$，且对任何与 $\boldsymbol{u}^{\mathrm{T}}$ 正交的向量 $\boldsymbol{v}$（$\boldsymbol{u}^{\mathrm{T}}\boldsymbol{v}=\boldsymbol{0}$），有 $\boldsymbol{Hv}=(\boldsymbol{I}-2\boldsymbol{u}\boldsymbol{u}^{\mathrm{T}})\boldsymbol{v}=\boldsymbol{v}$。

（4）对任意向量 $\boldsymbol{x}\in\mathbf{R}^n$，可设 $\boldsymbol{x}=\alpha\boldsymbol{u}+\beta\boldsymbol{v}$，则其 $\boldsymbol{H}$ 变换为 $\boldsymbol{Hx}=\alpha\boldsymbol{Hu}+\beta\boldsymbol{Hv}=-\alpha\boldsymbol{u}+\beta\boldsymbol{v}$，故 $\boldsymbol{H}$ 变换称为镜面反射变换。

（5）对任意非零向量 $\boldsymbol{x},\boldsymbol{y}$，若 $\|\boldsymbol{x}\|_2=\|\boldsymbol{y}\|_2$，则必存在 $\boldsymbol{H}$ 矩阵，使得 $\boldsymbol{Hx}=\boldsymbol{y}$。

3. 豪斯霍尔德变换实现矩阵的三对角化

构造豪斯霍尔德矩阵将 $\boldsymbol{A}$ 化为相似三对角矩阵的过程，可以按逐列（行）的方式进行。现在设 $\boldsymbol{a}^j=(a_1,a_2,\cdots,a_n)^{\mathrm{T}}$ 为矩阵 $\boldsymbol{A}$ 的某一列向量，如果想将此向量的后 $n-(r+1)$ 个分量化为零，可将 $\boldsymbol{a}$ 变成 $\boldsymbol{c}=(a_1,a_2,\cdots,a_r,-\mathrm{sign}(a_{r+1})s,0,\cdots,0)^{\mathrm{T}}$，其中 $s=\left(\sum\limits_{i=r+1}^{n}a_i^2\right)^{\frac{1}{2}}$，$r<n$。不妨假设 $a_{r+1},a_{r+2},\cdots,a_n$ 不全为零，由于 $\|\boldsymbol{a}\|_2=\|\boldsymbol{c}\|_2$，且 $\boldsymbol{a}\neq\boldsymbol{c}$，故存在 $\boldsymbol{H}$ 矩阵，满足 $\boldsymbol{Ha}=\boldsymbol{c}$。若令

$$\boldsymbol{w}=\boldsymbol{a}-\boldsymbol{c}=(0,\cdots,0,a_{r+1}+\mathrm{sign}(a_{r+1})s,a_{r+2},\cdots,a_n)^{\mathrm{T}}$$

$$\lambda=\frac{2}{\|\boldsymbol{w}\|_2^2}=\frac{1}{s(s+\mathrm{sign}(\boldsymbol{a}_{r+1})\boldsymbol{a}_{r+1})} \tag{4.4.3}$$

则 $\boldsymbol{H}$ 矩阵可取为

$$\boldsymbol{H}_\gamma=\boldsymbol{I}-\lambda\boldsymbol{w}\boldsymbol{w}^{\mathrm{T}}=\begin{bmatrix}\boldsymbol{I}_\gamma&0\\0&\boldsymbol{I}_{n-r}-\lambda\tilde{\boldsymbol{w}}\tilde{\boldsymbol{w}}^{\mathrm{T}}\end{bmatrix} \tag{4.4.4}$$

其中 $\tilde{\boldsymbol{w}}=(\boldsymbol{a}_{r+1}+\mathrm{sign}(\boldsymbol{a}_{r+1})s,\boldsymbol{a}_{r+2},\cdots,\boldsymbol{a}_n)^{\mathrm{T}}$。

注意： 由式（4.4.3）可以看出，将向量 $\boldsymbol{c}$ 的第 r+1 个分量的符号设定为$-\mathrm{sign}(\boldsymbol{a}_{r+1})$的目的是使 λ 的分母的绝对值增大，成为 $s(s+\mathrm{sign}(\boldsymbol{a}_{r+1})\boldsymbol{a}_{r+1})=s(s+|\boldsymbol{a}_{r+1}|)$，这样做可增强计算的稳定性。将 $\boldsymbol{A}$ 化为三对角矩阵的具体做法：令 $\boldsymbol{A}_0=\boldsymbol{A}$，先用由式（4.4.4）所定义的 $\boldsymbol{H}$ 矩阵 $\boldsymbol{H}_1$ 将 $\boldsymbol{A}_0$ 的第 1 列中第 3～n 个分量化为零，此时 $\boldsymbol{A}_1=\boldsymbol{H}_1\boldsymbol{A}_0\boldsymbol{H}_1$ 的第 1 行和第 1 列成为三对角的。再按式（4.4.4）构造矩阵 $\boldsymbol{H}_2$，使 $\boldsymbol{A}_2=\boldsymbol{H}_2\boldsymbol{A}_1\boldsymbol{H}_2$ 的第 2 行和第 2 列成为三对角的。如此继续做下去，即可把 $\boldsymbol{A}$ 化成相似的三对角矩阵

$$\boldsymbol{C}=\boldsymbol{A}_{n-2}=\boldsymbol{H}_{n-2}\cdots\boldsymbol{H}_2\boldsymbol{H}_1\boldsymbol{A}\boldsymbol{H}_1\boldsymbol{H}_2\cdots\boldsymbol{H}_{n-2} \tag{4.4.5}$$

实际计算中，不必形成矩阵 $\boldsymbol{H}_k$，也不需要做与 $\boldsymbol{A}_k$ 的矩阵乘法运算。

$$\begin{aligned}\boldsymbol{A}_1&=\boldsymbol{H}_1\boldsymbol{A}_0\boldsymbol{H}_1=(\boldsymbol{I}-\lambda\boldsymbol{w}\boldsymbol{w}^{\mathrm{T}})\boldsymbol{A}(\boldsymbol{I}-\lambda\boldsymbol{w}\boldsymbol{w}^{\mathrm{T}})\\&=\boldsymbol{A}_0-\lambda\boldsymbol{w}\boldsymbol{w}^{\mathrm{T}}\boldsymbol{A}_0-\lambda\boldsymbol{A}_0\boldsymbol{w}\boldsymbol{w}^{\mathrm{T}}+\lambda^2(\boldsymbol{w}^{\mathrm{T}}\boldsymbol{A}_0\boldsymbol{w})\boldsymbol{w}\boldsymbol{w}^{\mathrm{T}}\end{aligned}$$

不妨先依次算出

$$\boldsymbol{p}=\lambda\boldsymbol{A}_0\boldsymbol{w}\,,\quad k=\frac{\lambda^2}{2}(\boldsymbol{w}^{\mathrm{T}}\boldsymbol{A}_0\boldsymbol{w})=\frac{\lambda}{2}\boldsymbol{w}^{\mathrm{T}}\boldsymbol{p}\,,\quad \boldsymbol{q}=\boldsymbol{p}-k\boldsymbol{w}$$

于是从 $\boldsymbol{A}_0$ 到 $\boldsymbol{A}_1$ 的变换便可利用下式计算

$$\boldsymbol{A}_1=\boldsymbol{A}_0-(\boldsymbol{w}\boldsymbol{q}^{\mathrm{T}}+\boldsymbol{q}\boldsymbol{w}^{\mathrm{T}})$$

豪斯霍尔德变换的 Octave 代码如下：

```
function B = householder (A)
 %To compute SYMMETRICAL matrix A's Three Diag Matrix
  B = A;
  [m,n]=size(A);
  if m!=n
     return;
  end
  for i=1:m-2
     w = [zeros(i,1);B(i+1:m,i)];
     s = norm(B(i+1:m,i));
     w(i+1)= w(i+1)+sign(w(i+1))*s;
     lamda = 1/(s*(s+abs(B(i+1,i))));
     p = lamda*B*w;
     k = lamda*w'*p/2;
     q = p - k*w;
     B = B - w*q' -q*w';
  end
endfunction
```

例 4.7 用 $\boldsymbol{H}$ 变换把例 4.6 中的矩阵 $\boldsymbol{A}$ 化为相似的三对角矩阵。

$$A=\begin{pmatrix}1 & 2 & 1 & 2\\ 2 & 2 & -1 & 1\\ 1 & -1 & 1 & 1\\ 2 & 1 & 1 & 1\end{pmatrix}$$

解：首先对第 1 行与第 1 列的元素进行约化，即令 $\boldsymbol{A}_0=\boldsymbol{A}$，取 r=1，此时，有

$$s=\sqrt{2^2+1^2+2^2}=3，\boldsymbol{w}=(0,5,1,2)^{\mathrm{T}}，\lambda=\frac{1}{15}=0.0667$$

$$p=\frac{1}{15}(15,11,-2,8)^{\mathrm{T}}=(1.0,0.7333,-0.1333,0.5333)^{\mathrm{T}}$$

$$k=\frac{2.3}{15}=0.1533，q=(1,-0.0333，-0.2867，-0.2267)^{\mathrm{T}}$$

$$\begin{aligned}\boldsymbol{A}_1&=\boldsymbol{A}_0-(\boldsymbol{w}\boldsymbol{q}^{\mathrm{T}}+\boldsymbol{q}\boldsymbol{w}^{\mathrm{T}})\\&=\begin{pmatrix}1 & -3 & 0 & 0\\ -3 & 2.3333 & 0.4667 & -0.0667\\ 0 & 0.4667 & 1.5733 & 1.3467\\ 0 & -0.0667 & 1.3467 & 0.0933\end{pmatrix}\end{aligned}$$

然后，对第 2 行与第 2 列的元素进行约化，即取 r =2，此时，有

$$s=0.4714，\boldsymbol{w}=(0,0,0.9381,-0.0667)^{\mathrm{T}}，\lambda=2.2614$$

$$\boldsymbol{p}=(0,1.0000,3.1345,2.8428)^{\mathrm{T}}，k=3.1103，\boldsymbol{q}=(0,1.0000,0.2167,3.0503)^{\mathrm{T}}$$

$$\begin{aligned}\boldsymbol{A}_2&=\boldsymbol{A}_1-(\boldsymbol{w}\boldsymbol{q}^{\mathrm{T}}+\boldsymbol{q}\boldsymbol{w}^{\mathrm{T}})\\&=\begin{pmatrix}1 & -3 & 0 & 0\\ -3 & 2.3333 & -0.4714 & 0\\ 0 & -0.4714 & 1.1667 & -1.5003\\ 0 & 0 & -1.5003 & 0.5002\end{pmatrix}\end{aligned}$$

4.4.2　求对称三对角矩阵特征值的对分法

考虑对称的三对角矩阵

$$\boldsymbol{C}=\begin{bmatrix}a_1 & b_1 & & \\ b_1 & a_2 & \ddots & \\ & \ddots & \ddots & b_{n-1}\\ & & b_{n-1} & a_n\end{bmatrix} \tag{4.4.6}$$

这里约定 $b_i\neq0$，i=1,2,⋯,n−1。

记特征矩阵 $\boldsymbol{C}-\lambda\boldsymbol{I}$ 的左上角的 k 阶主子式为 $p_k(\lambda)$，并约定 $p_0(\lambda)=1$，利用行列式的展开公式，可得多项式序列$\{p_k(\lambda)\}$的递推关系式

$$\begin{cases}p_0(\lambda)=1\\ p_1(\lambda)=a_1-\lambda\\ \quad\cdots\cdots\\ p_k(\lambda)=(a_k-\lambda)p_{k-1}(\lambda)-b_{k-1}^2p_{k-2}(\lambda)，k=2,3,\cdots,n\end{cases} \tag{4.4.7}$$

而 $p_n(\lambda)=\det(\boldsymbol{C}-\lambda\boldsymbol{I})$便为矩阵 $\boldsymbol{C}$ 的特征多项式，其 n 个零点即为矩阵 $\boldsymbol{C}$ 的 n 个特征值。

因为 $\boldsymbol{C}$ 为对称矩阵，已知 $p_n(\lambda)=0$，$k=1,2,\cdots,n$ 的根（特征根）都是实根。同时用数学归纳法可以证明：若有 $k(k=1,2,\cdots,n-1)$，使 $p_k(\alpha)=0$，则 $p_{k-1}(\alpha)\ p_{k+1}(\alpha)<0$，且 $p_k(\lambda)$的根把 $p_{k+1}(\lambda)$的根严格地隔离开来，从而每个 $p_k(\lambda)$的根都是单根。

为讨论 $p_k(\lambda)$根的分布情况，对固定的 λ，称序列 $p_0(\lambda),p_1(\lambda),\cdots,p_n(\lambda)$中相邻两数符号相同的个数为同号数，记为 $S(\lambda)$，若某个 $p_k(\lambda)=0$，则规定 $p_k(\lambda)$的符号与 $p_{k-1}(\lambda)$的符号相同。

例如，矩阵

$$\boldsymbol{C}=\begin{bmatrix}2&1&0\\1&2&1\\0&1&2\end{bmatrix}$$

的多项式序列为

$$p_0(\lambda)=1$$

$$p_1(\lambda)=2-\lambda$$

$$p_2(\lambda)=(2-\lambda)^2-1$$

$$p_3(\lambda)=(2-\lambda)^3-2(2-\lambda)$$

对于 $\lambda=-1,0,1,2,3,4$，同号数的值见表 4.3。

表 4.3　同号数的值

λ	-1	0	1	2	3	4
$p_0(\lambda)$	+	+	+	+	+	+
$p_1(\lambda)$	+	+	+	0	−	−
$p_2(\lambda)$	+	+	0	−	0	+
$p_3(\lambda)$	+	+	−	0	+	−
$S(\lambda)$	3	3	2	2	1	0

根据同号数的概念，可以证明下述定理：

定理 4.1　同号数 $S(\lambda)$等于特征方程 $p_n(\lambda)=0$ 在区间$[\lambda,\infty)$上的根的个数。

基于定理 4.1，可用对分法求出三对角矩阵 $\boldsymbol{C}$ 的任何一个特征值。

令矩阵 $\boldsymbol{C}$ 的特征值为$\lambda_1>\lambda_2>\cdots\lambda_{n-1}>\lambda_n$，由矩阵谱半径与范数的关系可知 $\rho(\boldsymbol{C})\leqslant\|\boldsymbol{C}\|_p$（$\|\cdot\|_p$ 可为矩阵的任意一种范数），可见$\|\lambda_i\|\leqslant\|\boldsymbol{C}\|_p$。于是，限制在区间$\left[-\|\boldsymbol{C}\|_p,\|\boldsymbol{C}\|_p\right]$上便可求出矩阵 $\boldsymbol{C}$ 的各个特征值。

假如我们要计算矩阵 $\boldsymbol{C}$ 的第 i 个特征值λ_i，并设$\lambda_i\in[a_0,b_0]$，根据定理 4.1，端点 a_0 和 b_0 应满足 $S(a_0)\geqslant i, S(b_0)\leqslant i$，取区间$[a_0,b_0]$的中点 $c_0=\frac{1}{2}(a_0+b_0)$ 并计算 $S(c_0)$，若 $S(c_0)\geqslant i$，则$\lambda_i\in[c_0,b_0]$，记 $a_1=c_0$，$b_1=b_0$；否则$\lambda_i\in[a_0,c_0]$，此时记 $a_1=c_0$，$b_1=b_0$。如此继续，经过 n 次这样的对分过程得

到包含λ_i的区间，$[a_0,b_0]\supset[a_1,b_1]\supset\cdots\supset[a_n,b_n]$，它们的长度依次为$\frac{1}{2^k}(b_0-a_0)$，$k=0,1,\cdots,n$。当 k 充分大时，$[a_k,b_k]$的长度将足够小，此时，可取该区间的中点作为λ_i的近似值。

为避免高次多项式求值计算中容易产生的溢出现象，实际计算 $S(\lambda)$值时，用到的不是多项式序列$\{p_k(\lambda), k=1,2,\cdots,n\}$，而是由下式定义的一个新多项式序列

$$q_1(\lambda)=\frac{p_1(\lambda)}{p_0(\lambda)}=\alpha_1-\lambda$$

$$q_k(\lambda)=\frac{p_k(\lambda)}{p_{k-1}(\lambda)}=\frac{(\alpha_k-\lambda)p_{k-1}(\lambda)-\beta_{k-1}^2 p_{k-2}(\lambda)}{p_{k-1}(\lambda)}$$

$$=\begin{cases}\alpha_k-\lambda-\dfrac{\beta_{k-1}^2}{q_{k-1}(\lambda)}, & p_{k-1}(\lambda)\neq 0, p_{k-2}(\lambda)\neq 0\\ \alpha_k-\lambda, & p_{k-1}(\lambda)\neq 0, p_{k-2}(\lambda)=0\\ -\infty, & p_{k-1}(\lambda)=0, p_{k-2}(\lambda)\neq 0\end{cases}$$

由于不可能发生 $p_{k-1}(\lambda)$和 $p_{k-2}(\lambda)$同时为零的情况，上述序列可改写为

$$q_1(\lambda)=\alpha_1-\lambda$$

$$q_k(\lambda)=\begin{cases}\alpha_k-\lambda-\dfrac{\beta_{k-1}^2}{q_{k-1}(\lambda)}, & q_{k-1}(\lambda)q_{k-2}(\lambda)\neq 0\\ \alpha_k-\lambda, & q_{k-2}(\lambda)=0\\ -\infty, & q_{k-1}(\lambda)=0\end{cases} \tag{4.4.8}$$

这里规定 $q_0(\lambda)=1$。通过计算序列$\{q_1(\lambda),q_2(\lambda),\cdots,q_n(\lambda)\}$中非负项的个数来求同号数 $S(\lambda)$是很方便的。

用对分法求对称三对角矩阵的特征值，具有很大的灵活性，既可求出指定序数的较大或者较小特征值，也可求出属于某个区间的各个特征值。对分法的 Octave 代码如下：

```
function eigen_val = bisection_eig (A, k)
  %To compute the k_th eigen value of a THREE DIAGONAL matrix A
  ep=1e-6;
  [m,n]=size(A);
  SUB_MAX=max(sum(abs(A)));
  up_lim=SUB_MAX;
  low_lim=-SUB_MAX;
  while(up_lim-low_lim)>ep
    mid=(up_lim+low_lim)/2;
    q_val = q_compute (A, mid);
```

```
      same_sym_num=sum(sign(sign(q_val)+1))-1;
      if same_sym_num>=k
         low_lim=mid;
      else
         up_lim=mid;
      end
   end
   eigen_val=(up_lim+low_lim)/2;
endfunction

function q = q_compute (A, lamda)
   %To compute the q_value of a THREE DIAGONAL matrix A at point lamda
   [m,n]=size(A);
   q = ones(m+1,1);
   q(2)=A(1,1)-lamda;
   for i=3:m+1
      if q(i-2)==0
         q(i)=A(i-1,i-1)-lamda;
      elseif q(i-1)==0
         q(i)=-1000;
      else
         q(i)=A(i-1,i-1)-lamda-A(i-1,i-2)*A(i-1,i-2)/q(i-1);
      end
   end
endfunction
```

4.4.3 三对角矩阵特征向量的计算

求出对称三对角矩阵 $\boldsymbol{C}$ 的某一特征值 λ 的近似值 $\tilde{\lambda}$ 之后，再用反幂法求矩阵 $\boldsymbol{C}-\tilde{\lambda}\boldsymbol{I}$ 的按模最小的特征值 λ_0 和相应的特征向量 $\boldsymbol{y}$，则有

$$(\boldsymbol{C}-\tilde{\lambda}\boldsymbol{I})\boldsymbol{y}=\lambda_0\boldsymbol{y} \tag{4.4.9}$$

即

$$\boldsymbol{C}\boldsymbol{y}=(\tilde{\lambda}+\lambda_0)\boldsymbol{y} \tag{4.4.10}$$

由此可见，这里 $\boldsymbol{y}$ 便是矩阵 $\boldsymbol{C}$ 的相应于特征值 λ 的特征向量，并可得到特征值 λ 的更精确的近似值 $\tilde{\lambda}+\lambda_0$。

由于对称三对角矩阵 $\boldsymbol{C}$ 是实对称矩阵 $\boldsymbol{A}$ 经正交相似变换得到的，即存在正交矩阵 $\boldsymbol{Q}$，使

$$\boldsymbol{C}=\boldsymbol{Q}^{\mathrm{T}}\boldsymbol{A}\boldsymbol{Q} \tag{4.4.11}$$

故矩阵 $\boldsymbol{C}$ 与矩阵 $\boldsymbol{A}$ 具有相同的特征值。如果 $\boldsymbol{y}$ 是矩阵 $\boldsymbol{C}$ 的相应于特征值 λ 的特征向量，则 $\boldsymbol{x}=\boldsymbol{Q}\boldsymbol{y}$ 便是 $\boldsymbol{A}$ 的相应于 λ 的特征向量，即有

$$\boldsymbol{A}\boldsymbol{x}=\boldsymbol{A}\boldsymbol{Q}\boldsymbol{y}=\boldsymbol{Q}\boldsymbol{C}\boldsymbol{y}=\boldsymbol{Q}\lambda\boldsymbol{y}=\lambda\boldsymbol{x} \tag{4.4.12}$$

当用豪斯霍尔德变换将矩阵 $\boldsymbol{A}$ 化成矩阵 $\boldsymbol{C}$ 时，由式（4.4.5）可知

$$\boldsymbol{C}=\boldsymbol{A}_{n-2}=\boldsymbol{H}_{n-2}\cdots\boldsymbol{H}_2\boldsymbol{H}_1\boldsymbol{A}\boldsymbol{H}_1\boldsymbol{H}_2\cdots\boldsymbol{H}_{n-2}=\boldsymbol{Q}^{\mathrm{T}}\boldsymbol{A}\boldsymbol{Q} \tag{4.4.13}$$

这里 $\boldsymbol{Q}=\boldsymbol{H}_1\boldsymbol{H}_2\cdots\boldsymbol{H}_{n-2}$ 为正交矩阵。由于每个 $\boldsymbol{H}_k$ 具有 $\boldsymbol{I}-\alpha\boldsymbol{w}\boldsymbol{w}^{\mathrm{T}}$ 的形式，所以向量 $\boldsymbol{x}=\boldsymbol{Q}\boldsymbol{y}$ 的计算可以通过逐次计算

$$\left(\boldsymbol{I}-\alpha\boldsymbol{w}\boldsymbol{w}^{\mathrm{T}}\right)\boldsymbol{y}=\boldsymbol{y}-\alpha\left(\boldsymbol{w}^{\mathrm{T}}\boldsymbol{y}\right)\boldsymbol{w} \tag{4.4.14}$$

来实现，这样每步只需做一次向量的内积运算和一次向量的减法计算即可，避免了矩阵乘向量的运算，原来的矩阵 $\boldsymbol{H}_k$ 也不必形成和保存，只需要保存相应向量 $\boldsymbol{w}$ 中的非零部分 $\tilde{\boldsymbol{w}}$（式（4.4.3）和式（4.4.4））。

当用旋转变换将矩阵 $\boldsymbol{A}$ 化成矩阵 $\boldsymbol{C}$ 时，则有

$$\boldsymbol{Q}=\boldsymbol{P}_{2,3,1},\boldsymbol{P}_{2,4,1},\cdots,\boldsymbol{P}_{2,n,1};\boldsymbol{P}_{3,4,2},\boldsymbol{P}_{3,5,2},\cdots,\boldsymbol{P}_{3,n,2};\cdots;\boldsymbol{P}_{n-1,n,n-2} \tag{4.4.15}$$

因此计算 $\boldsymbol{x}=\boldsymbol{Q}\boldsymbol{y}$ 时，需要逐次用旋转矩阵 $\boldsymbol{R}_{p,q,p-1}$ 乘以向量 $\boldsymbol{y}$。注意这里旋转变换的特殊形式，用它乘以向量只改变向量的两个分量，计算中只需要保留其中 $\cos\theta$ 和 $\sin\theta$ 两个分量并指明这两个分量所在位置 p 和 q 即可。

4.5　*QR* 方法

4.5.1　*QR* 算法的基本思想

QR 算法是目前计算一般矩阵的全部特征值和特征向量的有效方法之一。任何 n 阶矩阵 $\boldsymbol{A}$ 都可以进行正交三角分解，即

$$\boldsymbol{A}=\boldsymbol{Q}\boldsymbol{R}$$

其中，$\boldsymbol{Q}$ 是正交矩阵，$\boldsymbol{R}$ 是上三角矩阵。这种分解称为 ***QR*** 分解，其实质就是将矩阵 $\boldsymbol{A}$ 的列向量进行正交化。***QR*** 分解步骤如下。

记 $\boldsymbol{A}_1=\boldsymbol{A}$，对 $k=1,2\cdots$进行 ***QR*** 分解

$$\boldsymbol{A}_k=\boldsymbol{Q}_k\boldsymbol{R}_k \tag{4.5.1}$$

并构造新的矩阵

$$\boldsymbol{A}_{k+1}=\boldsymbol{R}_k\boldsymbol{Q}_k \tag{4.5.2}$$

便可得到矩阵序列$\{\boldsymbol{A}_k\}$。

由式（4.5.1）可知

$$\boldsymbol{R}_k=\boldsymbol{Q}_k^{\mathrm{T}}\boldsymbol{A}_k \tag{4.5.3}$$

将其代入式（4.5.2），有

$$\boldsymbol{A}_{k+1}=\boldsymbol{Q}_k^{\mathrm{T}}\boldsymbol{A}_k\boldsymbol{Q}_k \tag{4.5.4}$$

即这个矩阵序列是正交相似的，特征值不变。进一步可以证明，矩阵序列$\{\boldsymbol{A}_k\}$收敛于一个上三角矩阵，因此经过上述变换后可以得到矩阵$\boldsymbol{A}$的全部特征值。矩阵的特征向量可以通过反幂法进行计算。

4.5.2 *QR* 分解

矩阵的 $\boldsymbol{QR}$ 分解可以通过多种途径获得。这里介绍两种主要方法，即施密特（Schimidt）正交化方法和吉文斯（Givens）方法。

1. 施密特正交化方法

为了叙述方便，假定矩阵$\boldsymbol{A}$非奇异。下面以n=3为例进行说明，设$\alpha_1,\alpha_2,\alpha_3$是在$R^3$空间中矩阵$\boldsymbol{A}$的各列构成的列向量，它们线性无关。

令$\boldsymbol{\beta}_1'=\boldsymbol{\alpha}_1,\boldsymbol{\beta}_1=\dfrac{\boldsymbol{\beta}_1'}{\|\boldsymbol{\beta}_1'\|_2}$，则$\boldsymbol{\beta}_1$是一个单位长度的向量。再令

$$\boldsymbol{\beta}_2'=\boldsymbol{\alpha}_2-(\boldsymbol{\alpha}_2,\boldsymbol{\beta}_1)\boldsymbol{\beta}_1,\quad \boldsymbol{\beta}_2=\frac{\boldsymbol{\beta}_2'}{\|\boldsymbol{\beta}_2'\|_2}$$

可以验证$(\boldsymbol{\beta}_1,\boldsymbol{\beta}_2)=0$，即$\boldsymbol{\beta}_1$和$\boldsymbol{\beta}_2$正交。

进一步，若令

$$\boldsymbol{\beta}_3'=\boldsymbol{\alpha}_3-(\boldsymbol{\alpha}_3,\boldsymbol{\beta}_1)\boldsymbol{\beta}_1-(\boldsymbol{\alpha}_3,\boldsymbol{\beta}_2)\boldsymbol{\beta}_2$$

则

$$(\boldsymbol{\beta}_3',\boldsymbol{\beta}_1)=(\boldsymbol{\beta}_3',\boldsymbol{\beta}_2)=0$$

即$\boldsymbol{\beta}_3'$和$\boldsymbol{\beta}_1$、$\boldsymbol{\beta}_2$正交。将其单位化

$$\boldsymbol{\beta}_3=\frac{\boldsymbol{\beta}_3'}{\|\boldsymbol{\beta}_3'\|_2}$$

于是

$$\boldsymbol{A}=[\boldsymbol{\alpha}_1,\boldsymbol{\alpha}_2,\boldsymbol{\alpha}_3]=[\boldsymbol{\beta}_1,\boldsymbol{\beta}_2,\boldsymbol{\beta}_3]\begin{bmatrix}\|\boldsymbol{\beta}_1'\|_2 & (\boldsymbol{\alpha}_2,\boldsymbol{\beta}_1) & (\boldsymbol{\alpha}_3,\boldsymbol{\beta}_1)\\ & \|\boldsymbol{\beta}_2'\|_2 & (\boldsymbol{\alpha}_3,\boldsymbol{\beta}_2)\\ & & \|\boldsymbol{\beta}_3'\|_2\end{bmatrix}=\boldsymbol{QR}$$

其中，$\boldsymbol{Q}=[\boldsymbol{\beta}_1,\boldsymbol{\beta}_2,\boldsymbol{\beta}_3]$是正交矩阵，$\boldsymbol{R}$是上三角矩阵。

设$\boldsymbol{A}$为n阶非奇异矩阵，$\boldsymbol{\alpha}_1,\boldsymbol{\alpha}_2,\cdots,\boldsymbol{\alpha}_n$是$\boldsymbol{A}$的各列构成的线性无关的向量。类似地有

$$\beta_1' = \alpha_1, \qquad \beta_1 = \frac{\beta_1'}{\|\beta_1'\|_2}$$

$$\beta_2' = \alpha_2 - (\alpha_2, \beta_1)\beta_1, \qquad \beta_2 = \frac{\beta_2'}{\|\beta_2'\|_2}$$

$$\beta_3' = \alpha_3 - (\alpha_3, \beta_1)\beta_1 - (\alpha_3, \beta_2)\beta_2, \qquad \beta_3 = \frac{\beta_3'}{\|\beta_3'\|_2}$$

$$\cdots\cdots \qquad \cdots\cdots$$

$$\beta_n' = \alpha_n - \sum_{j=1}^{n-1}(\alpha_n, \beta_j)\beta_j, \qquad \beta_n = \frac{\beta_n'}{\|\beta_n'\|_2}$$

可以验证$(\beta_i,\beta_j)=0(i\neq j)$，即 β_i 和 β_j 正交。

于是

$$\begin{aligned}
A &= [\alpha_1, \alpha_2, \cdots, \alpha_n] \\
&= [\beta_1, \beta_2, \cdots, \beta_n]\begin{bmatrix} \|\beta_1'\|_2 & (\alpha_2, \beta_1) & (\alpha_3, \beta_1) & \cdots & (\alpha_n, \beta_1) \\ & \|\beta_2'\|_2 & (\alpha_3, \beta_2) & \cdots & (\alpha_n, \beta_2) \\ & & \|\beta_3'\|_2 & \cdots & (\alpha_n, \beta_3) \\ & & & \ddots & \vdots \\ & & & & \|\beta_n'\|_2 \end{bmatrix} \\
&= QR
\end{aligned} \tag{4.5.5}$$

其中，Q 是正交矩阵，R 是上三角矩阵。此方法称为施密特正交化方法。其 Octave 代码如下：

```
function [Q,R]=GSchimidt(A)
% QR Decomposition by Schimidt Method
  R=zeros(size(A));
  for i=1:size(A,1)
      Q (:,i)=A(:,i);
      if i>1
            for j=2:i
                R(j-1,i)=dot(Q(:,i),Q(:,j-1));
                Q(:,i)=Q(:,i)-dot(Q(:,i),Q(:,j-1))*Q(:,j-1);
            endfor
      endif
      R(i,i)=norm(Q(:,i));
      Q(:,i)= Q(:,i)/norm(Q(:,i));
  endfor
endfunction
```

2. 吉文斯方法

我们在 4.3 节中学过将实对称矩阵化为三对角矩阵的吉文斯旋转变换，对于一个一般矩阵，也可以利用吉文斯旋转变换实现其 QR 分解。令

$$P = P_{ij} = \begin{bmatrix} 1 & & & & & & \\ & \ddots & & & & & \\ & & \cos\theta & \dots & \sin\theta & & \\ & & \vdots & \ddots & \vdots & & \\ & & -\sin\theta & \dots & \cos\theta & & \\ & & & & & \ddots & \\ & & & & & & 1 \end{bmatrix}$$

矩阵 $\boldsymbol{P}$ 具有下面的性质。

（1）$\boldsymbol{P}$ 为正交矩阵，即 $\boldsymbol{P}^{-1}=\boldsymbol{P}^{\mathrm{T}}$。

（2）对方阵 $\boldsymbol{A}=(a_{ij})_{n\times n}$，$\boldsymbol{P}(i,j)\boldsymbol{A}$ 只改变 $\boldsymbol{A}$ 中的第 i 行和第 j 行，且

$$\begin{bmatrix} \tilde{a}_{ik} \\ \tilde{a}_{jk} \end{bmatrix} = \begin{bmatrix} \cos\theta & \sin\theta \\ -\sin\theta & \cos\theta \end{bmatrix} \begin{bmatrix} a_{ik} \\ a_{jk} \end{bmatrix}, \quad k = 1,2,\cdots,n \tag{4.5.6}$$

（3）$\boldsymbol{AP}(i,j)$只改变 $\boldsymbol{A}$ 中的第 i 列和第 j 列，且

$$\begin{bmatrix} \tilde{a}_{ik} & \tilde{a}_{jk} \end{bmatrix} = \begin{bmatrix} a_{ik} & a_{jk} \end{bmatrix} \begin{bmatrix} \cos\theta & \sin\theta \\ -\sin\theta & \cos\theta \end{bmatrix}, \quad k = 1,2,\cdots,n \tag{4.5.7}$$

若 a_{ii} 和 a_{ji} 不全为 0，则当取

$$\sin\theta = \frac{a_{ji}}{\sqrt{a_{ii}^2 + a_{ji}^2}}, \quad \cos\theta = \frac{a_{ii}}{\sqrt{a_{ii}^2 + a_{ji}^2}} \tag{4.5.8}$$

$\boldsymbol{P}(i,j)\boldsymbol{A}$ 中位置(i,j)上的元素 $\tilde{a}_{ji} = 0$。

定理 4.2（基于吉文斯变换的矩阵 *QR* 分解） 设矩阵 $\boldsymbol{A}$ 为 n 阶非奇异实方阵，则存在正交矩阵 $\boldsymbol{P}_1,\boldsymbol{P}_2,\cdots,\boldsymbol{P}_{n-1}$ 使得

$$\boldsymbol{P}_{n-1}\cdots\boldsymbol{P}_2\boldsymbol{P}_1\boldsymbol{A}=\boldsymbol{R}\text{（上三角阵）} \tag{4.5.9}$$

从而 $\boldsymbol{A}$ 有 $\boldsymbol{QR}$ 分解：$\boldsymbol{A}=\boldsymbol{QR}$。其中，$\boldsymbol{P}_k$ 为若干个平面旋转变换矩阵的乘积，$\boldsymbol{Q}$ 为正交矩阵$(\boldsymbol{P}_{n-1}\cdots\boldsymbol{P}_2\boldsymbol{P}_1)^{\mathrm{T}}$。当 $\boldsymbol{R}$ 的主对角元素都为正时，分解是唯一的。

吉文斯方法的 Octave 代码如下：

```
function [Q,R]=qrgivens(A)
% QR Decomposition by Givens Method
  n=size(A,1);
  R=A;
  Q=eye(n);
  for i=1:n-1
      for j=i+1:n
            r=1/sqrt(R(i,j)*R(i,j)+R(i,i)*R(i,i));
            cost=R(i,i)*r;
            sint=R(j,i)*r;
            P=eye(n);
```

```
            P(i,i)=cost;
            P(i,j)=sint;
            P(j,i)=-sint;
            P(j,j)=cost;
            R=P*R;
            Q=P*Q;
        endfor
    endfor
    Q=Q';
endfunction
```

4.5.3　*QR* 算法求解矩阵特征值

QR 算法如图 4.2 所给的伪代码所示，其中 diag(***A***)表示由矩阵 ***A*** 的对角元素构成的列向量，式（4.5.1）$\boldsymbol{A}_k=\boldsymbol{Q}_k\boldsymbol{R}_k$ 可由施密特正交化方法或吉文斯方法得到。

```
输入：A；输出：λ1, λ2, …, λn
A1=A, error=100
While (error)>ε
    Ak=QkRk;
    Ak+1=RkQk;                                  算法（4.1）
    error=‖diag(Ak+1)-diag(Ak)‖
Endwhile
Return(diag(Ak+1))
```

图 4.2　*QR* 算法

QR 算法的 Octave 代码如下：

```
function lam=QR42(A,eps)
% To Compute eigen values by QR Decomposition
B1=A;
err=100;
while err>eps
   [Q,R]=qr(B1);%qr could be GSchimidt or qrgivens
   B2=Q*R;
   err=norm(diag(B2-B1),2);
   B1=B2;
end
lam=diag(B2);
endfunction
```

定理 4.3（*QR* 方法的收敛性） 设矩阵 $\boldsymbol{A}=(a_{ij})\in\mathbf{R}^{m\times n}$，并设 $\boldsymbol{A}$ 的特征值 $\lambda_1,\cdots,\lambda_n$ 为实数，且满足 $|\lambda_1|>|\lambda_2|>\cdots>|\lambda_n|$，若取 $\boldsymbol{A}_1=\boldsymbol{A}$，则由 ***QR*** 算法所产生的矩阵序列 $\{\boldsymbol{A}_k\}$ 本质收敛于一个上三角阵。

$$\boldsymbol{A}_k \xrightarrow{\text{本质收敛}} \begin{pmatrix} \lambda_1 & * & \cdots & * \\ & \lambda_2 & \ddots & \vdots \\ & & \ddots & * \\ & & & \lambda_n \end{pmatrix},\quad k\to\infty$$

特别地，若 $\boldsymbol{A}$ 为对称矩阵且满足上述定理条件，则由 ***QR*** 算法确定的矩阵序列 $\{\boldsymbol{A}_k\}$ 本质收敛于对角阵 $\boldsymbol{\Lambda}$，$\boldsymbol{\Lambda}$ 的对角线元素为 $\boldsymbol{A}$ 的全部特征值。

定理 4.3 中“矩阵序列 $\{\boldsymbol{A}_k\}$ 本质收敛于一个上三角阵”的意思是 $\boldsymbol{A}_k$ 的每个对角元素 $a^{(k)}{}_{ii}$ 收敛于 λ_i，而上三角的 * 号位置可以没有极限。定理的证明从略。

例 4.8 设矩阵

$$\boldsymbol{A}=\begin{bmatrix} 2 & 1 & 0 \\ 1 & 3 & 1 \\ 0 & 1 & 4 \end{bmatrix}$$

试用 QR 算法求矩阵 $\boldsymbol{A}$ 的特征值。

解： 令 $\boldsymbol{A}^{(1)}=\boldsymbol{A}$，并对 $\boldsymbol{A}^{(1)}$ 采用施密特正交化进行 ***QR*** 分解。

当 $i=1$ 时

$$\boldsymbol{\beta}_1'=\boldsymbol{\alpha}_1=\begin{bmatrix} 2 \\ 1 \\ 0 \end{bmatrix}$$

$$\|\boldsymbol{\beta}_1'\|=\sqrt{5}$$

$$\boldsymbol{\beta}_1=\frac{\boldsymbol{\beta}_1'}{\|\boldsymbol{\beta}_1'\|}=\frac{1}{\sqrt{5}}\begin{bmatrix} 2 \\ 1 \\ 0 \end{bmatrix}$$

当 $i=2$ 时

$$\boldsymbol{\beta}_2'=\boldsymbol{\alpha}_2-(\boldsymbol{\alpha}_2,\boldsymbol{\beta}_1)\boldsymbol{\beta}_1=\begin{bmatrix} 1 \\ 3 \\ 1 \end{bmatrix}-\begin{bmatrix} 1 & 3 & 1 \end{bmatrix}\begin{bmatrix} \frac{2}{\sqrt{5}} \\ \frac{1}{\sqrt{5}} \\ 0 \end{bmatrix}\begin{bmatrix} \frac{2}{\sqrt{5}} \\ \frac{1}{\sqrt{5}} \\ 0 \end{bmatrix}=\begin{bmatrix} -1 \\ 2 \\ 1 \end{bmatrix}$$

$$\|\boldsymbol{\beta}_2'\|=\sqrt{6}$$

$$\boldsymbol{\beta}_2=\frac{\boldsymbol{\beta}_2'}{\|\boldsymbol{\beta}_2'\|}=\frac{1}{\sqrt{6}}\begin{bmatrix} -1 \\ 2 \\ 1 \end{bmatrix}$$

当 i=3 时

$$\boldsymbol{\beta}_3' = \boldsymbol{\alpha}_3 - (\boldsymbol{\alpha}_3, \boldsymbol{\beta}_1)\boldsymbol{\beta}_1 - (\boldsymbol{\alpha}_3, \boldsymbol{\beta}_2)\boldsymbol{\beta}_2$$

$$= \begin{bmatrix} 0 \\ 1 \\ 4 \end{bmatrix} - \begin{bmatrix} 0 & 1 & 4 \end{bmatrix} \begin{bmatrix} \frac{2}{\sqrt{5}} \\ \frac{1}{\sqrt{5}} \\ 0 \end{bmatrix} \begin{bmatrix} \frac{2}{\sqrt{5}} \\ \frac{1}{\sqrt{5}} \\ 0 \end{bmatrix} - \begin{bmatrix} 0 & 1 & 4 \end{bmatrix} \begin{bmatrix} -\frac{1}{\sqrt{6}} \\ \frac{2}{\sqrt{6}} \\ \frac{1}{\sqrt{6}} \end{bmatrix} \begin{bmatrix} -\frac{1}{\sqrt{6}} \\ \frac{2}{\sqrt{6}} \\ \frac{1}{\sqrt{6}} \end{bmatrix} = \frac{3}{5} \begin{bmatrix} 1 \\ -2 \\ 5 \end{bmatrix}$$

$$\|\boldsymbol{\beta}_3'\| = \frac{3}{5}\sqrt{30}$$

$$\boldsymbol{\beta}_3 = \frac{\boldsymbol{\beta}_3'}{\|\boldsymbol{\beta}_3'\|} = \frac{1}{\sqrt{30}} \begin{bmatrix} 1 \\ -2 \\ 5 \end{bmatrix}$$

于是

$$\boldsymbol{Q}^{(1)} = [\boldsymbol{\beta}_1, \boldsymbol{\beta}_2, \boldsymbol{\beta}_3] = \begin{bmatrix} 0.8944 & -0.4082 & 0.1826 \\ 0.4472 & 0.8165 & -0.3651 \\ 0 & 0.4082 & 0.9129 \end{bmatrix}$$

$$\boldsymbol{R}^{(1)} = \begin{bmatrix} \|\boldsymbol{\beta}_1'\|_2 & (\boldsymbol{\alpha}_2, \boldsymbol{\beta}_1) & (\boldsymbol{\alpha}_3, \boldsymbol{\beta}_1) \\ & \|\boldsymbol{\beta}_2'\|_2 & (\boldsymbol{\alpha}_3, \boldsymbol{\beta}_2) \\ & & \|\boldsymbol{\beta}_3'\|_2 \end{bmatrix} = \begin{bmatrix} 2.2361 & 2.2361 & 0.4472 \\ & 2.4495 & 2.4495 \\ & & 3.2863 \end{bmatrix}$$

从而得到

$$\boldsymbol{A}^{(2)} = \boldsymbol{R}^{(1)}\boldsymbol{Q}^{(1)} = \begin{bmatrix} 3.0000 & 1.0954 & 0 \\ 1.0954 & 3.0000 & 1.3416 \\ 0 & 1.3416 & 3.0000 \end{bmatrix}$$

继续迭代 20 步之后得到

$$\boldsymbol{A}^{(20)} = \begin{bmatrix} 4.7321 & 0.0005 & 0 \\ 0.0005 & 3.0000 & 0 \\ 0 & 0 & 1.2679 \end{bmatrix}$$

近似一个对角矩阵（因为矩阵 $\boldsymbol{A}$ 为对称的，否则应得到一个近似上三角矩阵），可得到其特征值的近似值分别为对角线元素 4.7321,3,1.2679。

采用反幂法，可对特征值进一步精确并同时求出相应的特征向量。

4.6　特征值问题的一些应用

4.6.1　主成分分析与数据降维

主成分分析（Principal Component Analysis，PCA）由卡尔・皮尔逊（Karl Pearson）于 1901

年提出，是一种常用的数据分析方法。它通过线性变换将原始数据变换为一组各维度线性无关的表示，可提取数据的主要特征分量，常用于高维数据的降维。该方法主要是通过对协方差矩阵进行特征分解，以得出数据的主成分（也称主分量，即特征向量）与它们的权值（即特征值）。单个主成分的权值在所有主成分权值中所占的比例为该主成分的贡献率，对于许多实际问题，往往很少的几个主成分的累计贡献率已经很高，意味着它们已经包含了原数据的绝大部分信息。

一般情况下，在实际应用中，数据常被表示为矩阵。矩阵的两个维度分别对应于样本的个数和数据属性的个数，也称为数据的维度。实际数据的维度通常会很大，这样会带来许多问题。一方面高维数据常常包含较高的噪声，会给问题的解决带来干扰；另一方面，高维数据的不同维度之间一般都具有很高的冗余性；此外，许多数学模型对解决高维数据效率较低，甚至无法处理。因此，在实际应用中一般需要先对高维数据降维，然后进行处理。降维自然意味着信息损失，不过鉴于实际数据本身常常存在着相关性，所以可以在降维的同时尽量将信息损失降低，或者换句话说，在降维的同时要尽量保留原有的信息量。

假设有 n 个 m 维数据记录，即数据矩阵 $\boldsymbol{X}$ 为 $m\times n$ 矩阵。用 $\boldsymbol{x}_i$ 表示第 i 个记录的所构成的向量。为了叙述简单，假设数据在所有维度上的均值为 0，并将数据降维到一维子空间。此时，尽量保留原有的信息量可以理解为将数据投影到该一维子空间之后数据的分布“差异性”最大，即方差最大。设一维子空间的单位向量为 $\boldsymbol{w}$，则易知，$\boldsymbol{x}_i$ 到该一维子空间的投影为 $\boldsymbol{w}^{\mathrm{T}}\boldsymbol{x}_i$。因此，数据投影到该一维子空间之后数据的方差为

$$\lambda=\frac{1}{n-1}\sum_{i=1}^{n}\left(\boldsymbol{w}^{\mathrm{T}}\boldsymbol{x}_i\right)^2=\frac{1}{n-1}\sum_{i=1}^{n}\left(\boldsymbol{w}^{\mathrm{T}}\boldsymbol{x}_i\boldsymbol{x}_i^{\mathrm{T}}\boldsymbol{w}\right)=\boldsymbol{w}^{\mathrm{T}}\frac{1}{n-1}\sum_{i=1}^{n}\left(\boldsymbol{x}_i\boldsymbol{x}_i^{\mathrm{T}}\right)\boldsymbol{w}=\boldsymbol{w}^{\mathrm{T}}\boldsymbol{\Sigma}\boldsymbol{w} \tag{4.6.1}$$

其中，$\boldsymbol{\Sigma}=\frac{1}{n-1}\sum_{i=1}^{n}\left(\boldsymbol{x}_i\boldsymbol{x}_i^{\mathrm{T}}\right)=\frac{1}{n-1}\boldsymbol{X}\boldsymbol{X}^{\mathrm{T}}$ 为数据 $\boldsymbol{X}$ 的协方差矩阵。由于 $\boldsymbol{w}$ 是单位向量，因此有

$$\boldsymbol{\Sigma}\boldsymbol{w}=\lambda\boldsymbol{w} \tag{4.6.2}$$

即 λ 和 $\boldsymbol{w}$ 分别为 $\boldsymbol{\Sigma}$ 的特征值和特征向量。至此，问题转化为

$$\underset{\|\boldsymbol{w}\|=1}{\arg\max}\left(\boldsymbol{w}^{\mathrm{T}}\boldsymbol{\Sigma}\boldsymbol{w}\right) \tag{4.6.3}$$

即求 $\boldsymbol{\Sigma}$ 的对应最大特征值的单位特征向量 $\boldsymbol{w}$。注意到协方差矩阵 $\boldsymbol{\Sigma}$ 是对称半正定矩阵，其所有特征值均为大于等于 0 的实数，因此 λ 和 $\boldsymbol{w}$ 一定存在。

下面考虑将数据降维到 k 维（$0<k<m$）的情形。设该 k 维子空间的基底为 $\boldsymbol{W}_{m\times k}$，则 $\boldsymbol{x}_i$ 到该 k 维子空间的投影为 $\boldsymbol{W}^{\mathrm{T}}\boldsymbol{x}_i$，数据 $\boldsymbol{X}$ 到该 k 维子空间的投影为 $\boldsymbol{W}^{\mathrm{T}}\boldsymbol{X}$。此时，降维问题的优化目标除了要求投影各维度的方差尽量大之外，还要求不同维度之间尽量独立，即所谓的协方差尽量接近于 0。投影后的数据 $\boldsymbol{W}^{\mathrm{T}}\boldsymbol{X}$ 的协方差矩阵为

$$
\begin{aligned}
D &= \frac{1}{n-1}\left(\boldsymbol{W}^{\mathrm{T}}\boldsymbol{X}\right)\left(\boldsymbol{W}^{\mathrm{T}}\boldsymbol{X}\right)^{\mathrm{T}} \\
&= \frac{1}{n-1}\boldsymbol{W}^{\mathrm{T}}\boldsymbol{X}\boldsymbol{X}^{\mathrm{T}}\boldsymbol{W} \\
&= \boldsymbol{W}^{\mathrm{T}}\left(\frac{1}{n-1}\boldsymbol{X}\boldsymbol{X}^{\mathrm{T}}\right)\boldsymbol{W} \\
&= \boldsymbol{W}^{\mathrm{T}}\boldsymbol{\Sigma}\boldsymbol{W}
\end{aligned} \tag{4.6.4}
$$

当 k=1 时，D 退化为一个标量，式（4.6.4）即为式（4.6.1）。当 k>1 时，D 是一个 $k\times k$ 的协方差矩阵，如前所述，降至 k 维的目的不仅要求投影后的数据在各个维度上的方差尽可能大，而且要求不同维度之间尽量独立，也就是要求其协方差矩阵 D 尽量接近对角矩阵。

$\boldsymbol{\Sigma}$ 是原数据的协方差矩阵，是实对称的半正定矩阵。实对称矩阵有如下两条性质：

（1）实对称矩阵的不同特征值对应的特征向量必然正交；

（2）设特征值 λ 的重数为 r，则必然存在 r 个线性无关的特征向量对应于 λ，因此可以将这 r 个特征向量单位正交化。

由上面两条性质可知，一个 m 行 m 列的实对称矩阵一定可以找到 m 个正交单位特征向量，设这 m 个单位特征向量分别为 $\boldsymbol{e}_1,\boldsymbol{e}_2,\cdots,\boldsymbol{e}_m$，我们将其所对应的特征值按从大到小的顺序组成一个矩阵 $\boldsymbol{E}$，即

$$\boldsymbol{E}=(\boldsymbol{e}_1,\boldsymbol{e}_2,\cdots,\boldsymbol{e}_m)$$

则对协方差矩阵 $\boldsymbol{\Sigma}$ 有如下结论

$$\boldsymbol{E}^{\mathrm{T}}\boldsymbol{\Sigma}\boldsymbol{E}=\boldsymbol{\Lambda}=\begin{bmatrix}\lambda_1 & & & \\ & \lambda_2 & & \\ & & \ddots & \\ & & & \lambda_n\end{bmatrix} \tag{4.6.5}$$

其中，$\boldsymbol{\Lambda}$ 为对角矩阵，其对角元素为从大到小排列的各特征向量对应的特征值（可能有重复）。事实上，$\boldsymbol{W}$ 取为 $\boldsymbol{\Lambda}$ 的前 k 列组成的矩阵即可满足降维问题的优化目标。以上结论不再给出严格的数学证明，对证明感兴趣的朋友可以参考线性代数书籍关于“实对称矩阵对角化”的内容。

用 $\boldsymbol{W}^{\mathrm{T}}$ 乘以原始数据矩阵 $\boldsymbol{X}$，就得到了降维后的数据矩阵 $\boldsymbol{Y}=\boldsymbol{W}^{\mathrm{T}}\boldsymbol{X}$，再继续左乘矩阵 $\boldsymbol{W}$ 即可得到原始 m 维空间的重构数据 $\boldsymbol{Z}=\boldsymbol{W}\boldsymbol{W}^{\mathrm{T}}\boldsymbol{X}$。

对于 n 个 m 维数据记录构成的矩阵 $\boldsymbol{X}$，用 PCA 降至 k 维的算法步骤如下。

（1）将原始数据按列组成 m 行 n 列矩阵 $\boldsymbol{X}$。

（2）将 $\boldsymbol{X}$ 的每一行（代表一个属性字段）进行零均值化，即减去这一行的均值。

（3）求出协方差矩阵 $\boldsymbol{\Sigma}=\dfrac{1}{n-1}\boldsymbol{X}\boldsymbol{X}^{\mathrm{T}}$。

（4）求出协方差矩阵 $\boldsymbol{\Sigma}$ 的特征值及对应的单位特征向量。

（5）将特征向量按对应特征值大小从左到右排列成矩阵，取前 k 列组成矩阵 $\boldsymbol{W}$。

（6）求出 $\boldsymbol{Y}=\boldsymbol{W}^{\mathrm{T}}\boldsymbol{X}$，即为降到 k 维后的数据。

算法中求特征值和特征向量的方法可以使用 4.2 节～4.5 节所介绍的数值方法，并需要注意协方差矩阵的对称性。

下面我们将给出 PCA 的一个实例。

例 4.9 现有数据矩阵

$$\begin{bmatrix} -1 & -1 & 0 & 2 & 0 \\ -2 & 0 & 0 & 1 & 1 \end{bmatrix}$$

用 PCA 方法将这组二维数据降到一维。

解： 因为这个矩阵的每行已经零均值化，这里我们可以直接求协方差矩阵

$$\boldsymbol{\Sigma} = \frac{1}{4}\begin{bmatrix} -1 & -1 & 0 & 2 & 0 \\ -2 & 0 & 0 & 1 & 1 \end{bmatrix}\begin{bmatrix} -1 & -2 \\ -1 & 0 \\ 0 & 0 \\ 2 & 1 \\ 0 & 1 \end{bmatrix} = \begin{bmatrix} \frac{3}{2} & 1 \\ 1 & \frac{3}{2} \end{bmatrix}$$

然后求其特征值和特征向量，求解后特征值为：$\lambda_1=2$，$\lambda_2=2/5$。

特征值 λ_1 和 λ_2 对应的单位特征向量分别是

$$\boldsymbol{v}_1 = \begin{bmatrix} \frac{1}{\sqrt{2}} \\ \frac{1}{\sqrt{2}} \end{bmatrix}, \quad \boldsymbol{v}_2 = \begin{bmatrix} -\frac{1}{\sqrt{2}} \\ \frac{1}{\sqrt{2}} \end{bmatrix}$$

因此映射矩阵 $\boldsymbol{W}$ 是

$$\boldsymbol{W} = \begin{bmatrix} \frac{1}{\sqrt{2}} & -\frac{1}{\sqrt{2}} \\ \frac{1}{\sqrt{2}} & \frac{1}{\sqrt{2}} \end{bmatrix}$$

可以验证协方差矩阵 $\boldsymbol{\Sigma}$ 的对角化

$$\boldsymbol{W}^{\mathrm{T}}\boldsymbol{\Sigma}\boldsymbol{W} = \begin{bmatrix} \frac{1}{\sqrt{2}} & \frac{1}{\sqrt{2}} \\ -\frac{1}{\sqrt{2}} & \frac{1}{\sqrt{2}} \end{bmatrix}\begin{bmatrix} \frac{6}{5} & \frac{4}{5} \\ \frac{4}{5} & \frac{6}{5} \end{bmatrix}\begin{bmatrix} \frac{1}{\sqrt{2}} & -\frac{1}{\sqrt{2}} \\ \frac{1}{\sqrt{2}} & \frac{1}{\sqrt{2}} \end{bmatrix} = \begin{bmatrix} 2 & 0 \\ 0 & \frac{2}{5} \end{bmatrix}$$

最后，用协方差矩阵 $\boldsymbol{W}$ 的第 1 列的转置乘以数据矩阵，就得到了降维后的表示

$$\boldsymbol{Y} = \begin{bmatrix} \frac{1}{\sqrt{2}} & \frac{1}{\sqrt{2}} \end{bmatrix}\begin{bmatrix} -1 & -1 & 0 & 2 & 0 \\ -2 & 0 & 0 & 1 & 1 \end{bmatrix} = \begin{bmatrix} -\frac{3}{\sqrt{2}} & -\frac{1}{\sqrt{2}} & 0 & \frac{3}{\sqrt{2}} & \frac{1}{\sqrt{2}} \end{bmatrix}$$

降维投影结果如图 4.3 所示。

Octave 中给出了 PCA 算法函数，语句为：

```
coeff = pca(X)
```

矩阵列 $\boldsymbol{X}$ 的行对应于观测，列对应于变量。返回的是(n, p)维数据矩阵的主分量系数。coeff 每列包含一个主成分的系数，列按成分方差的降序排列。

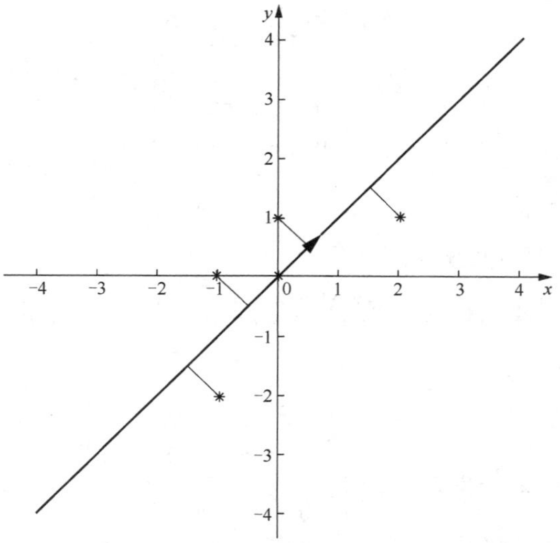

图 4.3　例 4.9 降维投影结果

根据上面对 PCA 数学原理的解释，我们可以了解到 PCA 的能力和限制。PCA 本质上是将方差最大的方向作为主要特征，并且在各个正交方向上将数据“离相关”，也就是让它们在不同的正交方向上没有相关性。PCA 可以很好地解除数据的线性相关性，但是对于高阶相关性就无法处理了。对于存在高阶相关性的数据，可以考虑核 PCA（Kernel PCA），通过核函数将非线性相关性转为线性相关性。另外，PCA 假设数据的各主特征分布在正交方向上，如果在非正交方向上存在几个方差较大的方向，PCA 的效果就大打折扣了。此外，数据除了有不同的属性值之外还有类别标记。这时往往希望将数据从高维空间映射到低维空间之后能够尽可能地将数据按照不同类别分开，线性判别分析（Linear Discriminant Analysis，LDA）是解决此类问题的有效方法。以上几点就不在本书中展开讨论了，感兴趣的读者请查阅相关资料。

4.6.2　奇异值分解

本章前面所讲的特征值分解仅适用于方阵，但是在现实世界中，我们看到的大部分矩阵都不是方阵。如果需要分析的矩阵不是方阵时，应该怎样处理呢？可以用奇异值分解（Singular Value Decomposition，SVD）。奇异值分解可以看作是特征值分解的一种推广，或者说特征值分解可以看作是奇异值分解的一种特例。当矩阵不是方阵时奇异值分解同样适用，因此应用极为广泛。

对于任意矩阵 $\boldsymbol{A}\in\mathbf{R}^{m\times n}$，$rank(\boldsymbol{A})=r$，总可以得到 $\boldsymbol{A}$ 的如下分解

$$\boldsymbol{A}=\boldsymbol{U}_{m\times m}\boldsymbol{\Sigma}_A\boldsymbol{V}_{n\times n}^{\mathrm{T}} \tag{4.6.6}$$

其中，$\boldsymbol{U}$ 和 $\boldsymbol{V}$ 为正交矩阵，分别称为 $\boldsymbol{A}$ 的左右奇异矩阵，其列向量则分别称为 $\boldsymbol{A}$ 的左右奇异向量，而

$$\boldsymbol{\Sigma}_A = \begin{bmatrix} \sigma_1 & \cdots & 0 & 0 \\ \vdots & \ddots & \vdots & \vdots \\ 0 & \cdots & \sigma_r & 0 \\ 0 & \cdots & 0 & 0 \end{bmatrix}_{m\times n} \tag{4.6.7}$$

其中 σ_i 称为矩阵 $\boldsymbol{A}$ 的奇异值。

由式（4.6.6），并且 $\boldsymbol{U}$ 为正交矩阵，有

$$\boldsymbol{A}^{\mathrm{T}}\boldsymbol{A} = \left(\boldsymbol{U}_{m\times m}\boldsymbol{\Sigma}_A\boldsymbol{V}_{n\times n}^{\mathrm{T}}\right)^{\mathrm{T}}\left(\boldsymbol{U}_{m\times m}\boldsymbol{\Sigma}_A\boldsymbol{V}_{n\times n}^{\mathrm{T}}\right) = \boldsymbol{V}_{n\times n}\boldsymbol{\Sigma}_{A^{\mathrm{T}}A}\boldsymbol{V}_{n\times n}^{\mathrm{T}} \tag{4.6.8}$$

其中

$$\boldsymbol{\Sigma}_{A^{\mathrm{T}}A} \equiv \boldsymbol{\Sigma}_A^{\mathrm{T}}\boldsymbol{\Sigma}_A = \begin{bmatrix} (\sigma_1)^2 & \cdots & 0 & 0 \\ \vdots & \ddots & \vdots & \vdots \\ 0 & \cdots & (\sigma_r)^2 & 0 \\ 0 & \cdots & 0 & 0 \end{bmatrix}_{n\times n} \tag{4.6.9}$$

在式（4.6.8）等号两边同时右乘正交矩阵 $\boldsymbol{V}$，可得

$$\left(\boldsymbol{A}^{\mathrm{T}}\boldsymbol{A}\right)\boldsymbol{V}_{n\times n} = \boldsymbol{V}_{n\times n}\boldsymbol{\Sigma}_{A^{\mathrm{T}}A} \tag{4.6.10}$$

注意到等号两边均为一个 $n\times n$ 矩阵，其中第 i 列为

$$\left(\boldsymbol{A}^{\mathrm{T}}\boldsymbol{A}\right)\boldsymbol{v}_i = (\sigma_i)^2\boldsymbol{v}_i \tag{4.6.11}$$

说明了 $\boldsymbol{A}$ 的右奇异向量 $\boldsymbol{v}_i$ 是 $\boldsymbol{A}^{\mathrm{T}}\boldsymbol{A}$ 的特征向量，而 $\boldsymbol{A}^{\mathrm{T}}\boldsymbol{A}$ 的特征值是 $\boldsymbol{A}$ 的奇异值的平方。类似地，可得到

$$\left(\boldsymbol{A}\boldsymbol{A}^{\mathrm{T}}\right)\boldsymbol{u}_i = (\sigma_i)^2\boldsymbol{u}_i \tag{4.6.12}$$

说明了 $\boldsymbol{A}$ 的左奇异向量 $\boldsymbol{u}_i$ 是 $\boldsymbol{A}\boldsymbol{A}^{\mathrm{T}}$ 的特征向量，而 $\boldsymbol{A}\boldsymbol{A}^{\mathrm{T}}$ 的特征值也是 $\boldsymbol{A}$ 的奇异值的平方。

矩阵的奇异值和特征值具有非常类似的性质，若将奇异值在矩阵 $\boldsymbol{\Sigma}$ 中从大到小排列，在很多情况下，前 10%甚至前 1%的奇异值的和就占了全部奇异值之和的绝大部分。也就是说，可以用前 k 个较大的奇异值来近似描述矩阵，这里定义一下**部分奇异值分解**

$$\hat{\boldsymbol{A}}_{m\times n} \approx \boldsymbol{U}_{m\times k}\boldsymbol{\Sigma}_{k\times k}\boldsymbol{V}_{k\times n}^{\mathrm{T}} \tag{4.6.13}$$

其中 k 是一个远小于 m 和 n 的数，右边 3 个矩阵相乘的结果将会是一个接近于 $\boldsymbol{A}$ 的矩阵。k 越接近于 r，则相乘的结果越接近于 $\boldsymbol{A}$。而这 3 个矩阵的面积之和（从存储角度来说，矩阵的面积越小，存储量就越小）要远远小于原始矩阵 $\boldsymbol{A}$ 的面积，如果想要压缩空间来表示原矩阵 $\boldsymbol{A}$，只需存储这里的 3 个矩阵 $\boldsymbol{U}$、$\boldsymbol{\Sigma}$、$\boldsymbol{V}$。

奇异值分解算法的主要步骤如下。

（1）计算 $\boldsymbol{A}^{\mathrm{T}}\boldsymbol{A}$。

（2）计算 $\boldsymbol{A}^{\mathrm{T}}\boldsymbol{A}$ 的特征值，将特征值按照递减的顺序排列，求其平方根，得到 $\boldsymbol{A}$ 的奇异值。

（3）由奇异值构建出对角矩阵 $\boldsymbol{\Sigma}$。

（4）由上述已排列好顺序的特征值求出对应的特征向量，以特征向量为列得到矩阵 $\boldsymbol{V}$。

（5）求出 $U=A\Sigma V^{-1}$。

求特征值和特征向量的方法可以使用本章前面学习过的方法，并注意到 $A^{\mathrm{T}}A$ 是对称矩阵。

例 4.10　我们知道推荐算法中最成功的应用是电影的推荐，把评分矩阵（Rating Matrix）记作 $A\in\mathbf{R}^{m\times n}$，那么矩阵 A 的每一行 A_i 代表一个用户的所有评分，每一列 A_j 代表某一部电影所有用户的评分，A_{ij} 代表某用户 i 对某部电影 j 的评分。不论是对用户还是对电影来说，都具有不同的特征。比如对用户来说，打分的松紧程度、对不同类型电影的偏好等是刻画用户的特征；对电影来说，电影的精彩程度、电影的不同类型属性是电影的特征。可以采用奇异值分解的方法同时对用户和电影的特征进行分析。

首先定义两个矩阵，即用户对特征的偏好程度矩阵 U 和电影对特征的拥有程度矩阵 V。设特征数为 f（f 小于等于评分矩阵 V 的秩），则 $U\in\mathbf{R}^{m\times f}$ 的每一行表示用户，每一列表示用户的一个特征，它们的值表示用户与某一特征的相关性，值越大，表明特征越明显。矩阵 $V\in\mathbf{R}^{n\times f}$ 的每一行表示电影，每一列表示电影的一个特征。那么怎么得到 U 和 V 呢？

已知不同偏好的用户对喜剧和恐怖电影的评分见表 4.4。对评分矩阵为 A 进行奇异值分解，即求满足 $A=U\Sigma V^{\mathrm{T}}$ 的 U、Σ、V。得到的左奇异矩阵 U 和右奇异矩阵 V 即分别对应用户对特征的偏好程度矩阵和电影对特征的拥有程度矩阵。

表 4.4　不同偏好的会员对喜剧和恐怖电影的评分

会员		电影							
		喜剧				恐怖			
偏好	ID	宿醉	东成西就	大话西游	八星报喜	午夜凶铃	咒怨	林中小屋	寂静岭
喜剧	至尊宝	4	4	5	5	2	3	2	3.75
	小小宝	5	5	5	4	2	2	3	1
	流氓兔	5	4	4	5	2	3	1	2
	霹·雳	5	4	5	5	3	2	1	2
	中原不败	4	5	5	4	2	1	3	2
恐怖	魂飞魄散	1	2	3	2	5	3.875	5	5
	荒村少年	3	1	2	2	4	5	4	4
	憨豆豆	2	1	3	2	4	5	4	5
	怪大叔	2	2	3	1	5	5	5	4
	美味僵尸	1	3	2	1	4	5	4	5

按照表 4.4 的定义，可以得到

$$
A^{\mathrm{T}}=\begin{bmatrix}
4 & 5 & 5 & 5 & 4 & 1 & 3 & 2 & 2 & 1\\
4 & 5 & 4 & 4 & 5 & 2 & 1 & 1 & 2 & 3\\
5 & 5 & 4 & 5 & 5 & 3 & 2 & 3 & 3 & 2\\
5 & 4 & 5 & 5 & 4 & 2 & 2 & 2 & 1 & 1\\
2 & 2 & 2 & 3 & 2 & 5 & 4 & 4 & 5 & 4\\
3 & 2 & 3 & 2 & 1 & 3.875 & 5 & 5 & 5 & 5\\
2 & 3 & 1 & 1 & 3 & 5 & 4 & 4 & 5 & 4\\
3.75 & 1 & 2 & 2 & 2 & 5 & 4 & 5 & 4 & 5
\end{bmatrix}
$$

$$
A^{\mathrm{T}}A=\begin{bmatrix}126 & 115 & 133 & 121 & 90 & 95 & 84 & 88\\ 115 & 117 & 129 & 113 & 88 & 90 & 86 & 88\\ 133 & 129 & 151 & 131 & 111 & 114 & 107 & 112\\ 121 & 113 & 131 & 121 & 86 & 90 & 79 & 88\\ 90 & 88 & 111 & 86 & 123 & 128 & 119 & 125\\ 95 & 90 & 114 & 90 & 128 & 142 & 124 & 135\\ 84 & 86 & 107 & 79 & 119 & 124 & 122 & 122\\ 88 & 88 & 112 & 88 & 125 & 135 & 122 & 134\end{bmatrix}
$$

矩阵 $A^{\mathrm{T}}A$ 的非零特征值为{879.7, 130.79, 12.17, 6.4, 3.9}，对应矩阵 A 的非零奇异值为{σ_1=29.7, σ_2=11.4, σ_3=3.5, σ_4=2.5, σ_5=2.0}，由于奇异值（特征的权重）下降的速度非常快，表明矩阵的信息量集中分布在前几个较大的特征值中，本例中提取前 2 个特征，对应的右奇异向量为

$$
\boldsymbol{v}_1=\begin{bmatrix}0.34 & 0.33 & 0.40 & 0.33 & 0.35 & 0.37 & 0.34 & 0.36\end{bmatrix}^{\mathrm{T}}
$$

$$
\boldsymbol{v}_2=\begin{bmatrix}0.39 & 0.34 & 0.28 & 0.40 & -0.31 & -0.36 & -0.34 & -0.36\end{bmatrix}^{\mathrm{T}}
$$

那么对应到影片上，对右奇异向量可以解析为：将特征 1 看作是电影本身精彩程度的特征，将特征 2 看作是有关电影影片类型的特征。每部影片的特征计算结果见表 4.5。

表 4.5 每部影片的特征计算结果

影片类型	片名	特征 1（σ_1=29.7）	特征 2（σ_2=11.4）	得分均值
喜剧	宿醉	0.34	0.39	3.20
	东成西就	0.33	0.34	3.10
	大话西游	0.40	0.29	3.70
	八星报喜	0.33	0.40	3.10
恐怖	午夜凶铃	0.35	−0.31	3.30
	咒怨	0.37	−0.37	3.49
	林中小屋	0.34	−0.34	3.20
	寂静岭	0.36	−0.37	3.38

对应到会员上，对左奇异向量可以解析为：将特征 1 看作是会员打分习惯的特征，将特征 2 看作是会员对影片类型偏好的特征。每位会员的特征计算结果见表 4.6。

表 4.6 每位会员的特征计算结果

偏好	ID	特征 1（σ_1=29.7）	特征 2（σ_2=11.4）	打分平均值
喜剧	至尊宝	0.34	0.23	3.59
	小小宝	0.32	0.34	3.38
	流氓兔	0.31	0.32	3.25
	霹*雳	0.32	0.35	3.38
	中原不败	0.31	0.31	3.25

续表

偏好	ID	特征 1（σ_1=29.7）	特征 2（σ_2=11.4）	打分平均值
恐怖	魂飞魄散	0.32	−0.33	3.36
	荒村少年	0.30	−0.27	3.13
	憨豆豆	0.31	−0.31	3.25
	怪大叔	0.32	−0.34	3.38
	美味僵尸	0.30	−0.34	3.13

根据模型可以估计会员对电影的打分，比如会员魂飞魄散对影片《咒怨》的评分为

$$29.7\times(0.32\times0.37)+11.4\times((-0.33)\times(-0.37))=4.9$$

从会员魂飞魄散的观影历史可以看出他对恐怖类的电影评分较高，对喜剧类的电影普遍评分较低，因此可以推测出他应该喜欢看《咒怨》，模型给出的打分为 4.9，与实际情况是相符的。而原始打分为 3.875，更像是一个噪声数据。

再比如，根据模型估计会员至尊宝对影片《寂静岭》的评分为

$$29.7\times(0.34\times0.36)+11.4\times((0.23)\times(-0.37))=2.6$$

从会员至尊宝的观影历史可以看出他对喜剧类的电影评分较高，对恐怖类的电影普遍评分较低，因此可以推测他应该不喜欢看《寂静岭》，模型给出的打分为 2.6，与实际情况是相符的。同样，我们有理由怀疑原始打分 3.75 的正确性。

对于电影推荐，一般评分矩阵 $\boldsymbol{A}$ 是有空缺的，甚至是严重稀疏的矩阵。对有空缺的矩阵进行奇异值分解是一个非常有趣并有很多应用场景的问题，感兴趣的读者可以查阅相关文献。

另外要指出的是 Octave 给出了奇异值分解函数，语句为：

```
[U,S,V] = svd(A)
```

该语句将执行矩阵 $\boldsymbol{A}$ 的奇异值分解，输出为 $\boldsymbol{A}$ 的 3 个奇异分解矩阵 $\boldsymbol{U}$、$\boldsymbol{S}$、$\boldsymbol{V}$。

4.7　实验——奇异值分解对图像压缩

实验要求：

试用奇异值分解方法对图 4.4 所示的图像压缩（降噪）。设图像矩阵为 Img，做奇异值分解 Img=U∗Sig∗V'。之后可令

图 4.4　原图

```
Img_reduction=U(:,1:r)*Sig(1:r,1:r)*V(:,1:r)'
```

得到压缩后的图像。取不同的 r，试比较压缩后的图像。

解：编写 Octave 代码如下：

```
img=imread("noise.jpg"); %Load Picture
```

```
figure(1) %Show Original Picture
imshow(img)
title('original picture')
[U,S,V]=svd(img);%SVD Decomposition
% Denoise
figure(2)
j=0;
r0=[1:5,8,12,15];
for i=1:1:8%length(r0)
   r=r0(1,i);
   img_reduce=U(:,1:1:r)*S(1:1:r,1:1:r)*V(:,1:1:r)';
   imwrite(img_reduce,strcat('myzero_',num2str(r),'.jpg'),'jpg')
   j=j+1;
   subplot(2,4,j)
   imshow(uint8(img_reduce))
   title(strcat('r=',num2str(r)))
endfor
```

取不同的 r，得到的压缩后的图像如图 4.5 所示。由图中可以看出，在本例中当 r 为 3 和 4 时降噪效果较好；为 r 为 1 和 2 时，压缩比太大，图像信息丢失较多；而当 r 较大时，原始信息基本得到了保留，同时噪声信息也都保留了下来。

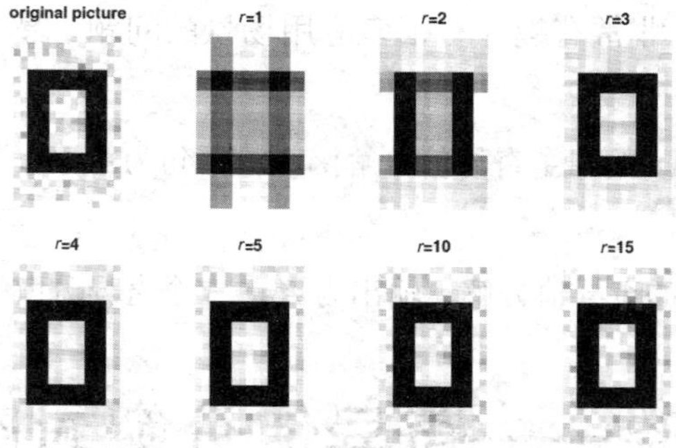

图 4.5　原始图像和取不同 r 时的降噪结果

4.8　延伸阅读

延伸阅读 4：谷歌公司的兴起

4.9　思考题

1. 为何 4.1 节中的链接矩阵 $\boldsymbol{M}$ 一定有值为 1 的特征值？它一定是主特征值吗？

2. 如果规范化乘幂法中的规范化按照

$$\boldsymbol{y}_k = \frac{\boldsymbol{x}_k}{\|\boldsymbol{x}_k\|_2}$$

来进行，算法的收敛性会如何？

4.10　习题

1. 用乘幂法求下列矩阵按模最大的特征值和相应的特征向量。

（1）$\begin{bmatrix} 1 & 1 \\ 0 & 2 \end{bmatrix}$，取 $\boldsymbol{x}^{(0)}=(1,1)^{\mathrm{T}}$。

（2）$\begin{bmatrix} 2 & 3 & 2 \\ 10 & 3 & 4 \\ 3 & 6 & 1 \end{bmatrix}$，取 $\boldsymbol{x}^{(0)}=(1,1,1)^{\mathrm{T}}$。

2. 用反幂法求解下列指定点附近的特征值和特征向量。

（1）$\begin{bmatrix} 4 & 1 & 4 \\ 1 & 10 & 1 \\ 4 & 1 & 10 \end{bmatrix}$，接近 12 的特征值和特征向量。

（2）$\begin{bmatrix} 6 & 2 & 1 \\ 2 & 3 & 1 \\ 1 & 1 & 1 \end{bmatrix}$，接近 6 的特征值和特征向量。

3. 用雅可比方法求解下列矩阵的全部特征值和特征向量。

（1）$\begin{bmatrix} 1 & 1 & 0.5 \\ 1 & 1 & 0.25 \\ 0.5 & 0.25 & 2 \end{bmatrix}$

（2）$\begin{bmatrix} 4 & 1 & 0 \\ 1 & 2 & 1 \\ 0 & 1 & 1 \end{bmatrix}$

4. 用 $\boldsymbol{QR}$ 方法求解下列矩阵的全部特征值（只迭代一步）。

（1）$\begin{bmatrix} 3 & 1 & 0 \\ 1 & 4 & 2 \\ 0 & 2 & 3 \end{bmatrix}$

（2）$\begin{bmatrix} 1 & 4 & 5 \\ 2 & 5 & 6 \\ 2 & 2 & 0 \end{bmatrix}$

4.11 实验题

1. 用规范化的乘幂法计算下列矩阵的最大特征值和特征向量。

（1）$\begin{bmatrix} \frac{49}{8} & -\frac{131}{8} & -\frac{43}{8} \\ \frac{11}{8} & -\frac{17}{8} & -\frac{9}{4} \\ -\frac{1}{2} & \frac{7}{2} & 3 \end{bmatrix}$

（2）$\begin{bmatrix} 7 & 3 & 2 \\ 3 & 4 & -1 \\ -2 & -1 & 3 \end{bmatrix}$

2. 用雅可比过关法计算习题 3 中矩阵（1）的全部特征值和特征向量。

3. 下载 UCI 数据集的 Iris 数据。

该数据共有 150 个样本，4 个属性值，分为 3 个类别。自己编写 PCA 程序，用其计算该数据的 4 个主成分，并求出每个主成分的贡献率。

第5章 函数插值与曲线拟合

5.1 引入——图像缩放

在给出插值的定义之前，我们先来看一下图像的缩放问题。在传统的绘画工具中，有一种叫作“放大尺”的绘画工具，画家常用它来放大图画。当然，在计算机上不再需要用放大尺去放大或缩小图像，可以把这个工作交给计算机程序来完成。下面介绍计算机是如何放大和缩小图像的。

这里所说的图像都指点阵图，也就是用一个像素矩阵来描述图像。而对于另外一种常见的图像类型，即用函数来描述图像的矢量图，不在本书讨论之列。当放大点阵图类型的图像时，像素也会相应地增加，那么这些增加的像素从何而来呢？这时插值方法就派上用场了。插值能够在不生成光学像素的情况下增加图像像素大小，其方法是在缺失像素周围的像素值基础上使用数学公式来计算该缺失像素值。所以在放大图像时，图像看上去会比较平滑、干净。但必须注意的是插值并不能增加图像的光学信息。

常见的图像插值处理方法有 3 种，分别是最近邻插值算法、双线性插值算法、双三次插值算法。下面主要介绍前两种方法。

5.1.1 最近邻插值算法

最近邻插值算法是最简单的一种插值算法。当图片放大时，缺失的像素值通过直接使用与之最接近的原有像素值生成，也就是“照搬”旁边的像素。这样做的结果是会产生明显可见的锯齿。在待求像素的 4 个相邻像素中，将距离待求像素最近的相邻像素值赋给待求像素。例如我们要对图 5.1（a）所示的图片进行放大，为了叙述方便，假设它可以表示为一个 3×3 的 256 级灰度矩阵

$$\boldsymbol{A}=\begin{bmatrix}99 & 88 & 77\\66 & 55 & 44\\33 & 22 & 11\end{bmatrix}$$

其中，矩阵 $\boldsymbol{A}$ 的元素在[0,255]上取值。

现在将这幅图放大成一个 4×4 大小的 256 级灰度图，设其像素矩阵为 $\boldsymbol{B}$，则用 $\boldsymbol{A}$ 矩阵的元素值填充矩阵 $\boldsymbol{B}$ 的元素值。设矩阵的行坐标和列坐标为从 0 开始的整数，B_x 为欲填充的矩阵 $\boldsymbol{B}$ 某个位置的横坐标，B_y 为其纵坐标，A_x 为 $\boldsymbol{B}$ 映射回矩阵 $\boldsymbol{A}$ 之后该位置的横坐标，A_y 为映射后的纵坐标，则有对应关系如下

$$A_x=B_x\times(\boldsymbol{A}\text{ 的列数}/\boldsymbol{B}\text{ 的列数}) \quad (5.1.1)$$

$$A_y=B_y\times(\boldsymbol{A}\text{ 的行数}/\boldsymbol{B}\text{ 的行数}) \quad (5.1.2)$$

A_x 或 A_y 出现小数时，采用四舍五入的方法（也可以采用直接舍掉小数位的方法），把非整数坐标转换成整数。例如，$\boldsymbol{B}(1,0)$映射到 $\boldsymbol{A}$ 的坐标(1,0)，计算方法为

$$(1\times(3/4),\ 0\times(3/4))=>(0.75,0)=>(1,0)$$

由此可得 $\boldsymbol{B}(1,0)=\boldsymbol{A}(1,0)=88$。依次类推，放大后的像素矩阵 $\boldsymbol{B}$ 为

$$\boldsymbol{B}=\begin{bmatrix}99 & 88 & 77 & 77\\ 66 & 55 & 44 & 44\\ 33 & 22 & 11 & 11\\ 33 & 22 & 11 & 11\end{bmatrix}$$

最近邻插值法计算量较小，但可能会造成插值生成的图像灰度上不连续，在灰度变化的地方可能会出现明显的锯齿状，如图 5.1（b）所示。

5.1.2 双线性插值算法

在数学上，双线性插值是有两个变量的插值函数的线性插值扩展，其核心思想是在两个方向上分别进行一次线性插值。

利用式（5.1.1）和式（5.1.2）计算 $\boldsymbol{B}$ 的坐标 B_x 和 B_y，并记 $\boldsymbol{B}$ 的坐标为$(i+u,j+v)$（其中 i、j 分别为 B_x 和 B_y 的整数部分，u、v 分别为 B_x 和 B_y 的小数部分，是取值[0,1)区间的浮点数），则此坐标对应的像素值 $f(i+u,j+v)$可取为

$$f(i+u,j+v)=(1-u)(1-v)\times g(i,j)+(1-u)v\times g(i,j+1)+u(1-v)\times g(i+1,j)+uv\times g(i+1,j+1) \quad (5.1.3)$$

其中 $g(i,j)$表示 $\boldsymbol{A}$ 图像中坐标为(i,j)处的像素值。由此可见，$f(i+u,j+v)$可由 $\boldsymbol{A}$ 图像中坐标为(i,j)、$(i+1,j)$、$(i,j+1)$、$(i+1,j+1)$所对应的周围 4 个像素的值决定。

利用双线性插值可得上面例子经过放大后的像素矩阵 $\boldsymbol{B}$ 为

$$\boldsymbol{B}=\begin{bmatrix}99 & 91 & 83 & 77\\ 74 & 66 & 58 & 52\\ 50 & 41 & 33 & 28\\ 33 & 25 & 17 & 11\end{bmatrix}$$

双线性插值的效果要比线性插值稍好一些，效果如图 5.1（c）所示。而双三次插值方法的效

果要明显好于前两种，计算量也更大。因算法比较复杂，这里不做详细介绍，其插值后的图像效果如图 5.1（d）所示。该算法目前被普遍应用于图像编辑软件、打印机驱动和数码相机上。

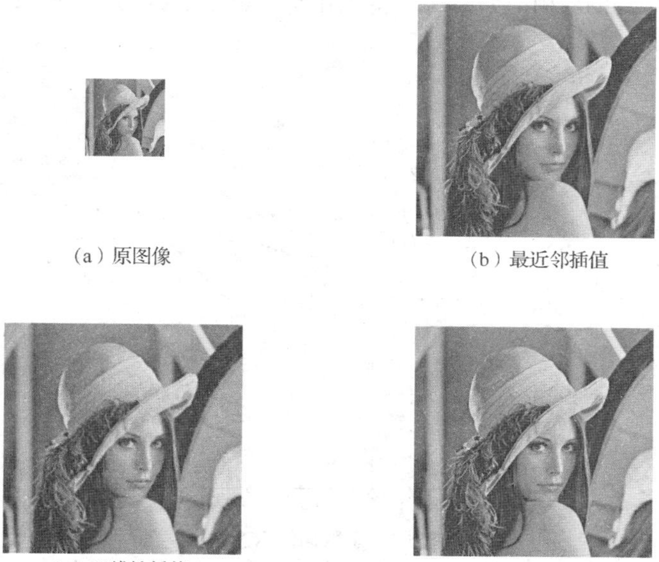

（a）原图像　（b）最近邻插值　（c）双线性插值　（d）双三次插值

图 5.1　三种插值法效果图

许多数码相机厂商将插值算法用在了数码相机上，主要包括插值像素和数码变焦两个方面。插值像素就是前面介绍的通过插值算法来提高图像分辨率的方法，这也被各大厂商广泛宣传。固然其使用的算法比双三次插值算法先进很多，但是图像的细节并不能由算法凭空造出来，因此插值像素具有较大局限性。除了像素分辨率之外，相机的另一个重要指标是变焦能力，包括光学变焦（Optical Zoom）与数码变焦（Digital Zoom）两种。与插值像素一样，数码变焦也是通过插值算法实现的，感兴趣的读者可以查阅相关资料。

5.2　拉格朗日插值法

在求解问题时经常会遇到这样的情况，函数是通过实验和观测得到的，虽然函数关系是客观存在的，但是我们不知道具体的解析表达式，只知道一些离散点上的函数值，因此，希望能对这样的函数用比较简单的表达式近似地给出整体上的描述。还有些函数，虽然有明确的解析表达式，但由于形式复杂，不便于进行分析和计算，我们同样希望构造一个既能反映函数的特性又便于计算的简单函数，近似代替原来的函数。插值法就是一种寻求近似函数的方法，示意图如图 5.2 所示。

早在公元 6 世纪，刘焯（字士元，隋朝天文学家）就将等距二次插值应用于天文计算中；17 世纪，牛顿（Newton）、格雷哥里（Gregory）建立了等距节点上的一般插值公式；18 世纪，拉格朗日（Lagrange）给出了非等距节点上的插值公式。插值方法在数值分析的许多分支（如数值积分、数值微分、微分方程数值解、曲线曲面拟合、函数值近似计算等）均有应用。在生活中，插值也有很广泛的应用，如 5.1.2 节介绍的“插值数码相机”等。那么插值到底要解决什么问题呢？

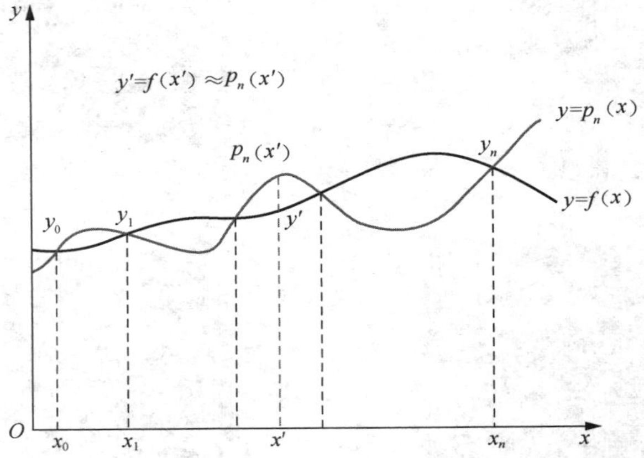

图 5.2　函数插值示意图

下面我们给出一般插值问题的数学描述。

设函数 $y=f(x)$在$[a, b]$上是有定义的，已知 $x_0, x_1,\cdots, x_n\in[a, b]$及 $f(x)$在 $x_i\left(i=0,1,\cdots,n\right)$点的值 $y_i=f(x_i)$或直到 r 阶的导数值 $f^{(k)}(x_i)(k=1,\cdots,r)$，若存在一个简单函数$\varphi(x)$，使

$$\varphi(x_i)=y_i,\quad i=0,1,\cdots,n \tag{5.2.1}$$

或还有

$$\varphi^{(k)}(x_i)=f^{(k)}(x_i),\quad i=0,1,\cdots,n;k=1,2,\cdots,r \tag{5.2.2}$$

成立，则称$\varphi(x)$为**插值函数**，$f(x)$为**被插值函数**，$x_i\,(i=0,1,\cdots,n)$为**插值节点**，$[a,b]$为**插值区间**，式（5.2.1）和式（5.2.2）为**插值条件**，求插值函数$\varphi(x)$的方法为**插值法**。

进一步，我们设 $P_n(x)=a_0+a_1x+a_2x^2+\cdots+a_nx^n$ 为次数不超过 n 的代数多项式，其中 $a_0,a_1,\cdots,a_n$ 为系数。当取插值函数$\varphi(x)=P_n(x)$时，称此插值法为**代数多项式插值**，$P_n(x)$为**代数插值多项式**。

5.2.1　代数插值

如果设函数 $y=f(x)$在$[a,b]$上有定义，$x_0,x_1,\cdots,x_n$为$[a,b]$上 $n+1$ 个互异的点。已知 $f(x)$在点 x_i 的函数值为 y_i，求一个次数不高于 n 的代数多项式 $P_n(x)=a_0+a_1x+a_2x^2+\cdots+a_nx^n$，使之满足

$$P_n(x_i)=y_i,\quad i=0,1,\cdots,n \tag{5.2.3}$$

则这个插值问题就是一个**代数插值问题**。

由式（5.2.3）可知，$P_n(x)$的系数 $a_0,a_1,\cdots,a_n$ 满足

$$\begin{cases} a_0 + a_1x_0 + a_2x_0^2 + \cdots + a_nx_0^n = y_0 \\ a_0 + a_1x_1 + a_2x_1^2 + \cdots + a_nx_1^n = y_1 \\ \quad\cdots\cdots \\ a_0 + a_1x_n + a_2x_n^2 + \cdots + a_nx_n^n = y_n \end{cases} \tag{5.2.4}$$

欲证明 $P_n(x)$存在且唯一，只需要证明 $a_0,a_1,\cdots,a_n$ 存在且唯一即可。式（5.2.4）是一个以 $a_0,a_1,\cdots,a_n$ 作为未知数的 n+1 阶线性代数方程组，此方程组的解存在且唯一的充分必要条件是此方程组系数行列式不为零。由于此方程组的系数行列式

$$V_n(x_0,x_1,\cdots,x_n)=\begin{vmatrix} 1 & x_0 & x_0^2 & \cdots & x_0^n \\ 1 & x_1 & x_1^2 & \cdots & x_1^n \\ \vdots & \vdots & \vdots & \ddots & \vdots \\ 1 & x_n & x_n & \cdots & x_n^n \end{vmatrix}=\prod_{i=1}^{n}\prod_{j=0}^{i-1}(x_i-x_j)$$

是一个范德蒙德（Vandermonde）行列式，利用节点互异，可知$V_n(x_0,x_1,\cdots,x_n)\neq 0$，从而可知此方程组有唯一解，依此可以证明插值多项式 $P_n(x)$是存在且唯一的。

需要注意的是，上面的方法只是证明了插值多项式存在且唯一，通常我们并不使用解线性方程组的方法去求插值多项式，而是采用更简洁的方法去构造插值多项式。

5.2.2　插值余项

函数 $f(x)$的插值多项式 $P_n(x)$只在 $x_0,x_1,\cdots,x_n$ 处有

$$P_n(x_i)=f(x_i)=y_i,\ \ i=0,1,\cdots,n$$

若 $x\neq x_i(i=0,1,\cdots,n)$，则一般有 $P_n(x_i)\neq f(x_i)$。

如果令 $R_n(x)=f(x)-P_n(x)$，则 $R_n(x)$表示用 $P_n(x)$代替 $f(x)$时在点 x 处产生的误差，称其为**插值余项或截断误差项**。

若 $f(x)$在$[a,b]$上有直到 n+1 阶的导数；$x_i(i=0,1,\cdots,n)$互异，为$[a,b]$上的插值节点；$P_n(x)$为 $f(x)$满足式（5.2.3）的 n 次插值多项式，对$[a,b]$上任取的 $x\neq x_i$，记

$$\omega_{n+1}(x)=(x-x_0)(x-x_1)\cdots(x-x_n)$$

$$F(x)=\frac{(f(x)-P_n(x))}{\omega_{n+1}(x)}$$

从而有函数

$$\varphi(t)=f(t)-P_n(t)-F\omega_{n+1}(t)$$

在$t=x,x_0,x_1,\cdots,x_n$ 这 n+2 个点处取零值，反复应用罗尔（Rolle）定理 n+1 次，则至少存在一个点 $\xi\in(a,b)$，使得

$$\varphi^{(n+1)}(\xi)=f^{(n+1)}(\xi)-F(n+1)!=0 \tag{5.2.5}$$

从而有

$$F=\frac{f^{(n+1)}(\xi)}{(n+1)!} \tag{5.2.6}$$

将 F 的表达式代入式(5.2.6)，得到插值余项公式

$$R_n(x)=f(x)-P_n(x)=\frac{f^{(n+1)}(\xi)}{(n+1)!}\omega_{n+1}(x)，\ \xi\in(a,b)$$

由此可得下面的定理。

定理 5.1 设 $f(x)\in\mathbf{C}^n$， $f^{(n+1)}(x)$ 在 (a,b) 上存在，节点 $a\leqslant x_0<x_1<\cdots<x_n\leqslant b$，$p_n(x_j)=f(x_j)(j=0,1,2,\cdots,n)$，则对任何 $x\in[a,b]$ 有

$$R_n(x)=\frac{f^{(n+1)}(\xi)}{(n+1)!}\omega_{n+1}(x)，\ \xi\in(a,b) \tag{5.2.7}$$

其中

$$\omega_{n+1}(x)=(x-x_0)(x-x_1)\cdots(x-x_n)$$

5.2.3 拉格朗日插值公式

构造 n 次多项式 $l_i(x)$，使其满足如下条件

$$l_i(x_k)=\delta_{ik}\equiv\begin{cases}1, & k=i\\0, & k\neq i\end{cases}\quad i,k=0,1,\cdots,n \tag{5.2.8}$$

由于 $l_i(x)$=0 有 n 个根 $x_0,x_1,\cdots,x_{i-1},x_{i+1},\cdots,x_n$，故设

$$l_i(x)=A(x-x_0)(x-x_1)\cdots(x-x_{i-1})(x-x_{i+1})\cdots(x-x_n)$$

由 $l_i(x_i)$=1，可求出

$$A=\frac{1}{(x_i-x_0)(x_i-x_1)\cdots(x_i-x_{i-1})(x_i-x_{i+1})\cdots(x_i-x_n)}$$

则有

$$l_i(x)=\frac{(x-x_0)(x-x_1)\cdots(x-x_{i-1})(x-x_{i+1})\cdots(x-x_n)}{(x_i-x_0)(x_i-x_1)\cdots(x_i-x_{i-1})(x_i-x_{i+1})\cdots(x_i-x_n)}=\prod_{j\neq i}\frac{x-x_j}{x_i-x_j} \tag{5.2.9}$$

称 $l_i(x)$为以 $x_0,x_1,\cdots,x_n$ 为节点的**拉格朗日插值基函数**，则 n 次拉格朗日插值多项式为

$$L_n(x)=l_0(x)y_0+l_1(x)y_1+\cdots+l_n(x)y_n=\sum_{i=0}^{n}l_i(x)y_i=\sum_{i=0}^{n}\left(\prod_{j\neq i}\frac{x-x_j}{x_i-x_j}\right)y_i \tag{5.2.10}$$

拉格朗日插值公式的 Octave 代码如下：

```
functionyi=Lagrangeinterp(X,Y,xi)
  % Compute the Lagrange interpolation at point xi,
  % X is the interpolation point vector, Y is the corresponding values
  n=length(X);
  s=0;
  for i=1:n
```

```
        z=ones(1,length(xi));
        for j=1:n
           if j ~= i
                z=z.*(xi-X(j))./(X(i)-X(j));
           endif
        endfor
      s=s+z*Y(i);
    endfor
    yi=s;
endfunction
```

特殊情况下，如果取 n=1，拉格朗日插值公式（5.2.10）就是线性插值公式；如果取 n=2，就是抛物线插值公式。下面分别讨论这两种简单的拉格朗日插值多项式，了解其构造方法。

1．线性插值

当 n=1 时，由式（5.2.10）可知线性插值（即一次拉格朗日插值）公式为 $L_1(x) = l_0(x)y_0 + l_1(x)y_1$，其中基函数 $l_0(x)$和 $l_1(x)$可由式（5.2.9）确定，即

$$l_0(x)=\frac{x-x_1}{x_0-x_1},\quad l_1(x)=\frac{x-x_0}{x_1-x_0}$$

整理后可得

$$L_1(x)=\frac{x-x_1}{x_0-x_1}y_0+\frac{x-x_0}{x_1-x_0}y_1 \tag{5.2.11}$$

式（5.2.11）即为线性拉格朗日插值多项式。从几何上看，$L_1(x)$为过点(x_0, y_0)和点(x_1, y_1)的一条直线，斜率为 $\frac{y_1-y_0}{x_1-x_0}$，此时直线方程可以写成

$$L_1(x)=y_0+\frac{y_1-y_0}{x_1-x_0}(x-x_0)$$

线性插值的示意图如图 5.3 所示。

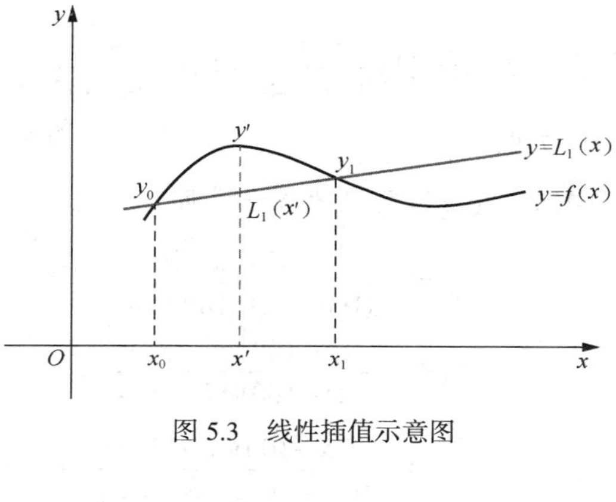

图 5.3　线性插值示意图

2．抛物线插值

当 n=2 时，由式（5.2.10）可知抛物线插值（即二次拉格朗日插值）公式为 $L_2(x) = l_0(x)y_0 +$

$l_1(x)y_1+l_2(x)y_2$，其中基函数 $l_0(x)$、$l_1(x)$和 $l_2(x)$可由公式（5.2.9）确定，即

$$l_0(x)=\frac{(x-x_1)(x-x_2)}{(x_0-x_1)(x_0-x_2)},\quad l_1(x)=\frac{(x-x_0)(x-x_2)}{(x_1-x_0)(x_1-x_2)},\quad l_2(x)=\frac{(x-x_0)(x-x_1)}{(x_2-x_0)(x_2-x_1)}$$

整理后可得

$$L_2(x)=\frac{(x-x_1)(x-x_2)}{(x_0-x_1)(x_0-x_2)}y_0+\frac{(x-x_0)(x-x_2)}{(x_1-x_0)(x_1-x_2)}y_1+\frac{(x-x_0)(x-x_1)}{(x_2-x_0)(x_2-x_1)}y_2 \tag{5.2.12}$$

从几何上看，$L_2(x)$为过点(x_0, y_0)、(x_1, y_1)和(x_2, y_2)的一条抛物线，如图 5.4 所示。

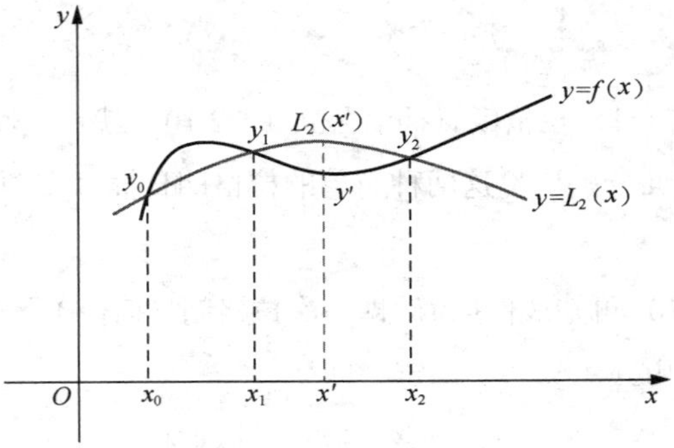

图 5.4　抛物线插值示意图

例 5.1　已知 $\sqrt{100}=10, \sqrt{121}=11, \sqrt{144}=12, \sqrt{169}=13$,求 $\sqrt{125}$ 。

解 1：选择 x_0=121，x_1=144 为插值节点，则

$$l_0(x)=\frac{x-x_1}{x_0-x_1}=\frac{x-144}{121-144}$$

$$l_1(x)=\frac{x-x_0}{x_1-x_0}=\frac{x-121}{144-121}$$

令

$$L_1(x)=l_0(x)y_0+l_1(x)y_1$$

则插值多项式为

$$L_1(x)=11\times\frac{x-144}{121-144}+12\times\frac{x-121}{144-121}$$

故有 $\sqrt{125}\approx L_1(125)=11.17391$ 。

解 2：选取 x_0=100，x_1=121，x_2=144 为插值节点，则

$$l_0(x)=\frac{(x-121)(x-144)}{(100-121)(100-144)}$$

$$l_1(x)=\frac{(x-100)(x-144)}{(121-100)(121-144)}$$

$$l_2(x)=\frac{(x-100)(x-121)}{(144-100)(144-121)}$$

则插值多项式为

$$L_2(x)=10\times l_0(x)+11\times l_1(x)+12\times l_2(x),$$

故有 $\sqrt{125}\approx L_2(125)=11.18107$ 。

对于求解 $\sqrt{125}$ ，采用线性插值、抛物线插值及 3 次拉格朗日插值，其结果与准确值的比较见表 5.1。

表 5.1　几种结果的比较

方法	$\sqrt{125}$
线性插值（n=1）	11.17391
抛物线插值（n=2）	11.18107
拉格朗日插值（n=3）	11.18047
准确值	11.18034

思考：

（1）是否插值多项式的次数越高，结果就越准确？

（2）一般情况下，如何估计拉格朗日插值结果的精度？

（3）图 5.5 画出了多条插值多项式曲线，其中实线曲线是龙格（Runge）函数 $f(x)=\dfrac{1}{1+25x^2}$ ，虚线是 5 阶插值多项式，点线是 9 阶插值多项式。随着阶次的增加，误差逐渐变大，这种现象一般称为龙格现象。试分析龙格现象产生的原因。

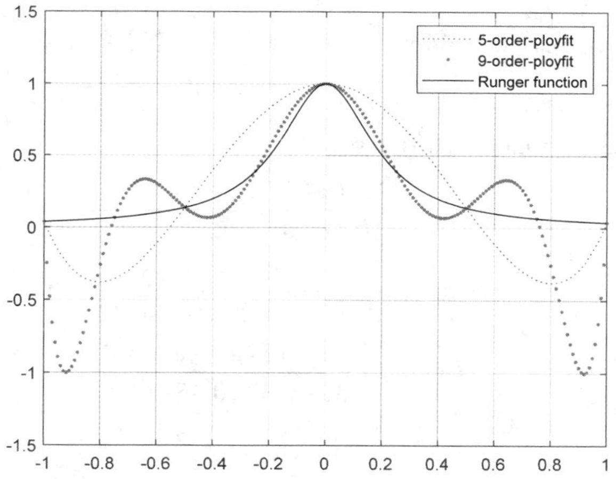

图 5.5　龙格现象

例 5.2　已知函数如表 5.2 所示

表 5.2　函数 sinx

x	0.32	0.34	0.36
sin$x$	0.314567	0.333487	0.352274

分别用线性插值及抛物线插值计算 sin0.3367 的值。

解：（1）用线性插值计算

由定理 5.1 可知误差为

$$R_n(x)=\frac{f^{(n+1)}(\xi)}{(n+1)!}(x-x_0)(x-x_1)\cdots(x-x_n)，\ \xi\in(a,b)$$

因此应尽量选择离 x 近的点作为插值节点，故选择 $x_0=0.32, x_1=0.34$ 为插值节点，则

$$l_0(x)=\frac{x-x_1}{x_0-x_1}=\frac{x-0.34}{0.32-0.34}$$

$$l_1(x)=\frac{x-x_0}{x_1-x_0}=\frac{x-0.32}{0.34-0.32}$$

令

$$L_1(x)=l_0(x)y_0+l_1(x)y_1$$

则插值多项式为 $L_1(x)=0.314567\times\dfrac{x-0.34}{0.32-0.34}+0.333487\times\dfrac{x-0.32}{0.34-0.32}$

故有 $\sin 0.3367\approx L_1(0.3367)=0.330365$。

在区间[0.32, 0.34]上，有

$$|\sin'' x|=|\sin x|\leqslant\sin(0.34)=0.3335$$

于是线性插值的误差满足

$$|R_1(x)|=\left|\frac{f^{(2)}(\xi)}{(2)!}(x-x_0)(x-x_1)\right|\leqslant\frac{0.3335}{2}(0.0167)(0.033)=0.92\times10^{-5}$$

读者可自行计算一下若取 $x_0=0.34, x_1=0.36$ 为插值节点时误差如何。

（2）用抛物线插值计算

选取 $x_0=0.32, x_1=0.34, x_2=0.36$ 为插值节点，则

$$l_0(x)=\frac{(x-0.34)(x-0.36)}{(0.32-0.34)(0.32-0.36)}$$

$$l_1(x)=\frac{(x-0.32)(x-0.36)}{(0.34-0.32)(0.34-0.36)}$$

$$l_2(x)=\frac{(x-0.32)(x-0.34)}{(0.36-0.32)(0.36-0.34)}$$

则插值多项式为

$$L_2(x)=0.314567\times l_0(x)+0.333487\times l_1(x)+0.352274\times l_2(x)$$

故有 $\sin 0.3367\approx L_2(0.3367)=0.330374$。

这个结果的 6 位有效数字已经与精确值完全一样了，说明抛物线插值公式的精度已经相当高了。

5.3 牛顿插值法

拉格朗日插值法不具有承袭性，当有新的节点加入时，只能重新计算全部系数；当阶数较高时，工作量非常大。根据插值多项式的多样性，我们可以构造一种具有承袭性的插值方法，这就是本节要介绍的牛顿插值法。该方法最大的优点是当有新的节点加入时，新的公式只是在原公式的基础上增加一项。

为介绍牛顿插值公式，我们要先介绍差商。

定义 5.1　称函数 $f(x)$于点 $x_i,x_j(x_i \neq x_j)$上的平均变化率为 $f(x)$在 x_i,x_j 处的**一阶差商**，记作 $f[x_i,x_j]$，即

$$f\left[x_i,x_j\right]=\frac{f(x_j)-f(x_i)}{x_j-x_i} \tag{5.3.1}$$

一阶差商的差商为 $f(x)$在点 x_i, x_j, x_k 处的**二阶差商**，记作 $f[x_i, x_j, x_k]$ ，即

$$f\left[x_i,x_j,x_k\right]=\frac{f\left[x_j,x_k\right]-f\left[x_i,x_j\right]}{x_k-x_i} \tag{5.3.2}$$

一般地，在求出 $f(x)$的 $m-1$ 阶差商之后，就可以构造 $f(x)$的 m 阶差商，称

$$f\left[x_{i0},x_{i1},\cdots,x_{im-1},x_{im}\right]=\frac{f\left[x_{i1},\cdots x_{im}\right]-f\left[x_{i0},\cdots,x_{im-1}\right]}{x_{im}-x_{i0}} \tag{5.3.3}$$

为 $f(x)$在点 $x_{i0},x_{i1},\cdots,x_{im}$ 处的 ***m* 阶差商**。特别地，规定零阶差商为 $f[x_i]=f(x_i)$。

下面介绍差商的几个主要性质。

（1）k 阶差商可表示为函数值 $f(x_0),\cdots,f(x_k)$ 的线性组合，即

$$f\left[x_0,\cdots,x_k\right]=\sum_{j=0}^{k}\frac{f(x_j)}{(x_j-x_0)\cdots(x_j-x_{j-1})(x_j-x_{j+1})\cdots(x_j-x_n)} \tag{5.3.4}$$

（2）各阶差商均具有对称性，即改变节点的位置时，差商值不变。

$$f\left[x_0,x_1,x_2,\cdots,x_k\right]=f\left[x_1,x_0,x_2,\cdots,x_k\right]=f\left[x_1,x_2,\cdots,x_k,x_0\right] \tag{5.3.5}$$

（3）差商与导数的关系

$$f\left[x_0,x_1,\cdots x_n\right]=\frac{f^{(n)}(\xi)}{n!},\quad \xi\in\left[a,b\right] \tag{5.3.6}$$

（4）若 $f(x)$是 n 次多项式，则一阶差商是 $n-1$ 次多项式。

各阶差商的计算，可在差商表中进行，差商表具有图 5.6 所示的形式，按照给定顺序 $x_0,x_1,x_2,\cdots,x_n$ ，计算差商表。

节点	零阶差商	一阶差商	二阶差商	三阶差商	四阶差商
x_0	$f(x_0)$				
x_1	$f(x_1)$	$f[x_0,x_1]$			
x_2	$f(x_2)$	$f[x_1,x_2]$	$f[x_0,x_1,x_2]$		
x_3	$f(x_3)$	$f[x_2,x_3]$	$f[x_1,x_2,x_3]$	$f[x_0,x_1,x_2,x_3]$	
x_4	$f(x_4)$	$f[x_3,x_4]$	$f[x_2,x_3,x_4]$	$f[x_1,x_2,x_3,x_4]$	$f[x_0,x_1,x_2,x_3,x_4]$

图 5.6　差商表的计算

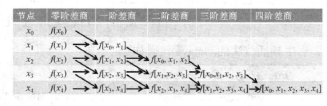

由一阶差商公式 $f[x,x_0]=\dfrac{f[x]-f[x_0]}{x-x_0}$，有

$$f[x]=f[x_0]+(x-x_0)f[x,x_0]$$

类似地，由二阶直至 n 阶差商定义式可以依次推出

$$f[x,x_0]=f[x_0,x_1]+(x-x_1)f[x,x_0,x_1]$$

$$\cdots\cdots$$

$$f[x,x_0,\cdots,x_{n-2}]=f[x_0,x_1,\cdots,x_{n-1}]+(x-x_{n-1})f[x,x_0,\cdots,x_{n-1}]$$

$$f[x,x_0,\cdots,x_{n-1}]=f[x_0,x_1,\cdots,x_n]+(x-x_n)f[x,x_0,\cdots,x_n]$$

依次将后式代入前式，可以得到

$$\begin{aligned}f[x]=&f[x_0]+f[x_0,x_1](x-x_0)+f[x_0,x_1,x_2](x-x_0)(x-x_1)\\&+\cdots+f[x_0,x_1,x_2,\cdots x_n](x-x_0)(x-x_1)\cdots(x-x_{n-1})\\&+f[x,x_0,x_1,x_2,\cdots x_n](x-x_0)(x-x_1)\cdots(x-x_n)\end{aligned} \tag{5.3.7}$$

如果令

$$\begin{aligned}N_n(x)=&f[x_0]+f[x_0,x_1](x-x_0)+f[x_0,x_1,x_2](x-x_0)(x-x_1)\\&+\cdots+f[x_0,x_1,x_2,\cdots x_n](x-x_0)(x-x_1)\cdots(x-x_{n-1})\end{aligned} \tag{5.3.8}$$

$$R(x)=f\left[x,x_0,x_1,x_2,\cdots x_n\right](x-x_0)(x-x_1)\cdots(x-x_n) \tag{5.3.9}$$

则有 $f\left[x\right]=N_n(x)+R(x)$，其中 $N_n(x)$称为 n 次**牛顿插值多项式**；$R(x)$为其所对应的插值余项。

由插值多项式的唯一性可知，当 $f^{(n+1)}(x)$存在时，n 次牛顿插值多项式的余项与 n 次拉格朗日插值多项式的余项相同，即

$$R_n(x)=f(x)-N_n(x)=\frac{f^{(n+1)}(\xi)}{(n+1)!}\omega_{n+1}(x)$$

其中 ξ 介于 $x,x_0,x_1,\cdots,x_n$ 中最大值与最小值之间。

在实际计算中，特别当函数 $f(x)$的高阶导数比较复杂或 $f(x)$的表达式没有给出时，常用差商来表示插值余项公式。由差商与导数的关系式（5.3.6），有

$$R_n(x)=f\left[x_0,x_1,\cdots,x_n,x\right]\omega_{n+1} \tag{5.3.10}$$

其中

$$\omega_{n+1}=(x-x_0)(x-x_1)\cdots(x-x_n)$$

对于牛顿插值公式中的各阶差商，可以由差商表求出，牛顿插值法使用的是图 5.6 所示的差商表的最上一层的斜线部分。当增加一个插值节点时，只需要增加一项就行了，即有

$$N_{n+1}(x)=N_n(x)+f\left[x_0,x_1,\cdots,x_n,x_{n+1}\right](x-x_0)\cdots(x-x_n) \tag{5.3.11}$$

牛顿插值法的 Octave 代码如下：

```
functionyi=Newtonint(X,Y,xi)
  % Compute the Newton interpolation at point xi,
  % X is the interpolation point vector, Y is the corresponding values
```

```
  n=length(X);
  F=DifferenceQuotient(X,Y);%Construct Difference Quotient Form
  yi=0;
  for i=1:n
    Nn=1;
    for j=1:i-1
      Nn=Nn*(xi-X(j));
    end
    yi=yi+F(i,i)*Nn;
  end
endfunction
function F=DifferenceQuotient(X,Y)
  %Construct Difference Quotient form
  n=length(X);
  F=zeros(n);
  F(:,1)=Y';
  for i=2:n
    for j=i:n
      F(j,i)=(F(j,i-1)-F(j-1,i-1))/(X(j)-X(j-i+1));
    end
  end
endfunction
```

牛顿插值法增加新节点时的 Octave 代码如下：

```
functionyni=Newtoninc(newton_ori, X,Y,Xn1,Yn1,xi)
% Update the Newton interpolation of newton_ori by adding a new point (Xn1, Yn1)
% newton_ori is original Newton interpolation based on interpolation point X
% and values Y. Output is the interpolation value function on point xi
  n=length(X);
  F=DifferenceQuotient(X,Y);
  FF=(Yn1-F(n,n))/(Xn1-X(1));
  Nn=1;
  for i=1:n
    Nn=Nn*(xi-X(i));
  endfor
  yni=newton_ori(xi)+FF*Nn*(xi-Xn1);
endfunction
```

例 5.3　已知函数 $f(x) = \mathrm{sh}\, x$ 的函数表（表 5.3 中左侧两列），做插值多项式计算 $f(0.596) =$

sh(0.596)的值。

解：差商表的计算结果见表 5.3。由表 5.3 可以看出其四阶差商相同，则五阶差商为 0，因此可取四次插值多项式，并有余项为 0。根据极小化原理选择 0.40～0.90 这 5 个节点作为插值节点，由式（5.3.8），有

$$N_n(x)=0.41075+1.1160(x-0.4)+0.2800(x-0.4)(x-0.55)$$
$$+0.197(x-0.4)(x-0.55)(x-0.65)+0.034(x-0.4)(x-0.55)(x-0.65)(x-0.8)$$

于是，$f(0.596)=\text{sh}(0.596)\approx N_4(0.596)=0.63192$。

表 5.3　　差商表计算结果

x_k	$f(x_k)$	一阶差商	二阶差商	三阶差商	四阶差商
0.40	<u>0.41075</u>				
0.55	0.57815	<u>1.1160</u>			
0.65	0.69675	1.1860	<u>0.2800</u>		
0.80	0.88811	1.2757	0.3588	<u>0.197</u>	
0.90	1.02652	1.3841	0.4336	0.214	<u>0.034</u>
1.05	1.25386	1.6156	0.5260	0.237	0.034

5.4　三次埃尔米特插值

许多应用问题除了要求构造插值函数在节点上的值与被插函数的值相等外，还要求它的导数值与被插函数的导数值相等，如一阶导数值、高阶导数等。这种插值称为埃尔米特（Hermite）插值。可以按照函数值与导数是否成对出现将埃尔米特插值分成以下两类。

（1）齐次埃尔米特插值，节点处的函数值与导数值成对出现。

（2）非齐次埃尔米特插值，节点处的函数值与导数值不成对出现。

下面我们将分别讨论这两类埃尔米特插值问题的数值解法。

例 5.4　齐次埃尔米特插值问题。

已知下面的函数表 5.4

表 5.4　　齐次埃尔米特插值问题函数表

x	x_0	x_1
y	y_0	y_1
y'	m_0	m_1

构造埃尔米特插值多项式 $H_3(x)$，使得 $H(x_k)=y_k$，$H'(x_k)=m_k\ (k=0,1)$。

解 1：基于插值基函数构造插值多项式。

类似于拉格朗日插值公式的推导，首先构造 4 个插值基函数 $\alpha_0(x)$、$\alpha_1(x)$、$\beta_0(x)$、$\beta_1(x)$，每个都为 3 次多项式，且满足如下条件

$$\begin{aligned} &\alpha_i(x_j)=\begin{cases}1, & j=i, \\ 0, & j\neq i,\end{cases} \quad \alpha_i'(x_j)=0 \\ &\beta_i(x_j)=0, \qquad\qquad \beta_i'(x_j)=\begin{cases}1, & j=i, \\ 0, & j\neq i,\end{cases} \end{aligned} \quad i,j=0,1 \tag{5.4.1}$$

若取

$$\begin{aligned} H_3(x) &= \alpha_0(x)y_0+\alpha_1(x)y_1+\beta_0(x)m_0+\beta_1(x)m_1 \\ &= \sum_{i=0}^{1}\left(\alpha_i(x)y_i+\beta_i(x)m_i\right) \end{aligned} \tag{5.4.2}$$

则容易验证 $H_3(x)$满足埃尔米特插值条件 $H_3(x_k)=x_k, H_3'(x_k)=m_k(k=0, 1)$。

以 $\alpha_0(x)$为例，由式（5.4.1）可知，x_1 为其二重零点，因此必包含因子$(x-x_1)^2$，故可设

$$\alpha_0(x)=(x-x_1)^2(\alpha x+b)$$

其中 a, b 为待定系数。可由 $\alpha_0(x_0)=1$ 和 $\alpha_0'(x_0)=0$ 解出。

同理有

$$\begin{aligned} \alpha_1(x)&=(cx+d)(x-x_0)^2 \\ \beta_0(x)&=e(x-x_0)(x-x_1)^2 \\ \beta_2(x)&=f(x-x_0)^2(x-x_1) \end{aligned}$$

c, d, e, f 为待定系数。将待定系数解出后得到

$$\alpha_0(x)=\left(1+2\frac{x-x_0}{x_1-x_0}\right)\left(\frac{x-x_1}{x_0-x_1}\right)^2 \tag{5.4.3}$$

$$\alpha_1(x)=\left(1+2\frac{x-x_1}{x_0-x_1}\right)\left(\frac{x-x_0}{x_1-x_0}\right)^2 \tag{5.4.4}$$

$$\beta_0(x)=(x-x_0)\left(\frac{x-x_1}{x_0-x_1}\right)^2 \tag{5.4.5}$$

$$\beta_1(x)=(x-x_1)\left(\frac{x-x_0}{x_1-x_0}\right)^2 \tag{5.4.6}$$

将其代入式（5.4.2）中，即可得到满足插值条件的多项式 $H_3(x)$。

此时，插值余项为

$$R_3(x)=\frac{f^4(\xi)}{4!}(x-x_0)^2(x-x_1)^2 \tag{5.4.7}$$

其中

$$\xi\in\left[\min(x,x_0,x_1),\max(x,x_0,x_1)\right]$$

解 2：基于差商构造插值多项式。

5.3 节的牛顿插值法处理的是插值节点只有函数插值条件的情况。在本例中两个插值节点上不仅给出了函数插值条件，而且给出了一阶导数的插值条件。重新定义新的插值节点为 $z_0=z_1=x_0$，$z_2=z_3=x_1$，由差商与导数关系式（5.3.6），有

$$f[z_0,z_1]=f[x_0,x_0]=f'(\xi)=f'(x_0)\text{，因为}\xi\in[x_0,x_0]$$

同样有 $f[z_2,z_3]=f'(x_1)$。因此，可以构建差商表，如表 5.5 所示。

表 5.5 齐次埃尔米特插值问题差商表

插值节点	零阶差商	一阶差商	二阶差商	三阶差商
$z_0=x_0$	$f(z_0)$			
$z_1=x_0$	$f(z_1)$	$f'(x_0)$		
$z_2=x_1$	$f(z_2)$	$f[z_1,z_2]$	$f[z_0,z_1,z_2]$	
$z_3=x_1$	$f(z_3)$	$f'(x_1)$	$f[z_1,z_2,z_3]$	$f[z_0,z_1,z_2,z_3]$

基于上面的差商表，使用牛顿插值多项式的公式，即可构造出埃尔米特插值多项式

$$\begin{aligned}H_3(x)&=f[z_0]+f[z_0,z_1](x-z_0)+f[z_0,z_1,z_2](x-z_0)(x-z_1)\\&\quad+f[z_0,z_1,z_2,z_3](x-z_0)(x-z_1)(x-z_2)\\&=f(x_0)+f'(x_0)(x-x_0)+f[z_0,z_1,z_2](x-x_0)^2\\&\quad+f[z_0,z_1,z_2,z_3](x-x_0)^2(x-x_1)\end{aligned}\tag{5.4.8}$$

插值余项为

$$R_3(x)=f[x,z_0,z_1,z_2,z_3](x-x_0)^2(x-x_1)^2\tag{5.4.9}$$

例 5.5 非齐次埃尔米特插值问题。

已知函数表 5.6

表 5.6 非齐次埃尔米特插值问题函数表

x	x_0	x_1	x_2
y	y_0	y_1	y_2
y'		m_1	

构造埃尔米特插值多项式 $H_3(x)$，使得 $H(x_k)=y_k$，$H'(x_1)=m_1\ (k=0,1,2)$。

解 1：基于插值基函数构造插值多项式。

类似于例 5.4，首先构造 4 个插值基函数 $\alpha_0(x)$、$\alpha_1(x)$、$\beta_0(x)$、$\beta_1(x)$，每个都为 3 次多项式，且满足如下条件

$$\begin{aligned}&\alpha_i(x_j)=\begin{cases}1, & j=i,\\0, & j\neq i,\end{cases}\quad \alpha_i'(x_1)=0\\&\beta_1(x_j)=0,\qquad \beta_1'(x_1)=\begin{cases}1, & j=i,\\0, & j\neq i,\end{cases}\end{aligned}\quad i,j=0,1,2\tag{5.4.10}$$

若取

$$H_3(x)=\alpha_0(x)y_0+\alpha_1(x)y_1+\alpha_2(x)y_2+\beta_1(x)m_1\tag{5.4.11}$$

则容易验证 $H_3(x)$满足埃尔米特插值条件 $H_3(x)=x_k$，$H_3'(x_1)=m_1$，$k=0, 1, 2$。根据多项式零点性质，易知 4 个插值基函数应具有如下形式

$$\alpha_0(x)=A(x-x_1)^2(x-x_2)$$
$$\alpha_1(x)=(Bx+C)(x-x_0)(x-x_2)$$
$$\alpha_2(x)=D(x-x_0)(x-x_1)^2$$
$$\beta_1(x)=E(x-x_0)(x-x_1)(x-x_2)$$

其中 A, B, C, D, E 为待定系数，可根据式（5.4.10）中的非零点条件确定。这样，最后可以得到 4 个插值基函数为

$$\alpha_0(x)=\frac{(x-x_1)^2(x-x_2)}{(x_0-x_1)^2(x_0-x_2)} \tag{5.4.12}$$

$$\alpha_1(x)=\frac{(x-x_0)(x-x_2)}{(x_1-x_0)(x_1-x_2)}(1-(x-x_1)(\frac{1}{x_1-x_0}+\frac{1}{x_1-x_2})) \tag{5.4.13}$$

$$\alpha_2(x)=\frac{(x-x_0)(x-x_1)^2}{(x_2-x_0)(x_2-x_1)^2} \tag{5.4.14}$$

$$\beta_1(x)=\frac{(x-x_0)(x-x_1)(x-x_2)}{(x_1-x_0)(x_1-x_2)} \tag{5.4.15}$$

这样，埃尔米特插值多项式 $H_3(x)$可由式（5.4.11）～式（5.4.15）确定，插值余项为

$$R_3(x)=\frac{f^4(\xi)}{4!}(x-x_0)(x-x_1)^2(x-x_2) \tag{5.4.16}$$

其中

$$\xi\in\left[\min(x,x_0,x_1,x_2),\max(x,x_0,x_1,x_2)\right]$$

解 2：基于差商构造插值多项式。

类似于例 5.4，定义新的插值节点为 $z_0=x_0$，$z_1=z_2=x_1$，$z_3=x_2$，并有 $f[z_1, z_2]=f'(x_1)$，于是构造差商表，如表 5.7 所示。

表 5.7　非齐次埃尔米特插值问题差商表

插值节点	零阶差商	一阶差商	二阶差商	三阶差商
$z_0=x_0$	$f(z_0)$			
$z_1=x_1$	$f(z_1)$	$f[z_0, z_1]$		
$z_2=x_1$	$f(z_2)$	$f'(x_1)$	$f[z_0, z_1, z_2]$	
$z_3=x_2$	$f(z_3)$	$f[z_2, z_3]$	$f[z_1, z_2, z_3]$	$f[z_0, z_1, z_2, z_3]$

则插值多项式具有下面的形式

$$\begin{aligned}H_3(x)&=f\left[z_0\right]+f\left[z_0,z_1\right](x-z_0)+f\left[z_0,z_1,z_2\right](x-z_0)(x-z_1)\\&\quad+f\left[z_0,z_1,z_2,z_3\right](x-z_0)(x-z_1)(x-z_2)\\&=f(x_0)+f\left[z_0,z_1\right](x-x_0)+f\left[z_0,z_1,z_2\right](x-x_0)(x-x_1)\\&\quad+f\left[z_0,z_1,z_2,z_3\right](x-x_0)(x-x_1)^2\end{aligned} \tag{5.4.17}$$

插值余项为

$$R_3(x)=f\left[x,z_0,z_1,z_2,z_3\right](x-x_0)(x-x_1)^2(x-x_2) \tag{5.4.18}$$

5.5 差分与等距节点的插值公式

在计算过程中，常遇到插值节点均匀分布的情况，即节点等距，表示为 $x_i=x_0+ih$ $(i=0,1,\cdots,n)$。其中 h 是正常数，称为**步长**。这时差商及牛顿插值公式可借助差分的概念进行简化。

设函数 $f(x)$在等距节点 $x_i=x_0+ih$ 上的值为 $y_i=f(x_i)$ $(i=0,1,\cdots,n)$。

定义 5.2 称 $y_{i+1}-y_i$ 为函数 $f(x)$在 x_i 节点处的以 h 为步长的一阶向前差分，简称为**一阶差分**，记为 Δy_i，即

$$\Delta y_i = y_{i+1} - y_i \tag{5.5.1}$$

类似地，称节点 x_i 和 x_{i+1} 处的一阶差分的差分 $\Delta y_{i+1}-\Delta y_i$ 为 $f(x)$在点 x_i 处的**二阶差分**，记为

$$\Delta^2 y_i = \Delta y_{i+1} - \Delta y_i$$

一般地，称 $m-1$ 阶差分的差分

$$\Delta^m y_i = \Delta^{m-1} y_{i+1} - \Delta^{m-1} y_i \tag{5.5.2}$$

为 $f(x)$在点 x_i 处的 ***m* 阶差分**。

定义 5.3 称

$$\nabla y_i = y_i - y_{i-1} \tag{5.5.3}$$

为函数 $f(x)$在 x_i 节点处的以 h 为步长的**一阶向后差分**，称

$$\nabla^m y_i = \nabla^{m-1} y_i - \nabla^{m-1} y_{i-1} \tag{5.5.4}$$

为 $f(x)$在 x_i 处以 h 为步长的 ***m* 阶向后差分**。

差分具有下面几条主要性质。

（1）各阶差分均可表示为函数值的线性组合

$$\Delta^m y_i = \sum_{j=0}^{m} (-1)^j \binom{m}{j} y_{i+m-j} \tag{5.5.5}$$

$$\nabla^m y_i = \sum_{j=0}^{m} (-1)^j \binom{m}{j} y_{i-j} \tag{5.5.6}$$

其中

$$\binom{m}{j} = C_m^j = \frac{m!}{j!(m-j)!}$$

（2）差商与向前差分的关系为

$$f[x_i, x_{i+1}, \cdots, x_{i+m}] = \frac{1}{m!h^m} \Delta^m y_i \tag{5.5.7}$$

（3）差商与向后差分的关系为

$$f[x_i, x_{i-1}, \cdots, x_{i-m}] = \frac{1}{m!h^m}\nabla^m y_i \tag{5.5.8}$$

（4）各种差分之间可以转化

$$\nabla^m y_i = \Delta^m y_{i-m} \tag{5.5.9}$$

（5）向前差分与导数的关系为

$$\Delta^m y_i = h^m f^{(m)}(\xi)\ ,\quad \xi \in (x_i, x_{i+m}) \tag{5.5.10}$$

仿照差商表的构造，各种差分计算也可以排列成表，可以构造出**向前差分**（见表 5.8）及**向后差分表**（见表 5.9）。

表 5.8　　向前差分表

x_i	y_i	Δy_i	$\Delta^2 y_i$	$\Delta^3 y_i$	$\Delta^4 y_i$
x_0	y_0				
x_1	y_1	Δy_0			
x_2	y_2	Δy_1	$\Delta^2 y_0$		
x_3	y_3	Δy_2	$\Delta^2 y_1$	$\Delta^3 y_0$	
x_4	y_4	Δy_3	$\Delta^2 y_2$	$\Delta^3 y_1$	$\Delta^4 y_0$

表 5.9　　向后差分表

x_i	y_i	∇y_i	$\nabla^2 y_i$	$\nabla^3 y_i$	$\nabla^4 y_i$
x_4	y_4				
x_3	y_3	∇y_4			
x_2	y_2	∇y_3	$\nabla^2 y_4$		
x_1	y_1	∇y_2	$\nabla^2 y_3$	$\nabla^3 y_4$	
x_0	y_0	∇y_1	$\nabla^2 y_2$	$\nabla^3 y_3$	$\nabla^4 y_4$

利用向前差分，我们能够得到等距节点的牛顿向前插值公式，用来计算函数表靠近前面 x_0 附近（$x \in [x_0, x_1]$，此时 $0<t<1$）的函数值。

$$N_n(x_0 + th) = y_0 + t\Delta y_0 + \frac{t(t-1)}{2!}\Delta^2 y_0 + \cdots + \frac{t(t-1)\cdots(t-n+1)}{n!}\Delta^n y_0 \tag{5.5.11}$$

牛顿向前插值公式的余项为

$$R_n(x_0 + th) = \frac{t(t-1)\cdots(t-n)}{(n+1)!}h^{n+1} f^{(n+1)}(\xi)\ ,\quad \xi \in (x_0, x_n) \tag{5.5.12}$$

利用向后差分，我们能够得到等距节点的牛顿向后插值公式，用来计算函数表靠近后面 x_n 附近（$x \in [x_{n-1}, x_n]$，此时$-1<t<0$）的函数值，因此也称其为表末插值公式。

$$N_n(x_n + th) = y_n + t\nabla y_n + \frac{t(t+1)}{2!}\nabla^2 y_n + \cdots + \frac{t(t+1)\cdots(t+n-1)}{n!}\nabla^n y_n \tag{5.5.13}$$

牛顿向后插值公式的余项为

$$R_n(x_n + th) = \frac{t(t+1)\cdots(t+n)}{(n+1)!}h^{n+1} f^{(n+1)}(\xi)\ ,\quad \xi \in (x_0, x_n) \tag{5.5.14}$$

例 5.6 已知 $f(x)=\sin x$ 的函数表如表 5.10 所示，分别用三次向前、向后插值公式计算 sin0.57891 的值。

表 5.10 $f(x)=\sin x$ 的函数表

x	0.4	0.5	0. 6	0.7
$\sin x$	0.38942	0.47943	0.59464	0.64422

解：首先构造向前差分表如表 5.11 所示。

表 5.11 向前差分表

x_i	y_i	Δy_i	$\Delta^2 y_i$	$\Delta^3 y_i$
0.4	0.38942			
0.5	0.47943	0.09001		
0.6	0.59464	0.08521	−0.0048	
0.7	0.64422	0.07958	−0.0056	0.00083

用三次向前插值公式计算，此时 $t=1.7891$，于是

$$N_3(0.57891)=y_0+t\Delta y_0+\frac{t(t-1)}{2!}\Delta^2 y_0+\frac{t(t-1)(t-2)}{3!}\Delta^3 y_0=0.5471$$

用三次向后插值公式计算，此时 $t=-1.2109$，于是

$$N_3(0.57891)=y_n+t\nabla y_n+\frac{t(t+1)}{2!}\nabla^2 y_n+\frac{t(t+1)(t+2)}{3!}\nabla^3 y_n=0.5471$$

5.6 曲线拟合和最小二乘法

已知函数表 5.12

表 5.12 函数表

x	x_0	x_1	…	x_m
$y=f(x)$	y_0	y_1	…	y_m

求一个简单的近似函数 $\varphi(x)$，来近似表示 $f(x)$。在插值法中，表示近似函数的多项式 $P(x)$要满足插值条件，即要求多项式 $P(x)$在节点处与原来的函数有相同的值。几何上则要求相应的曲线应通过所有插值节点。在实际的科学计算中，节点的函数值 y_i 往往会带有测量误差，如果要求严格满足插值条件，则得到的近似函数会保留这些误差。测量误差较大会极大地影响插值效果。此外，m 值很大时，使用高阶插值多项式还会产生龙格现象。

曲线拟合是另外一种函数近似表示方法，它不要求近似曲线严格地通过每个数据点。曲线拟合的目标是寻求一条近似曲线，使得该曲线在某种准则下与所有的数据点最接近，即曲线拟合得最好（最小化损失函数）。

常用的曲线拟合的准则有以下几种。

（1）最小化误差绝对值的最大值

$$\max_{1\leqslant i\leqslant m}\left|\varphi(x_i)-y_i\right| \tag{5.6.1}$$

（2）最小化误差绝对值的和

$$\sum_{i=1}^{m}\left|\varphi(x_i)-y_i\right| \tag{5.6.2}$$

（3）最小化误差的平方和

$$\sum_{i=1}^{m}\left|\varphi(x_i)-y_i\right|^2 \tag{5.6.3}$$

前两种方法不利于微分运算，后一种方法较为常用，即为最小二乘法的出发点。

5.6.1　最小二乘法的原理

选择一个线性无关函数系 $\varphi_0(x),\varphi_1(x),\cdots,\varphi_n(x)(n\leqslant m)$，以这些函数为基底构成的线性函数空间为 $\Phi=span\{\varphi_0(x),\varphi_1(x),\cdots,\varphi_n(x)\}$，在此空间上选择近似函数 $y=\varphi(x)$，则有 $\varphi(x)=\alpha_0\varphi_0(x)+\cdots+\alpha_n\varphi_n(x)$。如果不要求 $y=\varphi(x)$ 严格通过所有已知点 $(x_i,y_i)(i=1,\cdots,m)$，而是使得

$$J=\sum_{i=1}^{m}(\varphi(x_i)-y_i)^2 \tag{5.6.4}$$

达到最小，则称这种函数表示方法为离散数据的**最小二乘法**。

由向量内积的定义，可得

$$\begin{cases}(\varphi_k,\varphi_l)=\sum\limits_{i=0}^{m}\varphi_k(x_i)\varphi_l(x_i)\ ,\ k,l=0,1,\cdots,n\\(y,\varphi_l)=\sum\limits_{i=0}^{m}y_i\varphi_l(x_i),\ l=0,1,\cdots,n\end{cases}$$

由多元函数取极值的必要条件

$$\frac{\partial J}{\partial\alpha_k}=0$$

可得

$$\begin{pmatrix}(\varphi_0,\varphi_0) & (\varphi_1,\varphi_0) & \cdots & (\varphi_n,\varphi_0)\\(\varphi_0,\varphi_1) & (\varphi_1,\varphi_1) & \cdots & (\varphi_n,\varphi_1)\\\cdots & \cdots & \cdots & \cdots\\(\varphi_0,\varphi_n) & (\varphi_1,\varphi_n) & \cdots & (\varphi_n,\varphi_n)\end{pmatrix}\begin{pmatrix}\alpha_0\\\alpha_1\\\vdots\\\alpha_n\end{pmatrix}=\begin{pmatrix}(y,\varphi_0)\\(y,\varphi_1)\\\vdots\\(y,\varphi_n)\end{pmatrix} \tag{5.6.5}$$

称式（5.6.5）为**正规方程**（或法方程）。

5.6.2　最小二乘法的多项式拟合

在离散数据的最小二乘拟合中，如果取近似函数 $\varphi(x)$ 为多项式，即

$$\varphi(x)=\alpha_0+\alpha_1 x+\alpha_2 x^2+\cdots+\alpha_n x^n$$

在多项式空间 Φ 中作曲线拟合，则称为**多项式拟合**。特别地，n=1 时，称为线性拟合或直线拟合。n 阶多项式空间为

$$\Phi=\operatorname{span}\left\{1,x,x^2,\cdots,x^n\right\}=\left\{\varphi(x)\middle|\varphi(x)=\sum_{k=0}^{n}\alpha_k x^k\ ,\ \forall\alpha_0,\alpha_1,\cdots,\alpha_n\in\mathbf{R}\right\}$$

则 n 次多项式拟合的法方程为

$$\begin{pmatrix}\sum 1 & \sum x_i & \sum x_i^2 & \cdots & \sum x_i^n\\ \sum x_i & \sum x_i^2 & \sum x_i^3 & \cdots & \sum x_i^{n+1}\\ \vdots & \vdots & \vdots & \ddots & \vdots\\ \sum x_i^n & \sum x_i^{n+1} & \sum x_i^{n+2} & \cdots & \sum x_i^{2n}\end{pmatrix}\begin{pmatrix}\alpha_0\\ \alpha_1\\ \vdots\\ \alpha_n\end{pmatrix}=\begin{pmatrix}\sum y_i\\ \sum x_i y_i\\ \vdots\\ \sum x_i^n y_i\end{pmatrix}\tag{5.6.6}$$

可以证明，式（5.6.6）的系数矩阵是对称正定的，故式（5.6.6）的解存在且唯一。

求解 n 次多项式最小二乘拟合的 Octave 代码如下：

```
functionalfa = LeastSquareFit (X, Y, n)
 %Compute the n-order least square fit fun for data vectors (X, Y)
 %Both X and Y are COLUMN vectors with m dimension
  [xx,yy] = size(X);
  m = max(xx,yy);
  vec = ones(m,1);
  vec_b = Y;
  b = zeros(n+1,1);
  b(1)=sum(Y);
  A = m*eye(n+1);
  for j = 2:n+1
     vec = vec.*X;
     A(1,j)=sum(vec);
     vec_b = vec_b.*X;
     b(j)=sum(vec_b);
  end
  for i =2:n+1
     for j= 1:n
        A(i,j)=A(i-1,j+1);
     end
     vec = vec.*X;
     A(i,n+1) = sum(vec);
  end
  alfa = A\b;
endfunction
```

例 5.7 某商品的价格 X 与销售量 Y 的数据如表 5.13 所示。

表 5.13　　某商品的价格 X 与销售量 Y 的数据

i	1	2	3	4	5	6
X	10	15	20	25	30	35
Y	80	70	60	50	40	30

求 X 与 Y 的近似函数关系。

解：根据表 5.13 画出散点图（见图 5.7），可见价格 X 与销售量 Y 呈线性关系，故使用线性最小二乘拟合方法，设拟合函数为

$$Y=\alpha_0+\alpha_1 X$$

正规方程组为

$$\begin{pmatrix} 6 & 135 \\ 135 & 3475 \end{pmatrix}\begin{pmatrix} \alpha_0 \\ \alpha_1 \end{pmatrix}=\begin{pmatrix} 330 \\ 6550 \end{pmatrix}$$

解此方程组得

$$\alpha_0=100,\alpha_1=-2$$

故价格 X 与销售量 Y 的线性拟合函数为

$$Y=100-2X$$

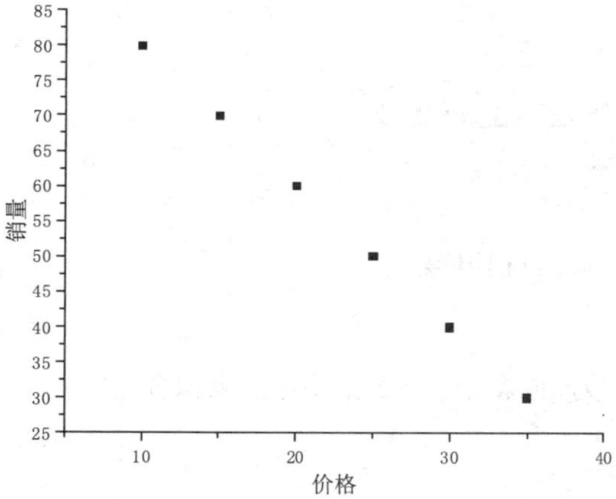

图 5.7　价格 X 与销售量 Y 的散点图

5.6.3　非线性最小二乘拟合的线性化

有时通过在平面直角坐标上描出的观测值的散点图，能够观察到所求的拟合曲线不是线性的，但可以通过适当的变量替换将其转化为线性曲线，从而用线性拟合的方法进行处理。

如果所要拟合的曲线形如

$$y=ax^b \tag{5.6.7}$$

则可做如下变换

$$Y=\ln y,\ X=\ln x,\ A=\ln a,\ B=b$$

于是式（5.6.7）可表示为

$$Y=A+BX \tag{5.6.8}$$

式（5.6.8）为线性拟合函数，可以使用线性最小二乘法求解，然后代回到式（5.6.7），即可得到原非线性问题的最小二乘解。

例 5.8　设函数 $y=a+b\sqrt{x}$，通过实验得到的函数表如表 5.14 所示。

表 5.14　　函数 $y=a+b\sqrt{x}$ 的函数表

i	1	2	3	4	5	6
x	64	81	100	121	144	169
y	4.6	4.8	5.0	5.2	5.4	5.6

利用最小二乘法求 a, b 的值。

解：目标函数为非线性函数，通过变量替换转化为线性函数，才能使用线性的最小二乘方法。令

$$Y = y，X = \sqrt{x}，$$

可得

$$Y=a+bX$$

于是正规方程组为

$$\begin{pmatrix} 6 & 63 \\ 63 & 679 \end{pmatrix}\begin{pmatrix} a \\ b \end{pmatrix}=\begin{pmatrix} 30.6 \\ 324.8 \end{pmatrix}$$

解此方程组得

$$a = 3，b = 0.2$$

故原问题中 y 与 x 的最小二乘拟合函数为

$$y = 3 + 0.2\sqrt{x}$$

5.7 实验——龙格现象的模拟

实验要求：

在区间[−5,5]上分别取 n=2,3,4,5,10,20，对龙格函数求其拉格朗日插值多项式，并画出原函数及几条插值多项式的函数曲线。

$$f(x) = \frac{1}{1+25x^2}$$

解：n=2,3,4,5,6,10 时，龙格函数的拉格朗日插值多项式分别可由式（5.2.9）和式（5.2.10）求得，此处略。其 Octave 代码如下：

```
ori_fun=@(x)(1./(1+25*x.*x)); %Runge Function
  Left=-1; % Drawing interval
  Right=1;
  N_NUM=[2,3,4,5,6,10]'; % Orders of Lagrange Interplolation
  xx = (Left:0.1:Right)'; % Drawing nodes
  dim_xx=size(xx);
  yy=zeros(dim_xx,1);
  figure(1);
  for i=1:6 % Obtain Lagrange Interplolation functions
    x = (Left:(Right-Left)/N_NUM(i):Right)';
    y = ori_fun(x);
```

```
    yy = Lagrangeinterp(x,y,xx);
    zz = ori_fun(xx);
    subplot(2,3,i);
    plot(xx,zz,'-b',xx,yy,'-r');
    title(strcat('the ',num2str(N_NUM(i)),'thlagrange function'));
endfor
```

得到的函数曲线如图 5.8 所示。由图 5.8 可以看出，当拉格朗日插值函数的阶数较高时，函数将产生剧烈震荡，即龙格现象。

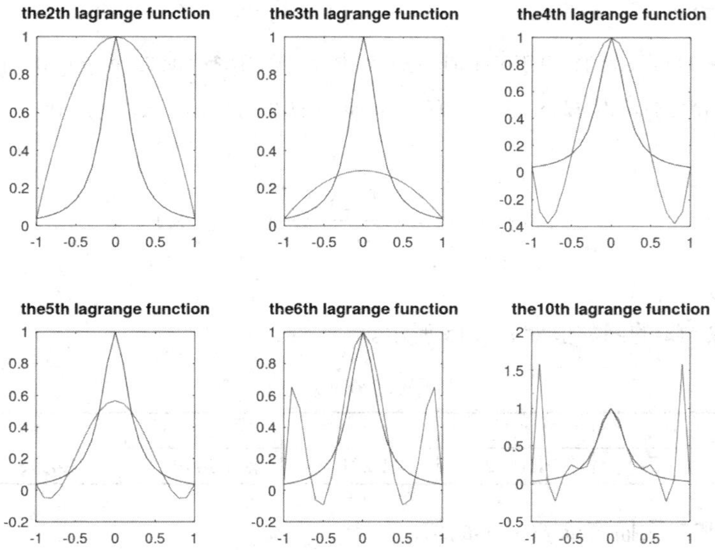

图 5.8　龙格函数的不同阶数拉格朗日插值曲线

5.8　延伸阅读

延伸阅读 5：
最小二乘法

5.9　思考题

1. 是否插值多项式的次数越高，结果越准确呢？如果不是，应如何处理许多插值节点的情况？

2. 函数插值与曲线拟合的相同点和不同点分别是什么？

5.10 习题

1. 试利用拉格朗日插值函数及其余项证明等式

$$\sum_{i=0}^{n}\left(x_i^m \cdot \prod_{\substack{j=0\\j\neq i}}^{n}\left(\frac{x-x_j}{x_i-x_j}\right)\right) \equiv x^m$$

其中，$x_j \neq x_i$，$\forall j \neq i$；$0 \leqslant m \leqslant n$。

2. 已知函数 $f(x)$在两个不同的插值节点 x_0和 x_1上的函数值为 $y_0=f(x_0)$，$y_1=f(x_1)$，导数值为 $m_0=f'(x_0)$，$m_1=f'(x_1)$。设 $H_3(x_0)=y_0$，$H_3(x_1)=y_1$，$H_3'(x_0)=m_0$，$H_3'(x_1)=m_1$，$\forall x\in(x_0,x_1)$。试证明余项公式

$$f(x)-H_3(x)=\frac{f^{(4)}(\xi)}{4!}(x-x_0)^2(x-x_1)^2$$

其中，$\xi\in(x_0,x_1)$。

3. 已知函数 $f(x)$的函数值如表 5.15 所示。

表 5.15　函数 $f(x)$的函数值

x	0	0.1	0.2	0.3	0.4	0.5
$f(x)$	1	1.1052	1.2214	1.3499	1.4918	1.6487

分别用线性插值和二次插值求 $f(0.33)$的值。

4. 令函数 $f(x)=\dfrac{(4x-7)}{(x-2)}$，且 $x_0=1.7$，$x_1=1.8$，$x_2=1.9$，$x_4=2.1$。

（1）利用 x_0, x_1及 x_2点，构造一个次数不高于二次的多项式，求 $f(1.75)$的近似值。

（2）利用 x_0, x_1, x_2及 x_3点，构造一个 3 次插值多项式，求 $f(1.75)$和 $f(2.00)$的近似值。

5. 已知函数表如表 5.16 所示。

表 5.16　某函数表

x	0.7	0.9	1.1	1.3	1.5	1.7
$\sin x$	0.6442	0.7833	0.8912	0.9636	0.9975	0.9917

试构造差商表，并分别用两点、三点及四点牛顿插值多项式计算 sin(1.0)的近似值。

6. 分别写出一阶差商 $f[x,x]$、二阶差商 $f[x,x,x]$与一阶导数 $f'(x)$和二阶导数 $f^{(2)}(x)$的关系。并利用此关系用差商表方法求不高于 4 次插值多项式，满足下列插值条件，如表 5.17 所示。

表 5.17　插值条件表

x_i	$f(x_i)$	$f'(x_i)$	$f^{(2)}(x_i)$
0	1	−3	0
1	4	16	

7. 设函数 $f(x)$在$[a,b]$上有二阶连续导数，且 $f(a)=f(b)=0$，求证

$$\max_{a\leqslant x\leqslant b}|f(x)|\leqslant\frac{1}{8}(b-a)^2\max_{a\leqslant x\leqslant b}|f''(x)|$$

8. 构造一个 3 次埃尔米特插值多项式，满足

$$f(0)=1，f'(0)=0.5，f(1)=2，f'(1)=0.5$$

9. 用最小二乘法求形如 $y=a+bx^2$ 的多项式，使之与表 5.18 所示的数据相拟合。

表 5.18　　x 与 y 的值

x	19	25	31	38	44
y	19.0	32.3	49.0	73.3	97.8

5.11　实验题

1. 比较几种不同的插值方法的效果。

Octave 中插值函数为 interp1，用 help interp1 查看其用法。仍以龙格函数为例，运行给出的代码。读懂程序，并分析得到的结果。

```
a=-1;
b=1;
h=(b-a)/100;
xf=[a:h:b];
yf=1./(1+25*xf.*xf);
xp=a+(b-a)*rand(1,11);
yp=1./(1+25*xp.*xp);
lin=interp1(xp,yp,xf);
near=interp1(xp,yp,xf,"nearest");
pch=interp1(xp,yp,xf,"pchip");
spl=interp1(xp,yp,xf,"spline");
plot(xf,yf,"r",xf,near,"g",xf,lin,"b",xf,pch,"c",xf,spl,"m",xp,yp,"r*");
legend("original","nearest","linear","pchip","spline");
```

2. 编制最小二乘拟合程序，分别用 1 次、2 次和 3 次多项式拟合表 5.19 所示的数据，并画出拟合曲线。

表 5.19　　i、X、Y 的值

i	1	2	3	4	5	6	7
X	−1.0	−0.5	0.0	0.5	1.0	1.5	2.0
Y	−4.447	−0.452	0.551	0.048	0.447	0.549	4.552

第6章 数值积分

6.1 引入——波纹瓦材料长度

在日常生产和生活中，很多实际问题都可以转化为定积分的形式进行求解。在高等数学的微积分中，我们已经知道求解定积分可以采用牛顿-莱布尼茨方法，即

$$\int_a^b f(x)\mathrm{d}x = F(b) - F(a)$$

$F(x)$为$f(x)$的原函数，即$F'(x) = f(x)$。

然而，在实际问题中，很多时候无法采用牛顿-莱布尼茨方法进行求解。例如，建筑上用的一种铝制波纹瓦是用一种机器将一块平整的铝板压制而成的，如图 6.1 所示，经观测发现波纹瓦的平均长度约为 48 英寸（1 英寸=2.54 厘米），每个波纹的高度约为 1 英寸，且波纹以近似 2π 英寸为一个周期。为了求制作一块波纹瓦所需铝板的长度为 L，将问题建模为求由函数 $f(x)=\sin x$ 给定的曲线在点 $x=0$ 到 $x=48$ 间的弧长 L，即

$$L = \int_0^{48} \sqrt{1+(f'(x))^2}\mathrm{d}x = \int_0^{48} \sqrt{1+(\cos(x))^2}\mathrm{d}x$$

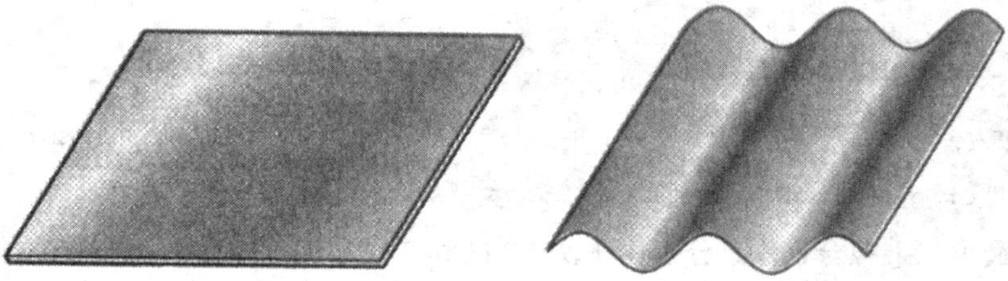

图 6.1　铝制波纹瓦

上述积分称为第二类椭圆积分。对于这类积分，被积函数 $f(x)$的原函数 $F(x)$无法用初等函数表示，因此我们也无法运用牛顿-莱布尼茨公式进行求解。类似地，下列函数也不存在由初等函数表示的原函数

$$\sin x^2,\cos x^2,\quad \frac{\sin x}{x},\quad \frac{1}{\ln x},\quad \sqrt{1+x^3},\quad e^{-x^2}$$

此外，有些被积函数的原函数虽然可以用初等函数表示，但表达式相当复杂，计算极不方便。例如，函数 $x^2\sqrt{2x^2+3}$ 形式并不复杂，但是其原函数十分复杂，其形式为

$$\frac{1}{4}x^2\sqrt{2x^2+3}+\frac{3}{16}x\sqrt{2x^2+3}-\frac{9}{16\sqrt{2}}\ln(\sqrt{2}\,x+\sqrt{2x^2+3}\,)$$

对于这种情况，虽然可以用牛顿-莱布尼茨公式进行求解，但是计算烦琐，很容易出错。在实际问题中，还有一种情况十分普遍，就是被积函数 $f(x)$的形式未知，只知道在有限点集上的函数取值，即只有函数的数表形式，此时更无法采用牛顿-莱布尼茨公式进行求解。

综上所述，利用牛顿-莱布尼茨公式求解原函数的定积分具有很大的局限性，因此我们需要学习利用数值积分的方法求解定积分的数值解。

6.2 牛顿–柯特斯求积公式

6.2.1 插值型求积公式与代数精度

现在我们利用插值多项式构造数值积分公式，将被积函数 $f(x)$以 $a\leqslant x_0<x_1<x_2<\cdots<x_n\leqslant b$ 为节点的 n 次拉格朗日插值多项式及其余项

$$P_n(x)+E_n(x)=\sum_{k=0}^{n}f_k l_k(x)+\frac{f^{(n+1)}(\xi)}{(n+1)!}\pi(x)$$

代入被积函数 $f(x)$，得

$$\begin{aligned}I=\int_a^b f(x)\mathrm{d}x&=\sum_{k=0}^{n}f_k\int_a^b l_k(x)\mathrm{d}x+\int_a^b\frac{f^{(n+1)}(\xi)}{(n+1)!}\pi(x)\mathrm{d}x\\&\equiv\sum_{k=0}^{n}\omega_k^{(n)}f_k+R_n[f]\end{aligned}\tag{6.2.1}$$

其中

$$\omega_k^{(n)}=\int_a^b l_k(x)\mathrm{d}x,\quad k=0,1,\cdots,n\tag{6.2.2}$$

称为求积系数

$$Q_n[f]=\sum_{k=0}^{n}\omega_k^{(n)}f_k\tag{6.2.3}$$

称为数值积分公式

$$R_n[f]=\frac{1}{(n+1)!}\int_a^b f^{(n+1)}(\xi)\pi(x)\mathrm{d}x,\quad \xi\in(a,b)\tag{6.2.4}$$

称为**求积公式的余项**（或求积余项）。

对于一个求积公式，当它的余项 $R[f]$满足

$$R[x^k]=0,\ 0\leqslant k\leqslant m$$

而

$$R[x^{m+1}]\neq 0$$

时，称该求积公式的**代数精确度**为 m。换句话说，如果一个求积公式对所有次数小于等于 m 的多项式均精确成立，而对 m+1 次多项式不再精确成立，称该求积公式的代数精确度为 m。以插值多项式代替被积函数而得到的求积公式称为**插值型求积公式**。

定理 6.1 形如式（6.2.3）的 $n+1$ 点求积公式，其代数精确度至少为 n 的充分必要条件是它是插值型的。

证明：设形如式（6.2.3）的 $n+1$ 点求积公式是插值型的。当函数 $f(x)$ 是次数不超过 n 的多项式时，由式（6.2.4）得 $R_n[f]=0$，即式（6.2.3）给出定积分的精确值。所以，其代数精确度至少是 n 。

反之，若式（6.2.3）的代数精确度至少是 n ，则它对 n 次插值基函数 $l_i(x)$ 是精确成立的，即

$$\int_a^b l_i(x)\mathrm{d}x=\sum_{k=0}^{n}\omega_k^{(n)}l_i(x_k)$$

注意到 $l_i(x_k)=\delta_{ik}$ ，所以有

$$\omega_i^{(n)}=\int_a^b l_i(x)\mathrm{d}x$$

这就是式（6.2.2），即相应的求积公式是插值型的。证明完毕。

6.2.2 牛顿-柯特斯求积公式

当求积节点取为等距节点

$$x_k=a+kh,\ k=0,1,\cdots,n;\ h=\frac{(b-a)}{n}$$

时，记 $x=a+th$ ，则得求积系数

$$\begin{aligned}\omega_k^{(n)}&=\int_a^b l_k(x)\mathrm{d}x=\int_a^b\frac{(x-x_0)\cdots(x-x_{k-1})(x-x_{k+1})\cdots(x-x_n)}{(x_k-x_0)\cdots(x_k-x_{k-1})(x_k-x_{k+1})\cdots(x_k-x_n)}\mathrm{d}x\\&=\frac{(-1)^{n-k}h}{k!(n-k)!}\int_0^n t(t-1)\cdots(t-k+1)(t-k-1)\cdots(t-n)\mathrm{d}t,\quad k=0,1,\cdots,n\end{aligned}\tag{6.2.5}$$

求积节点为等距节点的求积公式（6.2.3）式称为**牛顿-柯特斯**（Newton-Cotes）**公式**。

在牛顿-柯特斯求积系数公式（6.2.5）中，当 $n=1$ 时，有

$$\omega_0^{(1)}=-(b-a)\int_0^1(t-1)\mathrm{d}t=\frac{1}{2}(b-a)$$

$$\omega_1^{(1)} = (b-a)\int_0^1 t\mathrm{d}t = \frac{1}{2}(b-a)$$

将求积系数 $\omega_0^{(1)}, \omega_1^{(1)}$ 代入式（6.2.3）中，得到

$$Q_1[f] = \frac{b-a}{2}[f(a)+f(b)] \tag{6.2.6}$$

将式（6.2.6）称为梯形求积公式，它的余项是

$$R_1[f] = \frac{1}{2}\int_a^b f''(\xi)(x-a)(x-b)\mathrm{d}x,\ \xi \in (a,b)$$

由于 $\pi(x)=(x-a)(x-b)$ 在区间 $[a,b]$ 上不变号，故由积分中值定理可知，存在 $\eta \in (a,b)$ 使得

$$R_1[f] = \frac{1}{2}f''(\eta)\int_a^b (x-a)(x-b)\mathrm{d}x = -\frac{1}{12}(b-a)^3 f''(\eta) \tag{6.2.7}$$

当 $n=2$ 时，由式（6.2.5）可以得到

$$\omega_0^{(2)} = \frac{h}{2}\int_0^2 (t-1)(t-2)\mathrm{d}t = \frac{1}{3}h = \frac{1}{6}(b-a)$$

$$\omega_1^{(2)} = -h\int_0^2 t(t-2)\mathrm{d}t = \frac{4}{3}h = \frac{4}{6}(b-a)$$

$$\omega_2^{(2)} = \frac{h}{2}\int_0^2 t(t-1)\mathrm{d}t = \frac{1}{3}h = \frac{1}{6}(b-a)$$

代入式（6.2.3）得到抛物线求积公式，也叫辛普森（Simpson）公式

$$Q_2[f] = \frac{b-a}{6}\left[f(a)+4f\left(\frac{a+b}{2}\right)+f(b)\right] \tag{6.2.8}$$

它的余项是

$$R_2[f] = \frac{1}{3!}\int_a^b f^3(\xi)\pi(x)\mathrm{d}x, \xi \in (a,b)$$

由于 $\pi(x)=(x-a)(x-x_1)(x-b)$ 在区间 $[a,b]$ 上有不同的符号，故不能直接使用积分中值定理。可用下面的方法给出其积分余项。首先，容易验证辛普森公式的代数精确度是 3，故它对 3 次多项式是精确成立的。为此构造 3 次多项式 $H_3(x)$，使其满足插值条件

$$H_3(a)=f(a), H_3(b)=f(b), H_3(c)=f(c), H_3'(c)=f'(c)$$

其中 $c=\dfrac{b+a}{2}$。当 $x\in[a,b]$ 时，$H_3(x)$ 的插值余项为

$$E_3(x) = f(x)-H_3(x) = \frac{f^{(4)}(\xi)}{4!}(x-a)(x-b)(x-c)^2 \tag{6.2.9}$$

由 $H_3(x)$ 的插值条件得

$$Q_2[f] = Q_2(H_3) = \frac{b-a}{6}\left[H_3(a)+4H_3\left(\frac{a+b}{2}\right)+H_3(b)\right] = \int_a^b H_3(x)\mathrm{d}x$$

于是求积余项为

$$R_2[f] = \int_a^b f(x)\mathrm{d}x - \int_a^b H_3(x)\mathrm{d}x = \int_a^b \frac{f^{(4)}(\xi)}{4!}(x-a)(x-b)(x-c)^2\mathrm{d}x$$

由于 $(x-a)(x-b)(x-c)^2$ 在 $[a,b]$ 上不变号，故由积分中值定理，可以得到

$$
\begin{aligned}
R_2[f] &= \frac{f^{(4)}(\eta)}{4!}\int_a^b (x-a)(x-b)(x-c)^2\,\mathrm{d}x \\
&= \frac{f^{(4)}(\eta)}{4!}\left[-\frac{1}{120}(b-a)^5\right] \\
&= -\frac{b-a}{180}\left(\frac{b-a}{2}\right)^4 f^{(4)}(\eta) \\
&= -\frac{b-a}{180}h^4 f^{(4)}(\eta)
\end{aligned} \tag{6.2.10}
$$

其中$\eta \in (a,b)$，$h = \dfrac{(b-a)}{2}$。

同样地，对于$n=4$，可得下面的柯特斯求积公式及其求积余项

$$Q_4[f] = \frac{b-a}{90}(7f_0 + 32f_1 + 12f_2 + 32f_3 + 7f_4) \tag{6.2.11}$$

$$R_4[f] = -\frac{8h^7}{945}f^{(6)}(\eta) = -\frac{2(b-a)}{945}h^6 f^{(6)}(\eta) \tag{6.2.12}$$

其中，$\eta \in (a,b)$，$h = \dfrac{(b-a)}{4}$。

表 6.1 列出了从 n=1 到 n=8 对应的牛顿-柯特斯系数。

表 6.1　　牛顿-柯特斯系数表

n	$C_k^{(n)}$
1	$\frac{1}{2}\{1,1\}$
2	$\frac{1}{6}\{1,4,1\}$
3	$\frac{1}{8}\{1,3,3,1\}$
4	$\frac{1}{90}\{7,32,12,32,7\}$
5	$\frac{1}{288}\{19,75,50,50,75,19\}$
6	$\frac{1}{840}\{41,216,27,272,27,216,41\}$
7	$\frac{1}{17280}\{751,3577,1323,2989,2989,1323,3577,751\}$
8	$\frac{1}{28350}\{989,5888,-928,10496,-4540,10496,-928,5888,989\}$

6.3　复合公式与龙贝格求积公式

6.3.1　复合求积公式

应当指出，当次数 n 较大时等距节点的多项式插值会出现龙格现象，所以不难验证，当 n>7

时，牛顿-柯特斯公式是不稳定的。因此 n 较大的牛顿-柯特斯求积公式不能使用。而在整个积分区间[a, b]上使用次数较低的牛顿-柯特斯公式来计算定积分又不够准确，所以通常先将积分区间[a, b]进行 m 等分。

记 $h=(b-a)/m$，$x_k=a+kh$，$k=0,1,\cdots,m$。在每个小区间 $[x_k,x_{k+1}]$ 上使用梯形求积公式，便得到

$$Q_1^{(m)}[f]=\frac{h}{2}\left(f_0+f_m+2\sum_{k=1}^{m-1}f_k\right) \tag{6.3.1}$$

称式（6.3.1）为复合梯形求积公式，它的余项为

$$R_1^{(m)}[f]=-\sum_{k=1}^{m}\frac{h^3}{12}f''(\eta_k)=-\frac{mh^3}{12}f''(\eta)=-\frac{(b-a)h^2}{12}f''(\eta) \tag{6.3.2}$$

其中 $\eta\in(a,b)$。式（6.3.2）第二个等式的推导用到了介值定理。

如果将[a, b]区间 $2m$ 等分，记

$$h=(b-a)/(2m),\ x_k=a+kh,\ k=0,1,\cdots,2m$$

在每个小区间 $[x_{2i},x_{2i+2}]$ 上使用抛物线求积公式，则得复合抛物线求积公式为

$$Q_2^{(2m)}[f]=\frac{h}{3}\left(f_0+4\sum_{i=0}^{m-1}f_{2i+1}+2\sum_{i=1}^{m-1}f_{2i}+f_{2m}\right) \tag{6.3.3}$$

由式（6.2.10）和介值定理可知，它的余项为

$$\begin{aligned}R_2^{(2m)}[f]&=-\frac{h^5}{90}\sum_{i=1}^{m}f^{(4)}(\eta_i)\\&=-\frac{mh^5}{90}f^{(4)}(\eta)=-\frac{b-a}{180}h^4f^{(4)}(\eta)\end{aligned} \tag{6.3.4}$$

式（6.3.3）和式（6.3.4）中 $Q_2^{(2m)},R_2^{(2m)}$ 的上标表示等分数，下标表示在每一个小区间上采用的插值多项式的次数。

同样地，对于其他求积公式，也可以得到相应的复合型求积公式。

6.3.2 分半加速算法

在使用复合求积公式时，我们通常将步长 h 逐次分半，利用低次复合求积公式的结果计算高一次复合求积公式的值。例如，步长为 $h=(b-a)/m$ 的复合梯形求积公式为

$$Q_1^{(m)}[f]=\frac{h}{2}\left(f_0+2\sum_{i=1}^{m-1}f_i+f_m\right)$$

而步长为 $h'=h/2=(b-a)/(2m)$ 的复合梯形求积公式可表示为

$$Q_1^{(2m)}[f]=\frac{h'}{2}\left(f_0+2\sum_{i=1}^{2m-1}f_i+f_{2m}\right)=\frac{1}{2}Q_1^{(m)}[f]+h'\sum_{j=0}^{m-1}f_{2j+1} \tag{6.3.5}$$

注意，新步长 $h'=h/2$，因此得到

$$Q_1^{(m)}[f]=h'\left(f_0+2\sum_{i=1}^{m-1}f_j+f_{2m}\right)$$

这样，在步长分半时，只需计算新分点的函数值 $f_{2j+1}(j=0,1,\cdots,m-1)$ 即可。

由式（6.3.2），复合梯形求积公式 $Q_1^{(m)}[f]$ 的余项 $R_1^{(m)}[f]$ 大致与 h^2 成正比。

可以证明，它可以写成

$$R_1^{(m)}[f;h]=a_2h^2+a_4h^4+a_6h^6+\cdots \tag{6.3.6}$$

其中 $a_2,a_4,a_6\cdots$ 是与 h 无关的常数。将步长分半，新步长 $h'=h/2$，复合梯形求积公式 $Q_1^{(2m)}[f]$ 的余项为

$$R_1^{(2m)}[f;\frac{h}{2}]=a_2\left(\frac{h}{2}\right)^2+a_4\left(\frac{h}{2}\right)^4+a_6\left(\frac{h}{2}\right)^6+\cdots \tag{6.3.7}$$

于是由

$$I=Q_1^{(m)}[f]+a_2h^2+a_4h^4+a_6h^6+\cdots$$

和

$$I=Q_1^{(2m)}[f]=a_2\left(\frac{h}{2}\right)^2+a_4\left(\frac{h}{2}\right)^4+a_6\left(\frac{h}{2}\right)^6+\cdots$$

消去 h 的二次项得

$$I=\frac{2^2Q_1^{(2m)}[f]-Q_1^{(m)}[f]}{2^2-1}+a_4'\left(\frac{h}{2}\right)^4+a_6'\left(\frac{h}{2}\right)^6+\cdots \tag{6.3.8}$$

而 $a_4',a_6'\cdots$ 仍是与 h 无关的常数。舍去 $O(h^4)$ 项，就得到积分 I 的新的近似值。验算可知，它就是以 $h'=h/2$ 为步长的复合抛物线求积公式，即

$$Q_2^{(2m)}[f]=\frac{2^2Q_1^{(2m)}[f]-Q_1^{(m)}[f]}{2^2-1} \tag{6.3.9}$$

再将步长分半，由

$$I=Q_2^{(2m)}[f]+a_4'\left(\frac{h}{2}\right)^4+a_6'\left(\frac{h}{2}\right)^6+\cdots$$

和

$$I=Q_2^{(4m)}[f]+a_4'\left(\frac{h}{4}\right)^4+a_6'\left(\frac{h}{4}\right)^6+\cdots$$

消去 h 的 4 次项得

$$I=\frac{2^4Q_2^{(4m)}[f]-Q_2^{(2m)}[f]}{2^4-1}+a_6''\left(\frac{h}{4}\right)^6+\cdots \tag{6.3.10}$$

舍去 $O(h^6)$ 项，所得积分 I 的新的近似值就是复合柯特斯求积公式

$$Q_4^{(4m)}[f]=\frac{2^4Q_2^{(4m)}[f]-Q_2^{(2m)}[f]}{2^4-1} \tag{6.3.11}$$

这个过程还可以继续。将步长再分半，便得到新的求积公式

$$Q_8^{(8m)}[f]=\frac{2^6 Q_4^{(8m)}[f]-Q_4^{(4m)}[f]}{2^6-1} \tag{6.3.12}$$

这个求积公式叫做龙贝格（**Romberg**）公式（它已不再是牛顿-柯特斯型公式的复合公式）。上述通过将步长逐次分半以实现数值积分收敛速度的算法称为分半加速算法，也叫龙贝格（Romberg）算法，其计算过程如图 6.2 所示。

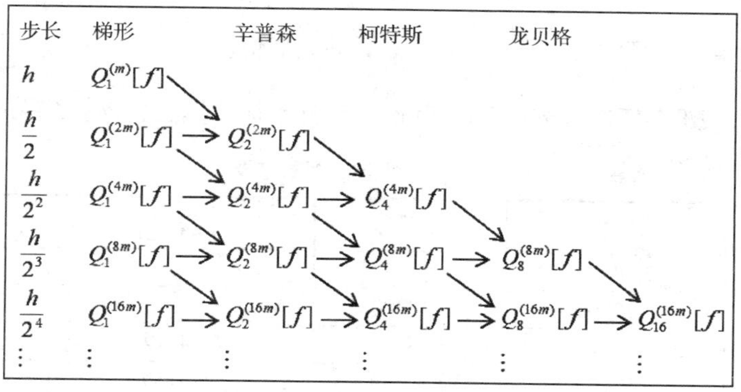

图 6.2　分半加速算法计算过程

计算积分的这种加速技巧具有一般性。一种数值公式，如果给出了关于步长 h 的误差估计，就可以用这种方法提高数值公式的精度，这种加速技巧叫做理查森（Richardson）外推算法。在常微分方程数值解法中我们还会用到它。分半加速算法的 Octave 程序如下：

```
function int_val = Romberg (f, low_lim,up_lim, m)
% Romberg Numerical Integration for function f in [low_lim,up_lim],
% with 2^m_th order and 2^m)_th segmentations, respectively
  xx_max=low_lim:(up_lim-low_lim)/2^m:up_lim;
  y = f(xx_max);
  int_val=zeros(m+1,m+1);
  h = up_lim-low_lim;
  mm = 1;
  int_val(1,1)=h*(y(1)+y(2^m+1))/2;
  for i = 2:m+1
     h = (up_lim-low_lim)/2^(i-1);
     sum_sub=0;
     for j = 1:mm
          sum_sub=sum_sub+y((2*j-1)/2/mm*2^m+1);
     end
     int_val(i,1)=int_val(i-1,1)/2+h*sum_sub;
     mm = mm*2;
  end
  for j = 2:m+1
```

```
        for i = j:m+1
            int_val(i,j)=(2^(2*(j-1))*int_val(i,j-1) ...
            -int_val(i-1,j-1))/(2^(2*(j-1))-1);
        end
    end
endfunction
```

例 6.1 用分半加速算法计算 $\int_0^1 \frac{4}{1+x^2}dx(=\pi)$ 的近似值。

解：将积分区间[0,1]依次分为 1,2,4,8 等份，按分半加速算法，计算结果见表 6.2。

表 6.2 分半加速算法的计算结果

m	$Q_1^{(m)}$	$Q_2^{(m)}$	$Q_4^{(m)}$	$Q_8^{(m)}$
1	3.00000			
2	3.10000	3.13333		
4	3.13118	3.14157	3.14212	
8	3.13899	3.14159	3.14159	3.14159

表中第 1 列的第 1 个元素可按复合梯形求积公式（6.3.1）计算，这里是按式（6.2.6）计算的。第 1 列的其他元素按式（6.3.5）计算，第 2、3、4 列分别按分半加速计算公式（6.3.9）、式（6.3.11）、式（6.3.12）算出。计算的顺序是逐行自左向右计算。如表 6.2 所示，当计算到 $Q_2^{(8)}=Q_4^{(8)}=3.14159$ 时，即可停止计算。

6.4 高斯型求积公式

6.4.1 高斯型求积公式

由定理 6.1，插值型求积公式（6.2.3）的代数精确度至少是 n。那么，式（6.2.3）最高的代数精确度是多少？能否适当地选择节点 $\{x_k\}$ 和求积系数 $\{\omega_k^{(n)}\}$ 使式（6.2.3）达到最高的代数精确度？现在就来讨论这个问题。

首先，不论求积节点如何选取，n+1 点求积公式（6.2.3）的代数精确度不能达到 2n+2。事实上，对任意给定的节点 $x_0,x_1,\cdots,x_n$ 和任意给定的求积系数 $\omega_k^{(n)}$，取

$$f(x)=\prod_{i=0}^{n}(x-x_i)^2$$

则 $f(x)$ 是 2n+2 次多项式。用求积公式计算得

$$\sum_{k=0}^{n}\omega_k^{(n)}f(x_k)=0$$

而积分值

$$\int_a^b f(x)\mathrm{d}x > 0$$

这说明对任意给定的 $n+1$ 点求积公式，都可以找到一个 $2n+2$ 次多项式，使得求积公式对该多项式的积分是不精确的。

其次，通过适当选择插值节点 $x_0, x_1, \cdots, x_n$ 和求积系数，可使式（6.2.3）的代数精确度达到 $2n+1$，这是式（6.2.3）可能具有的最高的代数精确度。

例 6.2　考虑计算区间[-1,1]上积分

$$I = \int_{-1}^1 f(x)\mathrm{d}x$$

的两点（ $n=1$ 的情形）求积公式

$$\int_{-1}^1 f(x)\mathrm{d}x \approx \omega_0 f(x_0) + \omega_1 f(x_1)$$

这时求积公式的代数精确度不超过 $2n+1=3$。将求积节点 x_0, x_1 和求积系数 ω_0, ω_1 作为 4 个待定参数，依次取被积函数 $f(x)$ 为 $1, x, x^2, x^3$，代入求积公式，得到关于参数 $x_0, x_1, \omega_0, \omega_1$ 的方程组

$$\begin{cases} \omega_0 + \omega_1 = 2 \\ \omega_0 x_0 + \omega_1 x_1 = 0 \\ \omega_0 x_0^2 + \omega_1 x_1^2 = \dfrac{2}{3} \\ \omega_0 x_0^3 + \omega_1 x_1^3 = 0 \end{cases}$$

由此，可解出 $\omega_0 = \omega_1 = 1, x_0 = -\dfrac{\sqrt{3}}{3}, x_1 = \dfrac{\sqrt{3}}{3}$。这样便得到求积公式

$$\int_{-1}^1 f(x)\mathrm{d}x \approx Q_1[f] = f\left(\frac{-1}{\sqrt{3}}\right) + f\left(\frac{1}{\sqrt{3}}\right) \tag{6.4.1}$$

上述方法是将求积节点和求积系数视为同等的参数进行求解。对一般的求积公式，也可用此方法将求积节点和求积系数一并求出，从而得到具有最高代数精确度的求积公式。但由于此时的求积公式一定是插值型的（定理 6.1），只要求积节点确定下来，求积系数便可随之确定。因此，确定求积节点就成为公式构造的关键。

定义 6.1　若 $[a,b]$ 上一组节点 $x_0, x_1, \cdots, x_n$ 使得相应的求积公式（6.2.3）具有 $2n+1$ 次代数精度，则称此点组为**高斯点组**，相应的求积公式（6.2.3）为**高斯型求积公式**。

高斯点组可直接通过求解相应的方程组得到，也可借助正交多项式的零点来确定。

6.4.2　正交多项式

定义 6.2　设 $\rho(x) \geqslant 0$，$x \in [a,b]$，

$$g_i(x) = a_0^{(i)} + a_1^{(i)} x + \cdots + a_i^{(i)} x^i, \quad a_i^{(i)} \neq 0, i = 0, 1, \cdots$$

为 i 次多项式。若多项式序列 $\{g_i(x)\}$ 满足

$$(g_j, g_k) = \int_a^b \rho(x) g_j(x) g_k(x) \mathrm{d}x = \begin{cases} 0, j \neq k \\ c_k \neq 0, j = k \end{cases} \tag{6.4.2}$$

则称 $g_0(x), g_1(x), \cdots$ 为 $[a,b]$ 上带权函数 $\rho(x)$ 的**正交多项式**。

定理 6.2 $n+1$ 个节点 $x_0, x_1, \cdots, x_n$ 是求积公式

$$\int_a^b \rho(x) f(x) \mathrm{d}x \approx \sum_{k=0}^{n} \omega_k^{(n)} f(x_k) \tag{6.4.3}$$

的高斯点的充分必要条件是 $n+1$ 次多项式 $\pi_{n+1}(x) \equiv \prod_{k=0}^{n} (x - x_k)$ 与任意次数小于等于 n 的多项式正交，即有

$$\int_a^b \rho(x) x^k \pi_{n+1}(x) \mathrm{d}x = 0, \quad k = 0, 1, \cdots, n \tag{6.4.4}$$

证明：必要性。设 $x_0, x_1, \cdots, x_n$ 是求积公式（6.4.3）的高斯点。对于任意次数小于等于 n 的多项式 $p(x)$，$p(x)\pi_{n+1}(x)$ 是次数小于等于 $2n+1$ 的多项式，因此高斯求积公式（6.4.3）对它精确成立。又由于 $\pi_{n+1}(x_k) = 0$，$k = 0, 1, \cdots, n$，故

$$\int_a^b \rho(x) p(x) \pi_{n+1}(x) \mathrm{d}x = \sum_{k=0}^{n} \omega_k^{(n)} p(x_k) \pi_{n+1}(x_k) = 0 \tag{6.4.5}$$

充分性。对于次数小于等于 $2n+1$ 的多项式 $h(x)$，用 $\pi_{n+1}(x_k)$ 除以它，记商为 $p(x)$，余式为 $q(x)$，则

$$h(x) = p(x) \pi_{n+1}(x) + q(x)$$

这里 $p(x)$ 和 $q(x)$ 均为次数小于等于 n 的多项式。由于

$$\int_a^b \rho(x) h(x) \mathrm{d}x = \int_a^b \rho(x) p(x) \pi_{n+1}(x) \mathrm{d}x + \int_a^b \rho(x) q(x) \mathrm{d}x$$

利用正交性条件式（6.4.4）得

$$\int_a^b \rho(x) h(x) \mathrm{d}x = \int_a^b \rho(x) q(x) \mathrm{d}x \tag{6.4.6}$$

由于求积公式（6.4.3）是插值型的，其代数精确度至少是 n，所以式（6.4.3）对 $q(x)$ 精确成立。再注意到 $q(x_k) = h(x_k)$，$k = 0, 1, \cdots, n$，便有

$$\int_a^b \rho(x) q(x) \mathrm{d}x = \sum_{k=0}^{n} \omega_k^{(n)} q(x_k) = \sum_{k=0}^{n} \omega_k^{(n)} h(x_k)$$

于是，由式（6.4.6）可以得到

$$\int_a^b \rho(x) h(x) \mathrm{d}x = \sum_{k=0}^{n} \omega_k^{(n)} h(x_k)$$

这说明求积公式（6.4.3）对于次数小于等于 $2n+1$ 的多项式 $h(x)$ 均精确成立，因而它是高斯公式，相应的节点为高斯点。证明完毕。

6.4.3 高斯-勒让德求积公式

由式（6.4.2）和式（6.4.4）可知，π_{n+1} 和 $g_{n+1}(x)$ 至多只差一个常数，而零点相同，故求积

公式（6.4.3）的高斯点就是正交多项式 $g_{n+1}(x)$ 的零点。

可以证明，正交多项式 $g_i(x)$ 的零点均为互异实数，且均属于 $[a,b]$。这样，构造高斯求积公式（6.4.3），可先求高斯点，即正交多项式 $g_{n+1}(x)$ 的零点，再利用求积公式是插值型的，求出求积系数。回到例 6.2，此时，可先求高斯点 x_0, x_1，它们满足

$$\int_{-1}^{1}(x-x_0)(x-x_1)\mathrm{d}x=0$$

和

$$\int_{-1}^{1}x(x-x_0)(x-x_1)\mathrm{d}x=0$$

由此得方程组

$$\begin{cases} x_0x_1=-\dfrac{1}{3} \\ x_0+x_1=0 \end{cases}$$

解此方程组便得到高斯节点为

$$x_0=-\frac{-1}{\sqrt{3}}, \quad x_1=\frac{1}{\sqrt{3}}$$

由此易得求积系数

$$\omega_0^{(1)}=\int_{-1}^{1}\frac{x-x_1}{x_0-x_1}\mathrm{d}x=1, \quad \omega_1^{(1)}=\int_{-1}^{1}\frac{x-x_0}{x_1-x_0}\mathrm{d}x=1$$

从而得到求积公式（6.4.1）。

当 $n \geqslant 2$ 时，可以同样算出节点 x_k 和求积系数 $\omega_k^{(n)}(k=0,1,\cdots,n)$。带权函数取 $\rho(x)\equiv 1$ 的正交多项式称为勒让德（Legendre）多项式，相应的求积公式称作高斯-勒让德（Gauss-Legendre）求积公式，它的一般形式为

$$\int_{-1}^{1}f(x)\mathrm{d}x\approx\sum_{k=0}^{n}\omega_k^{(n)}f(x_k) \tag{6.4.7}$$

其中，节点 x_k 和求积系数 $\omega_k^{(n)}(k=0,1,\cdots,n)$ 可由表 6.3 查到。应用正交多项式的理论可以得到它的余项

$$R_n[f]=\frac{2^{2n+3}((n+1)!)^4}{(2n+3)((2n+1)!)^3}f^{(2n+2)}(\xi), \quad \xi\in(-1,1) \tag{6.4.8}$$

表 6.3　　高斯-勒让德求积公式求积系数

$n+1$	x_k	$\omega_k^{(n)}$	$n+1$	x_k	$\omega_k^{(n)}$
2	±0.5773503	1.0000000	5	0.0000000	0.5688889
3	0.0000000	0.8888889	5	±0.5384693	0.4786287
	±0.7745967	0.5555556		±0.9061799	0.2369269
4	±0.3399810	0.6521452	6	±0.2386192	0.4679139
	±0.8611363	0.3478548		±0.6612094	0.3607616
				±0.9324695	0.1713245

对于$[a,b]$上的积分$\int_a^b f(x)\mathrm{d}x$，只需做变换

$$x=\frac{a+b}{2}+\frac{b-a}{2}t$$

便可化作$[-1,1]$上的积分

$$\int_a^b f(x)\mathrm{d}x=\frac{b-a}{2}\int_{-1}^{1} f\left(\frac{a+b}{2}+\frac{b-a}{2}t\right)\mathrm{d}t \qquad (6.4.9)$$

例 6.3 用 3 个节点（即 n=2）的高斯-勒让德求积公式计算积分$\int_{-1}^{1}\frac{4}{1+x^2}\mathrm{d}x(=2\pi)$。

解： 3 个节点的高斯-勒让德求积公式为

$$I=\int_{-1}^{1} f(x)\mathrm{d}x\approx 0.8888889 f(0)$$
$$+0.5555556[f(-0.7745967)+f(0.7745967)]$$

所以

$$I=\int_{-1}^{1}\frac{4}{1+x^2}\mathrm{d}x\approx 0.8888889\times 4+0.5555556$$
$$\times\left(\frac{4}{1+(-0.7745967)^2}+\frac{4}{1+(0.7745967)^2}\right)$$
$$=6.3333333$$

6.5 实验——广义积分的数值求解

实验要求：

不使用 Octave 的内置数值积分函数，求解广义积分$\int_1^{+\infty}\frac{1}{x^2}\mathrm{d}x$，精度要求为 10^{-5}。

解： $\int_1^{+\infty}\frac{1}{x^2}\mathrm{d}x=\lim\limits_{b\to+\infty}\int_1^{b}\frac{1}{x^2}\mathrm{d}x$，因此可以采用以积分上限为变量，求定积分的极限方式求解该广义积分。例如，以龙贝格积分求解定积分，不断增大积分上限 b 的值，当前后两次迭代的误差小于给定精度时，认为得到的结果为广义积分的近似值。编写的 Octave 代码如下所示，最终得到该广义积分值为 1。

```
function int_conv = Romberg_converge (f, low_lim,up_lim, seg_num, ep)
% Romberg Numerical Integration for function f in [low_lim,up_lim],
% when the error is less than ep the process will stop.
  xx_max=low_lim:(up_lim-low_lim)/2^seg_num:up_lim;
  y = f(xx_max);
  int_val=zeros(seg_num+1,seg_num+1);
  h = up_lim-low_lim;
  mm = 1;
```

```
    int_val(1,1)=h*(y(1)+y(2^seg_num+1))/2;
    int_conv_old=int_val(1,1);
    for i = 2:seg_num+1
        h = (up_lim-low_lim)/2^(i-1);
        sum_sub=0;
        for j = 1:mm
                sum_sub=sum_sub+y((2*j-1)/2/mm*2^seg_num+1);
        end
        int_val(i,1)=int_val(i-1,1)/2+h*sum_sub;
        if abs(int_val(i,1)-int_conv_old)<ep
            int_conv=int_val(i,1);
            return;
        else
            int_conv_old=int_val(i,1);
        end
        mm = mm*2;
    end
    for j = 2:seg_num+1
        for i = j:seg_num+1
            int_val(i,j)=(2^(2*(j-1))*int_val(i,j-1) ...
            -int_val(i-1,j-1))/(2^(2*(j-1))-1);
            if abs(int_val(i,j)-int_conv_old)<ep
                int_conv=int_val(i,j);
                return;
            else
                int_conv_old=int_val(i,j);
            end
        end
    end
endfunction
f = @(x)(1./(x.*x));
ep =1e-5;
low_lim=1;
seg_num=10;
up_lim=100;
int_old=-10000;
err=10000;
i=1;
```

```
while err>ep
  i
  int_conv = Romberg_converge (f, low_lim,up_lim, seg_num, ep)
  up_lim=up_lim*2;
  seg_num=seg_num+1;
  err=abs(int_conv-int_old);
  int_old=int_conv;
  i=i+1;
end
```

6.6 延伸阅读

延伸阅读 6：
数学王子高斯

6.7 思考题

1. 当 n=1,2,3,4 时，牛顿-柯特斯求积公式的代数精度分别为多少？想想为什么。
2. 龙贝格分半加速算法与复合求积公式的关系是什么？

6.8 习题

1. 直接验证梯形公式与中矩形公式 $\int_a^b f(x)\mathrm{d}x \approx (b-a)f\left(\dfrac{b+a}{2}\right)$ 具有 1 次代数精确度，而辛普森公式则具有 3 次代数精确度。

2. 证明：如果求积公式（6.2.3）对函数 $f(x)$ 和 $g(x)$ 精确成立，则它对于 $\alpha f(x)+\beta g(x)$（α,β 均为常数）亦精确成立。因此，只要求积公式（6.2.3）具有 m 次代数精确度，则它对于次数小于等于 m 的多项式均是精确的。

3. 已知数据表 6.4

表 6.4　　x 和 e^x 的值

x	1.1	1.3	1.5
e^x	3.0042	3.6693	4.4817

试分别用辛普森公式与复合梯形公式计算积分 $\int_{1.1}^{1.5} e^x dx$ 。

4. 导出下列三种矩形公式（分别称为左矩形、右矩形和中矩形公式）的求积余项。

（1） $\int_a^b f(x)dx \approx (b-a)f(a)$

（2） $\int_a^b f(x)dx \approx (b-a)f(b)$

（3） $\int_a^b f(x)dx \approx (b-a)f\left(\frac{a+b}{2}\right)$

5. 利用埃尔米特插值公式推导带有导数值的求积公式

$$\int_a^b f(x) \approx \frac{b-a}{2}(f(a)+f(b)) - \frac{(b-a)^2}{12}(f'(b)-f'(a))$$

及其余项

$$R[f] = \frac{(b-a)^5}{4!\cdot 30} f^{(4)}(\eta)$$

6. 利用题 5 的结果推导带修正项的复合梯形求积公式

$$\int_{x_0}^{x_n} f(x)dx \approx h\left(\frac{1}{2}f_0 + f_1 + \cdots + f_{n-1} + \frac{1}{2}f_n\right) - \frac{h^2}{12}(f_n' - f_0')$$

7. 用龙贝格算法计算积分

$$\int_1^3 \frac{1}{x}dx$$

8. 用高斯型求积公式计算积分（用两点求积公式）

$$\int_0^{\infty} e^{-x}\sqrt{x}dx$$

6.9 实验题

1. 学习 Octave 中的复化梯形求积函数 trapz()的用法，并用其近似计算积分

$$\int_1^2 e^{-x^2}dx$$

将步长从 0.1 到 0.000001 变化，看得到的结果有何变化。

2. 用 Octave 中的复化抛物线求积函数 quad()计算实验题 1 的积分。

3. 自己编程实现复化辛普森公式，并计算

$$\int_0^2 \left(\frac{x^6}{10} - x^2 + x\right)dx$$

要求绝对误差限为 $\varepsilon=\frac{1}{2}\times 10^{-7}$，试根据误差估计式确定所需节点个数。

4. 自己编程实现，用变步长辛普森公式计算题 3，并与其结果进行比较。

第7章 常微分方程初值问题的数值解

7.1 引入——三论 PageRank 算法

我们再次回到第 2 章和第 4 章提到的 Google 搜索引擎 PageRank 算法的简单例子。为方便起见，再次给出描述：设网页 i 的重要性为 Pr_i，链出数为 L_i。如果网页 i 存在一个指向网页 A 的链接，则表明网页 i 的所有者认为网页 A 比较重要，从而把网页 i 的一部分重要性得分赋予网页 A。这个重要性得分值为 Pr_i / L_i。网页 A 的 Pr 值为一系列类似于网页 i 的页面重要性得分值的累加。于是一个页面的得票数由所有链向它的页面的重要性来决定，到一个页面的超链接相当于对该页面投一票。一个页面的重要性是由所有链向它的页面（链入页面）的重要性经过递归算法得到的。假设世界上只有 4 张网页：A、B、C、D，其抽象结构如图 7.1 所示。

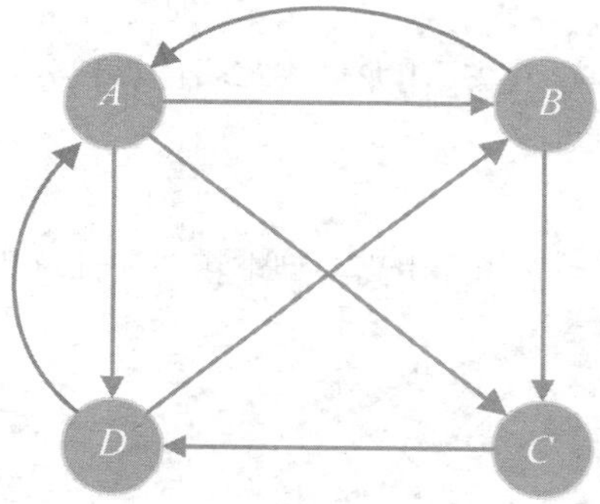

图 7.1　网页链接简图

其网页间的链接矩阵 $\boldsymbol{M}$ 为

$$\boldsymbol{M}=\begin{bmatrix} 0 & \frac{1}{2} & 0 & \frac{1}{2} \\ \frac{1}{3} & 0 & 0 & \frac{1}{2} \\ \frac{1}{3} & \frac{1}{2} & 0 & 0 \\ \frac{1}{3} & 0 & 1 & 0 \end{bmatrix} \tag{7.1.1}$$

其中 $\boldsymbol{M}$ 的元素 m_{ij} 为 0 时表示第 i 个网页没有到第 j 个网页的链接，否则 m_{ij} 为 1/ L_i。在 4.1 节中采用迭代的思想，首先假设初始时每个页面的 Pr 值都为 $1/N$，即 1/4。将 $\boldsymbol{M}\cdot\boldsymbol{Pr}$ 的结果作为 A、B、C、D 4 个页面 Pr 值的新的近似，从而反复迭代直至收敛。在此基础上，现在让我们再次换一个思路来考虑这个问题。我们将网页的重要性 $\boldsymbol{Pr}$ 看作是不断变化的变量，则每次的变化为

$\boldsymbol{M}\cdot\boldsymbol{Pr}-\boldsymbol{Pr}=(\boldsymbol{M}-\boldsymbol{I})\cdot\boldsymbol{Pr}$。于是可以用建立下面的常微分方程的方法进行求解。

$$\frac{\mathrm{d}\boldsymbol{Pr}}{\mathrm{d}t}=\left(\boldsymbol{M}-\boldsymbol{I}\right)\boldsymbol{Pr} \tag{7.1.2}$$

分别取 $\boldsymbol{Pr}$ 的初始值为$[0.25, 0.25, 0.25, 0.25]^{\mathrm{T}}$和$[1, 0, 0, 0]^{\mathrm{T}}$，相应的数值解分别如图 7.2（a）和图 7.2（b）所示。容易看出，这两个初始值最终都收敛到了相同的解，并且和第 2 章、第 4 章的结果完全相同，即收敛到 $\boldsymbol{Pr}=[0.26471, 0.23529, 0.20588, 0.29412]^{\mathrm{T}}$。采用微分方程进行求解不仅可以得到最终的收敛结果，而且可以看到 $\boldsymbol{Pr}$ 的变化情况，即所谓的解轨迹。

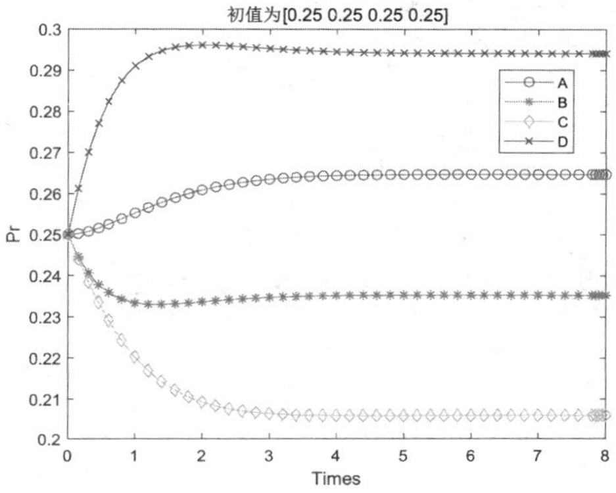

（a）

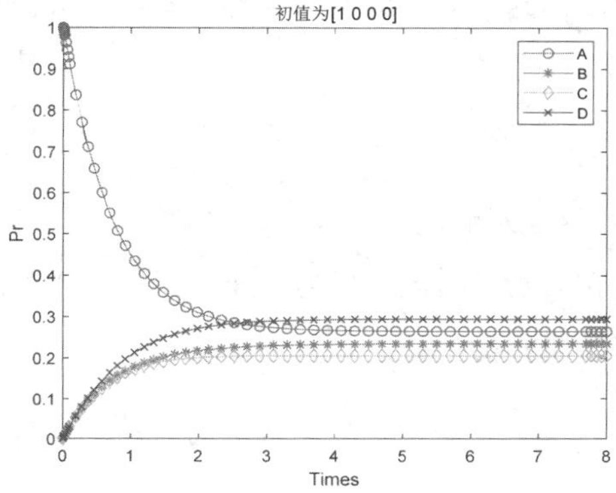

（b）

图 7.2　微分方程（7.1.2）的数值解

在实际工程问题中，常微分方程是一种应用极为普遍的模型。然而不幸的是只有少数简单类型的常微分方程可以用初等积分法求得精确解析解，而且有些常微分方程求解过程极为复杂。多数情况只能使用近似解法求得其近似解，因此，解微分方程的近似法非常重要。近似解法可以分为两类，即解析近似法和数值近似法。前者是求解的近似解析表达式，例如，逐步逼近法和级数解法；后者则是计算微分方程解在求解区域中若干离散点上的近似值，需要利用计算机进行求解，也是本章要讨论的主要内容。

7.2　常微分方程初值问题

考虑如下一阶常微分方程的定解问题

$$\begin{cases} y'(x)=f(x,y(x)), \\ y(a)=y_0, \end{cases} \quad a<x\leqslant b \tag{7.2.1}$$

其中 $x\in[a, b]$为自变量，$\boldsymbol{y}=(y_1,y_2,\cdots,y_d)\in\mathbf{R}^d$，$\boldsymbol{y}=y(x)$为向量函数，$f(x,\boldsymbol{y})$: $\mathbf{R}\times\mathbf{R}^d\rightarrow\mathbf{R}^d$ 称为右端向量场，$\boldsymbol{y}_0\in\mathbf{R}^d$称为初值。给定向量场$f(x,\boldsymbol{y})$和初值 $\boldsymbol{y}_0$，在$[a, b]$上求函数值 $y(x)$，使其满足方程组（7.2.1）的问题称为**初值问题**。在 d=1 的情况下，式（7.2.1）为简单的常微分方程初值问题。

为了本章讨论数值解法的需要，下面给出常微分方程初值问题的解的存在性和唯一性定理。

定理 7.1 假设 $f(x, y)$在区域 $G = \{(x,y) \mid a \leqslant x \leqslant b, |y| < \infty\}$内连续，并对 y 满足利普希茨（Lipschitz）条件，即存在常数 $L>0$，使得

$$|f(x,y_1)-f(x,y_2)| \leqslant L|y_1-y_2| \tag{7.2.2}$$

对所有 $x\in[a, b]$和任意 $y_1,y_2\in \mathbf{R}$ 成立，则初值问题（7.2.1）在$[a, b]$上存在唯一解 $y(x)$，并且，若$f\in C^k(G)(k\geqslant 0)$，那么其解 $y(x)\in C^{k+1}([a, b])$。

例 7.1 **马尔萨斯（Malthus）模型**：马尔萨斯在分析人口出生与死亡情况的资料后发现，人口净增长率 r 基本上是一个常数，提出了著名的人口指数增长模型

$$\begin{cases} \dfrac{\mathrm{d}N}{\mathrm{d}t} = N\cdot r \\ N(t_0) = N_0 \end{cases} \tag{7.2.3}$$

其中，t 表示时间，N 表示人口数。

例 7.2 当运动阻力与速度平方成正比时，一重物垂直作用于弹簧所引起的振荡，可用一个二阶常微分方程进行描述

$$\begin{cases} m\dfrac{\mathrm{d}^2 y}{\mathrm{d}t^2} + b\left(\dfrac{\mathrm{d}y}{\mathrm{d}t}\right)^2 + cy = 0, \quad 0<t\leqslant T \\ y(0) = y_0 \\ y'(0) = y'_0 \end{cases} \tag{7.2.4}$$

若令 $y_1(t) = y(t)$，$y_2(t) = y'(t) = \dfrac{\mathrm{d}y}{\mathrm{d}t}$，则上述二阶常微分方程可以化为等价的一阶常微分方程组

$$\begin{cases} y'_1(t) = y_2(t) \\ y'_2(t) = -\dfrac{c}{m}y_1(t) - \dfrac{b}{m}(y_2(t))^2 \\ y_1(0) = y_0, \quad y_2(0) = y'_0 \end{cases} \tag{7.2.5}$$

类似地，可以将 m（$m\geqslant 1$）阶常微分方程转化为一阶常微分方程组的形式。

7.3 欧拉方法及其改进

所谓常微分方程的数值解法，就是将一个连续的常微分方程初值问题转化为一个离散的差分方程初值问题，然后通过求解差分方程获得其数值解。对于式（7.2.1）所示的常微分方程初值问题，在求解区间$[a, b]$上取等间距节点

$$a= x_0 <x_1 <x_2 <\cdots<x_{N-1} <x_N = b \tag{7.3.1}$$

其中$\Delta x_n=x_{n+1}-x_n=h$ 称为积分网格的步长。常微分方程初值问题式（7.2.1）的数值解就是要采用数值算法计算出初值问题精确解 $y(x)$在节点 $x_1,x_2,\cdots, x_N$ 上的函数值的近似值 $y_1,y_2,\cdots, y_N$。常用的

数值算法包括几何方法、数值微分、数值积分和泰勒展开等。对于给定的数值方法，$\{y_n\}$中的每个 y_n 都是按照某一迭代格式给出的。如果在计算 y_n 时该迭代公式只用到已经求出的 y_{n-1}，而不使用 $y_1,y_2,\cdots,y_{n-2}$ 中的任何一个，则称此算法为**单步方法**，否则称之为**多步方法**。

7.3.1 欧拉方法

对于常微分方程式（7.2.1），取如式（7.3.1）所示的等距节点组，此时有 $x_n=a+nh$, $n=0,1,\cdots,N$, $\Delta x_n\equiv h=\dfrac{b-a}{N}$。若以向前差商 $\dfrac{y(x_{n+1})-y(x_n)}{h}$ 近似代替式（7.2.1）中的导数 $y'(x_n)$，可以得到

$$\frac{y(x_{n+1})-y(x_n)}{h}\approx y'(x_n)=f(x_n,y(x_n)) \tag{7.3.2}$$

将其看作等式，并记 $y(x_n)$的近似值为 y_n，则有

$$y_{n+1}=y_n+hf(x_n,y_n),\quad n=0,1,\cdots,N-1 \tag{7.3.3}$$

因为式（7.2.1）中已经给出了初值 y_0，因此按照式（7.3.3）便可以逐次计算出

$$y_1=y_0+hf(x_0,y_0)$$

$$y_2=y_1+hf(x_1,y_1)$$

……

$$y_N=y_{N-1}+hf(x_{N-1},y_{N-1})$$

本方法是将导数用向前差分近似得到的，因此又称为向前欧拉（Euler）方法，是一种显格式欧拉方法，其 Octave 程序如下：

```
function y = Euler (f, y0, a, b, N)
% Euler method to solve Ordinary differential equation y' = f(x, y), a<x<=b
% with initial condition y(a)=y0. [a, b] will be divided by N segments evenly.
  h = (b-a)/N;
  y = zeros(N,1);
  y(1) = y0+h*f(a,y0);
  for i=2:N
     y(i)=y(i-1)+h*f(a+(i-1)*h,y(i-1));
  end
endfunction
```

7.3.2 欧拉方法的几何解释

微分方程 $y'(x)=f(x,y(x))$ 的解如图 7.3 所示，为 xOy 平面上的一族积分曲线，随着初值不同而不同，过点(x_0, y_0)的那条曲线是计算满足常微分方程初值条件式（7.2.1）的解。易知，积

分曲线上任一点(x, y)处的斜率为$f(x, y)$。向前欧拉方法的求解过程可以看作是从初值点(x_0, y_0)出发，以斜率$f(x_0, y_0)$做切线，经过步长h后与另一条积分曲线相交于点(x_1, y_1)，进而可以依次得到 $y_1, y_2, \cdots, y_N$，而欧拉法就是用依次连接点$(x_0, y_0), (x_1, y_1), \cdots, (x_N, y_N)$的折线去近似方程$y'(x) = f(x, y(x))$过点$(x_0, y_0)$的积分曲线，因此该方法又称为**折线法**。需要指出的是，得到的近似解只在初始位置与解曲线重合。

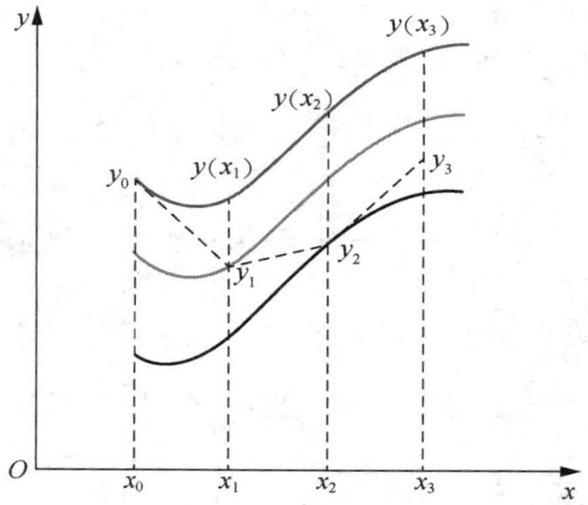

图 7.3　欧拉方法的几何解释

7.3.3　欧拉方法的截断误差

向前欧拉公式（7.3.3）也可以由泰勒展开得到。假设$y(x)$是$y'(x) = f(x, y(x))$任意一个二次连续可微的解，将$y(x)$在点x_n处进行泰勒展开，可得

$$y(x) = y(x_n) + (x - x_n) f(x_n, y(x_n)) + \frac{(x - x_n)^2}{2!} y''(\xi), \quad \xi \in [x_n, x] \tag{7.3.4}$$

若取$x = x_{n+1}$，则有

$$y(x_{n+1}) = y(x_n) + h f(x_n, y(x_n)) + \frac{h^2}{2!} y''(\xi), \quad \xi \in [x_n, x_{n+1}] \tag{7.3.5}$$

忽略泰勒展开式的余项

$$R_h^{[1]}(x_n) = \frac{h^2}{2!} y''(\xi) \tag{7.3.6}$$

并记$y(x_n)$的近似值为y_n，也得到了式（7.3.3）。由此可以看出，向前欧拉公式（7.3.3）的误差为式（7.3.6）给出的余项，称为向前欧拉公式的**截断误差**。但应注意，该误差是没有考虑y_n存在误差的情况下，求y_{n+1}所带来的误差，又称局部截断误差。实际上计算y_n也是存在误差的，每个节点的误差会不断向后累积下来。

7.3.4　向后欧拉方法

向前欧拉方法是以向前差商$\dfrac{y(x_{n+1}) - y(x_n)}{h}$近似代替式（7.2.1）中的导数$y'(x_n)$得到的，如果我们使用向后差商的话，则是以 $\frac{y(x_{n+1})-y(x_n)}{h}$ 去近似导数 $y'(x_{n+1})$，这时有

$$\frac{y(x_{n+1})-y(x_n)}{h}\approx y'(x_{n+1})=f(x_{n+1},y(x_{n+1}))\qquad(7.3.7)$$

类似地，将其看作等式，并记 $y(x_n)$的近似值为 y_n，则有

$$y_{n+1}=y_n+hf(x_{n+1},y_{n+1}),\quad n=0,1,\cdots,N-1\qquad(7.3.8)$$

这就是**向后欧拉公式**。比较向后欧拉公式（7.3.8）和向前欧拉公式（7.3.3），可以发现两者形式相似，但是有重要区别，向前欧拉公式的等号右边只有 y_n，可以由 y_n 直接计算出 y_{n+1}；而后向欧拉公式的等号右边出现了 y_{n+1}，实际上是给出了关于 y_{n+1} 的非线性方程，为求出 y_{n+1} 需要求解此方程。因此称向前欧拉公式为显格式，而向后欧拉公式为隐格式。

式（7.3.8）常采用迭代法进行求解，即先以向前欧拉公式给出 y_{n+1} 的初值

$$y_{n+1}^{(0)}=y_n+hf(x_n,y_n)\qquad(7.3.9)$$

然后再用迭代公式

$$y_{n+1}^{(k+1)}=y_n+hf(x_{n+1},y_{n+1}^{(k)}),\quad k=0,1,\cdots\qquad(7.3.10)$$

计算 y_{n+1} 的近似值。特别地，有时为了节省计算量，只用式（7.3.10）计算一次，而不进行迭代。这相当于先用向前欧拉公式进行“预报”，再用向后欧拉公式进行“校正”，因此也称为“预报-校正”法，其 Octave 代码如下：

```
function y = Euler (f, y0, a, b, N)
% Euler method to solve Ordinary differential equation y' = f(x, y), a<x<=b
% with initial condition y(a)=y0. [a, b] will be divided by N segments evenly.
  h = (b-a)/N;
  y = zeros(N,1);
  y(1) = y0+h*f(a,y0);
  for i=2:N
     y(i)=y(i-1)+h*f(a+(i-1)*h,y(i-1));
  end
endfunction
```

7.4　梯形方法

7.4.1　梯形方法

前面所介绍的欧拉方法计算非常简便，但是精度较低。本节将给出具有更高精度的方法。

考虑常微分方程的定解问题式（7.2.1）中的 $y'(x)=f(x,y(x))$，将其在$[x_n,\ x_{n+1}]$上进行积分，可得

$$y(x_{n+1})-y(x_n)=\int_{x_n}^{x_{n+1}} f(x,y(x))\mathrm{d}x \tag{7.4.1}$$

如果等式右边的积分可以求出，就可以得到 $y(x_{n+1})$。而等式右边可以采用不同的数值积分公式进行近似求解。当使用梯形求积公式进行计算时，有

$$y(x_{n+1})-y(x_n)=\frac{h}{2}\left[f(x_n,y_n)+f(x_{n+1},y_{n+1})\right]+R_h^{[2]}(x_n) \tag{7.4.2}$$

其中

$$R_h^{[2]}(x_n)=-\frac{h^3}{12}y'''(\xi)\quad x_n<\xi<x_{n+1} \tag{7.4.3}$$

为梯形求积公式余项。忽略该余项，并记 $y(x_n)$的近似值为 y_n，则有

$$y_{n+1}=y_n+\frac{h}{2}\left[f(x_n,y_n)+f(x_{n+1},y_{n+1})\right],\quad n=0,1,\cdots,N-1 \tag{7.4.4}$$

称此递推公式为**梯形公式**。因为等式右边出现了 y_{n+1}，因此梯形公式与向后欧拉公式一样，也是一种隐格式，每步计算 y_{n+1} 都需要求解一次非线性方程式（7.4.4）。观察式（7.4.4）和式（7.3.3）以及式（7.3.8）可知，实际上梯形公式相当于向前欧拉公式和向后欧拉公式的算术平均值。如果将式（7.4.1）中的积分采用左矩形或右矩形求积公式进行近似时，则可以分别得到向前欧拉公式和向后欧拉公式。根据第 6 章的知识我们知道梯形求积公式的精度高于矩形求积公式，因此梯形方法比欧拉方法的精度更高。而梯形方法的截断误差即为梯形求积公式（7.4.3）的余项。

7.4.2 改进欧拉格式

欧拉方法计算简便，但是精度较低；梯形方法精度较高，但是每步都要迭代求解计算 y_{n+1}，计算量较大。因此可以采用类似式（7.3.9）和式（7.3.10）的“预报-校正”的思想，将两者结合起来，使之兼备两者的优点。先以向前欧拉公式给出 y_{n+1} 的初值

$$\overline{y}_{n+1}=y_n+hf(x_n,y_n),\quad n=0,1,\cdots,N-1 \tag{7.4.5}$$

然后再用迭代公式

$$y_{n+1}=y_n+\frac{h}{2}\left[f(x_n,y_n)+f(x_{n+1},\overline{y}_{n+1})\right],\quad n=0,1,\cdots,N-1 \tag{7.4.6}$$

计算 y_{n+1} 的近似值。“预报-校正”思想是数值计算中常用的一种思维方式，请读者仔细体会。其 Octave 代码如下：

```
function y = Improved_Euler (f, y0, a, b, N)
% Improved Euler method to solve ODE y' = f(x, y), a<x<=b with initial
% condition y(a)=y0. [a, b] will be divided by N segments evenly.
  h = (b-a)/N;
```

```
    y = zeros(N,1);
    y(1) = y0+h*f(a,y0);
    y(1) = y0+h*(f(a,y0)+f(a+h,y(1)))/2;
    for i=2:N
      y(i)=y(i-1)+h*f(a+(i-1)*h,y(i-1));
      y(i)=y(i-1)+h*(f(a+(i-1)*h,y(i-1))+f(a+(i)*h,y(i)))/2;
    end
endfunction
```

例 7.3　分别用向前欧拉方法、基于“预报-校正”技术的向后欧拉方法和改进欧拉格式求解初值问题

$$\begin{cases} y' = y - \dfrac{2x}{y}, 0 < x \leqslant 1 \\ y(0) = 1 \end{cases}$$

解： 取步长 $h = 0.1$，则 $x_n = 0.1 \times n\ (n = 0,1,\cdots,10)$，$y_0=1$，下面采用三种方法分别进行求解。

（1）向前欧拉法的迭代公式为

$$y_{n+1} = y_n + 0.1 \times \left(y_n - \frac{2 \times 0.1 \times n}{y_n} \right), \quad n = 0,1,\cdots,9$$

（2）基于“预报-校正”技术的向后欧拉法的迭代公式为

$$\overline{y}_{n+1} = y_n + 0.1 \times \left(y_n - \frac{2 \times 0.1 \times n}{y_n} \right), \quad n = 0,1,\cdots,9$$

$$y_{n+1} = y_n + 0.1 \times \left(\overline{y}_{n+1} - \frac{2 \times 0.1 \times (n + 0.1)}{\overline{y}_{n+1}} \right), \quad n = 0,1,\cdots,9$$

（3）改进欧拉格式的迭代公式为

$$\overline{y}_{n+1} = y_n + 0.1 \times \left(y_n - \frac{2 \times 0.1 \times n}{y_n} \right), \quad n = 0,1,\cdots,9$$

$$y_{n+1} = y_n + \frac{0.1}{2} \times \left[\left(y_n - \frac{2 \times 0.1 \times n}{y_n} \right) + \left(\overline{y}_{n+1} - \frac{2 \times 0.1 \times (n + 0.1)}{\overline{y}_{n+1}} \right) \right], \quad n = 0,1,\cdots,9$$

容易验证该初值问题的解析解为 $y = \sqrt{1+2x}$。表 7.1 和图 7.4 给出了三种算法及解析解在 10 个节点上的比较结果。可以看出，基于“预报-校正”技术的向后欧拉方法和改进欧拉格式的结果精度都明显高于向前欧拉方法，而改进欧拉格式的数值结果介于向前欧拉方法和基于“预报-校正”技术的向后欧拉方法之间。

表 7.1　　例 7.3 的比较结果

x_n	向前欧拉方法	向后欧拉方法	改进欧拉格式	解析解
1	1.1000	1.0918	1.0959	1.0954
2	1.1918	1.1763	1.1841	1.1832

续表

x_n	向前欧拉方法	向后欧拉方法	改进欧拉格式	解析解
3	1.2774	1.2546	1.2662	1.2649
4	1.3582	1.3278	1.3434	1.3416
5	1.4351	1.3964	1.4164	1.4142
6	1.5090	1.4609	1.4860	1.4832
7	1.5803	1.5216	1.5525	1.5492
8	1.6498	1.5786	1.6165	1.6125
9	1.7178	1.6321	1.6782	1.6733
10	1.7848	1.6819	1.7379	1.7321

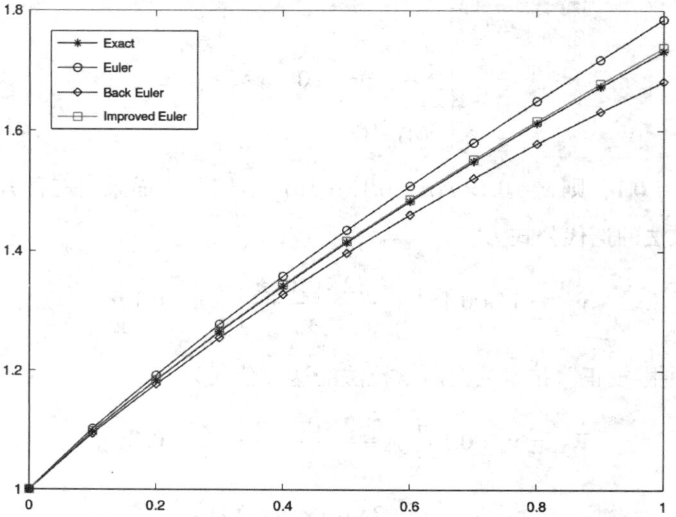

图 7.4　例 7.3 的数值比较结果

7.5　龙格–库塔方法

7.3 节和 7.4 节介绍了几种求解常微分方程初值问题的简单的单步方法，但是精度都不超过 2 阶，难以满足实际计算的要求。本节介绍的龙格-库塔（Runge-Kutta）方法是一类具有更高精度的单步方法。

7.5.1　龙格–库塔方法的基本思想

龙格-库塔方法的思想主要基于泰勒展开。设 $y(x)$是常微分方程初值问题（7.2.1）的解，将 $y(x_{n+1})$在 x_n 处进行泰勒展开，并只保留常数项，有

$$y(x_{n+1}) = y(x_n) + hy'(\xi) = y(x_n) + hf(\xi, y(\xi)), \quad x_n < \xi < x_{n+1} \tag{7.5.1}$$

其中 $f(\xi, y(\xi))$ 为 $y(x)$在$[x_n, x_{n+1}]$上的平均斜率。因此，如果能给出一种近似求解该平均斜率的计算方法，则可以得到求解常微分方程初值问题式（7.2.1）的一种计算格式。在向前欧拉方法中，相当于以 x_n 处的斜率 $f(x_n, y(x_n))$ 代替$[x_n, x_{n+1}]$上的平均斜率，但是精度也比较低，只有 1 阶。若以 x_n 处的斜率 $f(x_n, y(x_n))$ 和 x_{n+1} 处的斜率 $f(x_{n+1}, y(x_{n+1}))$ 的算术平均值代替$[x_n, x_{n+1}]$上的平均斜率，则得到了改进的欧拉方法，精度也提高为 2 阶。由此自然可以想到，是否能够用$[x_n, x_{n+1}]$内更多节点的斜率的线性组合得到平均斜率的更高逼近，这正是龙格-库塔方法的基本思想。

7.5.2　龙格–库塔方法

假设 $y(x)$是初值问题（7.2.1）的解，并充分光滑，则将 $y(x)$在 x_n 处进行泰勒展开，并取 $x = x_{n+1}$，有

$$y(x_{n+1}) = y(x_n) + hy'(x_n) + \frac{h^2}{2!}y^{(2)}(x_n) + \cdots + \frac{h^p}{p!}y^{(p)}(x_n) + R_h(x_n) \tag{7.5.2}$$

其中

$$R_h(x_n) = \frac{h^{p+1}}{(p+1)!}y^{(p+1)}(\xi), \quad x_n < \xi < x_{n+1} \tag{7.5.3}$$

为余项。将该余项略去，并记 $y(x_n)$的近似值为 y_n，则有

$$y_{n+1} = y_n + hy'(x_n) + \frac{h^2}{2!}y^{(2)}(x_n) + \cdots + \frac{h^p}{p!}y^{(p)}(x_n) \tag{7.5.4}$$

注意到 $y'(x) = f(x, y(x))$，由微分的链式法则可知

$$\begin{aligned} y^{(2)}(x) &= f_x'(x, y(x)) + f_y'(x, y(x))y'(x) = f_x' + f_y' f \\ y^{(3)}(x) &= \frac{\partial y^{(2)}(x)}{\partial x} + \frac{\partial y^{(2)}(x)}{\partial y}y'(x) = f_{xx}^{(2)} + 2f_{xy}^{(2)}f + f_{yy}^{(2)}f^2 + f_x'f_y' + (f_y')^2 f \\ &\cdots\cdots \end{aligned} \tag{7.5.5}$$

即 $y(x)$的各阶导数均可由 $f(x, y(x))$ 及其偏导数表示。将它们代入式（7.5.4），即可由泰勒展开法近似求解 $y(x_{n+1})$。这是推导龙格-库塔格式的基本出发点。不过由于 $y(x)$的高阶导数计算非常复杂，也不适于计算机求解，所以人们希望用更简单的方法求解式（7.5.4）等号右边 $y(x)$的各阶导数，一种最简单的想法是用 $f(x, y)$ 的函数值的线性组合近似式（7.5.4）等号右边 $y(x)$的各阶导数之和，即

$$y_{n+1} = y_n + h\sum_{m=1}^{M}\alpha_m k_m \tag{7.5.6}$$

其中

$$\begin{aligned} k_1 &= f(x_n, y_n) \\ k_m &= f(x_n + h\lambda_m, y_n + h\mu_m k_{m-1}), \quad m = 2,3,\cdots,M \end{aligned} \tag{7.5.7}$$

此类递推算法称为 M 级**龙格-库塔方法**，其中 α_m、λ_m、μ_m 为待定系数。其确定方式一般可以按照待定系数法来进行，即将式（7.5.7）代入式（7.5.6）之后，使得 h 的不超过 p 次的各项系数与式（7.5.2）相同。如果 p 取为 1，则龙格-库塔方法退化为向前欧拉方法。

7.5.3　二级龙格–库塔格式

以 p=2 为例说明如何确定待定系数 α_m、λ_m、μ_m。利用式（7.5.5）将式（7.5.2）改写为

$$y(x_{n+1})=y(x_n)+hf+\frac{h^2}{2!}\left(f_x'+f_y'f\right)+O(h^3) \tag{7.5.8}$$

其中 f、f_x'、f_y' 分别代表 $f(x,y(x))$ 及其对 x 和 y 的一阶偏导数在(x_n, y_n)上的取值。

下面分析式（7.5.6）和式（7.5.7），需要指出的是这里级数 M 和参数 α_m、λ_m、μ_m 的取值都是不唯一的，不同的取法可以得到不同的迭代格式。现在假设 M=2，由二元函数的泰勒展开式可以得到

$$\begin{aligned}f\left(x_n+h\lambda,y_n+h\mu k\right)=f\left(x_n,y_n\right)+h\left(\lambda\frac{\partial}{\partial x}+\mu k\frac{\partial}{\partial y}\right)f\left(x_n,y_n\right)\\+\frac{h^2}{2!}\left(\lambda\frac{\partial}{\partial x}+\mu k\frac{\partial}{\partial y}\right)^2 f\left(x_n,y_n\right)+\cdots\end{aligned} \tag{7.5.9}$$

将其代入式（7.5.7）的第二式，进而将式（7.5.7）代入式（7.5.6），可得

$$y_{n+1}=y_n+h\left(\alpha_1+\alpha_2\right)f+h^2\alpha_2\left(\lambda_2 f_x'+\mu_2 f_y'f\right)+O(h^3) \tag{7.5.10}$$

比较式（7.5.8）和式（7.5.10）中 h 和 h^2 的系数，并令对应的各项系数相等，有

$$\alpha_1+\alpha_2=1,\quad \alpha_2\lambda_2=\frac{1}{2},\quad \alpha_2\mu_2=\frac{1}{2} \tag{7.5.11}$$

由于 3 个等式中有 4 个待定系数，因此有无数组待定系数满足式（7.5.11）。显然有截断误差 $R_h(x_n)=O(h^3)$。不同的系数取值可以得到不同的迭代格式，举例如下。

令 $\alpha_1=\frac{1}{2}$，则 $\alpha_2=\frac{1}{2}$，λ_2=1，μ_2=1。此时得到的二级龙格-库塔格式为

$$y_{n+1}=y_n+\frac{h}{2}[f(x_n,y_n)+f(x_{n+1},y_n+hf(x_n,y_n))],\quad n=0,1,\cdots \tag{7.5.12}$$

容易看出，式（7.5.12）为 7.4 节讲到的改进欧拉格式式（7.4.6）。

若令 $\alpha_1=0$，则 $\alpha_2=1$，$\lambda_2=\frac{1}{2}$，$\mu_2=\frac{1}{2}$。此时得到的二级龙格-库塔格式为

$$y_{n+1}=y_n+hf\left(x_n+\frac{h}{2},y_n+\frac{h}{2}f(x_n,y_n)\right),\quad n=0,1,\cdots \tag{7.5.13}$$

式（7.5.13）可以由另一种方法得到。将式（7.4.1）等号右边的积分用中点求积公式进行近似，得到

$$y(x_{n+1})-y(x_n)=hf\left(x_n+\frac{h}{2},y\left(x_n+\frac{h}{2}\right)\right) \tag{7.5.14}$$

再由

$$y\left(x_n+\frac{h}{2}\right)=y(x_n)+\frac{h}{2}y'(x_n)+O(h^2)=y(x_n)+\frac{h}{2}f(x_n,y_n)+O(h^2) \tag{7.5.15}$$

略去高阶余量后代入式（7.5.14），即可得式（7.5.13）。因此，此二级龙格-库塔格式又被称作中点格式。其 Octave 代码如下：

```
function y = midpoint_RuggeKutta (f, y0, a, b, N)
% midpoint_RuggeKutta method to solve ODE y' = f(x, y), a<x<=b with
% initial condition y(a)=y0. [a, b] will be divided by N segments evenly.
  h = (b-a)/N;
  y = zeros(N,1);
  y(1) = y0+h*f(a+h/2,y0+h*f(a,y0)/2);
  for i=2:N
    y(i)=y(i-1)+h*(f(a+(i-1)*h+h/2,y(i-1))+h*f(a+(i-1)*h,y(i-1))/2);
  end
endfunction
```

7.5.4　四级龙格–库塔格式

当 p=4 时，并取 M=4，可以通过类似推导得到下面常用的四级龙格-库塔格式：

$$\begin{aligned}
&y_{n+1}=y_n+\frac{h}{6}(k_1+2k_2+2k_3+k_4)\\
&k_1=f(x_n,y_n)\\
&k_2=f(x_n+\frac{h}{2},y_n+\frac{h}{2}k_1)\\
&k_3=f(x_n+\frac{h}{2},y_n+\frac{h}{2}k_2)\\
&k_4=f(x_n+h,y_n+hk_3)
\end{aligned} \tag{7.5.16}$$

进一步利用泰勒展开式和式（7.5.5）可以推出

$$y_{n+1}=y_n+\frac{h}{6}(\hat{k}_1+2\hat{k}_2+2\hat{k}_3+\hat{k}_4)+R_h^{[4]}(x_n) \tag{7.5.17}$$

其中，$\hat{k}_i$ 是把式（7.5.16）k_i 中的 y_n 和 $k_{i\text{-}1}$ 用 $y(x_n)$和 $\hat{k}_{i-1}$ 代替后得到的表达式。并有

$$R_h^{[4]}(x_n)=O(h^5) \tag{7.5.18}$$

即四级龙格-库塔格式的截断误差为 h 的 5 阶无穷小量，其精度远远高于前述的欧拉方法。此外，该方法无须对函数 $f(x,y)$ 进行求导，计算简便。其 Octave 程序如下：

```
function y = Fourth_RuggeKutta (f, y0, a, b, N)
% midpoint_RuggeKutta method to solve ODE y' = f(x, y), a<x<=b with
```

```
% initial condition y(a)=y0. [a, b] will be divided by N segments evenly.
  h = (b-a)/N;
  y = zeros(N+1,1);
  y(1) = y0;
  for i=2:N+1
     k1=f(a+(i-2)*h,y(i-1));
     k2=f(a+(i-2)*h+h/2,y(i-1)+k1*h/2);
     k3=f(a+(i-2)*h+h/2,y(i-1)+k2*h/2);
     k4=f(a+(i-1)*h,y(i-1)+k3*h);
     y(i)=y(i-1)+h*(k1+2*k2+2*k3+k4)/6;
  end
endfunction
```

四级龙格-库塔方法除了上面给出的经典格式之外，还有下面的格式。

（1）Kutta 格式

$$\begin{aligned}
&y_{n+1}=y_n+\frac{h}{8}(k_1+3k_2+3k_3+k_4)\\
&k_1=f(x_n,y_n)\\
&k_2=f(x_n+\frac{h}{3},y_n+\frac{h}{3}k_1)\\
&k_3=f(x_n+\frac{2h}{3},y_n-\frac{h}{3}k_1+hk_2)\\
&k_4=f(x_n+h,y_n+hk_1-hk_2+hk_3)
\end{aligned} \tag{7.5.19}$$

（2）Gill 格式

$$\begin{aligned}
&y_{n+1}=y_n+\frac{h}{6}(k_1+(2-\sqrt{2})k_2+(2+\sqrt{2})k_3+k_4)\\
&k_1=f(x_n,y_n)\\
&k_2=f(x_n+\frac{1}{2}h,y_n+\frac{1}{2}hk_1)\\
&k_3=f(x_n+\frac{1}{2}h,y_n-\frac{\sqrt{2}-1}{2}hk_1+\frac{2-\sqrt{2}}{2}hk_2)\\
&k_4=f(x_n+h,y_n-\frac{\sqrt{2}}{2}hk_2+\frac{2+\sqrt{2}}{2}hk_3)
\end{aligned} \tag{7.5.20}$$

例 7.4 用四级龙格-库塔格式求解下面的初值问题并与例 7.3 的结果进行比较。

$$\begin{cases} y'=y-\dfrac{2x}{y}, & 0<x<1 \\ y(0)=1 \end{cases}$$

解： 仍取步长 $h=0.1$，四级龙格-库塔格式为

$$\begin{cases} y_{n+1} = y_n + \dfrac{h}{6}(k_1 + 2k_2 + 2k_3 + k_4) \\ k_1 = y_n - \dfrac{2x_n}{y_n} \\ k_2 = y_n + \dfrac{h}{2}k_1 - \dfrac{2\left(x_n + \dfrac{h}{2}\right)}{\left(y_n + \dfrac{h}{2}k_1\right)} \\ k_3 = y_n + \dfrac{h}{2}k_2 - \dfrac{2\left(x_n + \dfrac{h}{2}\right)}{\left(y_n + \dfrac{h}{2}k_2\right)} \\ k_4 = y_n + hk_3 - \dfrac{2(x_n + h)}{(y_n + hk_3)} \end{cases}$$

由上式计算所得的数值结果与例 7.1 计算结果的比较见表 7.2。

表 7.2　　例 7.4 与例 7.1 的结果比较

x_n	向前欧拉方法	向后欧拉方法	改进欧拉格式	四级龙格-库塔	解析解
1	1.1000	1.0918	1.0959	1.0954	1.0954
2	1.1918	1.1763	1.1841	1.1832	1.1832
3	1.2774	1.2546	1.2662	1.2649	1.2649
4	1.3582	1.3278	1.3434	1.3416	1.3416
5	1.4351	1.3964	1.4164	1.4142	1.4142
6	1.5090	1.4609	1.4860	1.4832	1.4832
7	1.5803	1.5216	1.5525	1.5492	1.5492
8	1.6498	1.5786	1.6165	1.6125	1.6125
9	1.7178	1.6321	1.6782	1.6733	1.6733
10	1.7848	1.6819	1.7379	1.7321	1.7321

由表 7.2 可以看出，四级龙格-库塔的精度远远高于其他几种方法。

7.6　常微分方程组的数值解法

由例 7.2 可知，高阶常微分方程的初值问题经过适当变换都可以转化为一阶常微分方程组的形式进行求解，因此本节主要针对一阶常微分方程组的数值求解进行讨论。将常微分方程的初值问题式（7.2.1）中的自变量 x 以及解 $y(x)$和函数 $f(x,y)$ 都看作向量，则可以将前面讲过的常微分方程数值解法推广到常微分方程组的求解过程中。对于一阶常微分方程组

$$\begin{cases} \boldsymbol{y}_i'(\boldsymbol{x}) = \boldsymbol{f}_i(\boldsymbol{x}, \boldsymbol{y}_1, \boldsymbol{y}_2, \cdots, \boldsymbol{y}_m),\ i = 1, 2, \cdots, m \\ \boldsymbol{y}_i(\boldsymbol{x}_0) = \boldsymbol{y}_{i0} \end{cases} \tag{7.6.1}$$

其向前欧拉格式为

$$\boldsymbol{y}_{n+1} = \boldsymbol{y}_n + h\boldsymbol{f}(\boldsymbol{x}_n, \boldsymbol{y}_n),\quad n = 0, 1, \cdots \tag{7.6.2}$$

其形式与式（7.3.3）相同，只是自变量 x，解 $y(x)$和函数 $f(x,y)$都不再是标量（函数），而变成了向量。相应地，改进的欧拉格式为

$$\begin{cases} \bar{\boldsymbol{y}}_{n+1} = \boldsymbol{y}_n + h\boldsymbol{f}(\boldsymbol{x}_n, \boldsymbol{y}_n) \\ \boldsymbol{y}_{n+1} = \boldsymbol{y}_n + \dfrac{h}{2}\left[\boldsymbol{f}(\boldsymbol{x}_n, \boldsymbol{y}_n) + \boldsymbol{f}(\mathbf{x}_{n+1}, \bar{\boldsymbol{y}}_{n+1})\right] \end{cases} \quad n = 0,1,\cdots \tag{7.6.3}$$

四级龙格-库塔格式为

$$\begin{cases} \boldsymbol{y}_{n+1} = \boldsymbol{y}_n + \dfrac{h}{2}(\boldsymbol{k}_1 + 2\boldsymbol{k}_2 + 2\boldsymbol{k}_3 + \boldsymbol{k}_4) \\ \boldsymbol{k}_1 = \boldsymbol{f}(\boldsymbol{x}_1, \boldsymbol{y}_n) \\ \boldsymbol{k}_2 = \boldsymbol{f}(\boldsymbol{x}_n + \dfrac{h}{2}, \boldsymbol{y}_n + \dfrac{h}{2}\boldsymbol{k}_1) \\ \boldsymbol{k}_3 = \boldsymbol{f}(\boldsymbol{x}_n + \dfrac{h}{2}, \boldsymbol{y}_n + \dfrac{h}{2}\boldsymbol{k}_2) \\ \boldsymbol{k}_4 = \boldsymbol{f}(\boldsymbol{x}_n + h, \boldsymbol{y}_n + h\boldsymbol{k}_3) \end{cases} \quad n = 1,2,\cdots \tag{7.6.4}$$

例 7.5 采用向前欧拉格式，分别取 $\boldsymbol{Pr}$ 的初值为$[0.25,0.25,0.25,0.25]^{\mathrm{T}}$和$[1,0,0,0]^{\mathrm{T}}$，求解 7.1 节中的 PageRank 算例，即

$$\frac{\mathrm{d}\boldsymbol{Pr}}{\mathrm{d}t} = (\boldsymbol{M} - \boldsymbol{I})\boldsymbol{Pr}$$

其中

$$\boldsymbol{M} = \begin{bmatrix} 0 & \frac{1}{2} & 0 & \frac{1}{2} \\ \frac{1}{3} & 0 & 0 & \frac{1}{2} \\ \frac{1}{3} & \frac{1}{2} & 0 & 0 \\ \frac{1}{3} & 0 & 1 & 0 \end{bmatrix}$$

解：对于本例，向前欧拉方法公式为

$$\boldsymbol{Pr}_{n+1} = \boldsymbol{Pr}_n + h(\boldsymbol{M} - \boldsymbol{I})\boldsymbol{Pr}_n, \quad n = 0,1,\cdots$$

表 7.3 给出了 $\boldsymbol{Pr}$ 分别取初值$[0.25,0.25,0.25,0.25]^{\mathrm{T}}$和$[1,0,0,0]^{\mathrm{T}}$时，步长取 h=0.2，t 在[0,2]的计算结果；图 7.5 给出了在[0, 5]的解曲线。从结果中可以看出，随着 t 的增加，取这两个不同初值数值解最终都收敛到了$[0.26471, 0.23529, 0.20588, 0.29412]^{\mathrm{T}}$，和第 2 章及第 4 章的结果相同。值得注意的是，不同的初值对收敛速度有一定影响。

表 7.3　　例 7.5 的计算结果

t	初值 $[0.25, 0.25, 0.25, 0.25]^{\mathrm{T}}$				初值 $[1, 0, 0, 0]^{\mathrm{T}}$			
	A	B	C	D	A	B	C	D
0	0.250	0.250	0.250	0.250	1.000	0.000	0.000	0.000
0.2	0.250	0.242	0.242	0.267	0.800	0.067	0.067	0.067

续表

t	初值 $[0.25, 0.25, 0.25, 0.25]^T$				初值 $[1, 0, 0, 0]^T$			
	A	B	C	D	A	B	C	D
0.4	0.251	0.237	0.234	0.278	0.653	0.113	0.113	0.120
0.6	0.252	0.234	0.228	0.286	0.546	0.146	0.146	0.162
0.8	0.254	0.233	0.222	0.291	0.468	0.170	0.167	0.195
1.0	0.255	0.232	0.218	0.294	0.411	0.186	0.182	0.221
1.2	0.257	0.232	0.215	0.296	0.369	0.199	0.192	0.241
1.4	0.258	0.232	0.212	0.297	0.339	0.208	0.198	0.2558
1.6	0.260	0.233	0.210	0.297	0.318	0.214	0.202	0.267
1.8	0.261	0.233	0.209	0.297	0.302	0.219	0.204	0.277
2.0	0.262	0.234	0.208	0.297	0.291	0.223	0.205	0.281

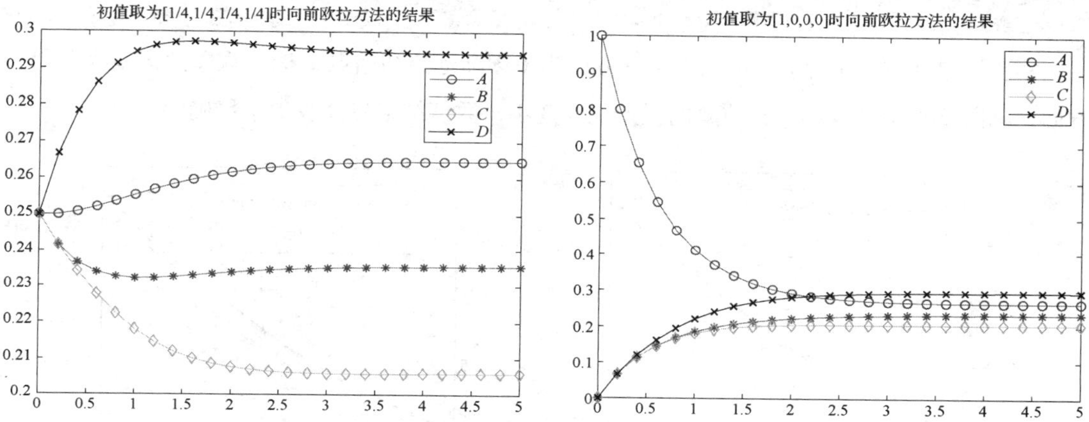

图 7.5 例 7.5 的数值结果比较

7.7 实验——欧拉显式方法的收敛性数值分析

实验目的：

观察欧拉显式方法的收敛性。

实验内容：

取 h=0.1, 0.05,0.01,0.001…，用欧拉显式方法求解

$$y' = xy^{1/3}, y(1) = 1$$

计算到 $y(2)$，并与精确解 $y(x)=[(x^2+2)/3]^{3/2}$ 比较。

解： 利用 7.3.1 节给出的欧拉函数，编写 Octave 代码如下：

```
f = @(x,y)(x.*y^(1/3)); % f(x,y) in ODE
  a = 1; %Initial point of x
  b = 2; %Right point of x
  y0 = 1; % Intial value of y at point x=a
  style =4;
```

```
N = [10, 20, 100, 1000]; % 4 steps
figure;
for i =1:4 % Obtain Euler solutions in 4 steps
   xx= a:(b-a)/N(i):b;
   y_exact=((xx.*xx+2)/3).^(3/2);
   yEuler = Euler (f, y0, a, b, N(i));
   subplot(2,2,i);
   plot(xx,y_exact,'-k',xx,[y0;yEuler],'-r');
   legend('Exact Solution',strcat('h:',num2str((b-a)/N(i))));
   hold on
end
```

实验结果如图 7.6 所示，可以看出一方面当 x 逐渐远离初始点 x_0 时，误差逐渐变大；另一方面，随着步长不断变小，数值解的误差也在变小，数值结果逐渐收敛于精确解。

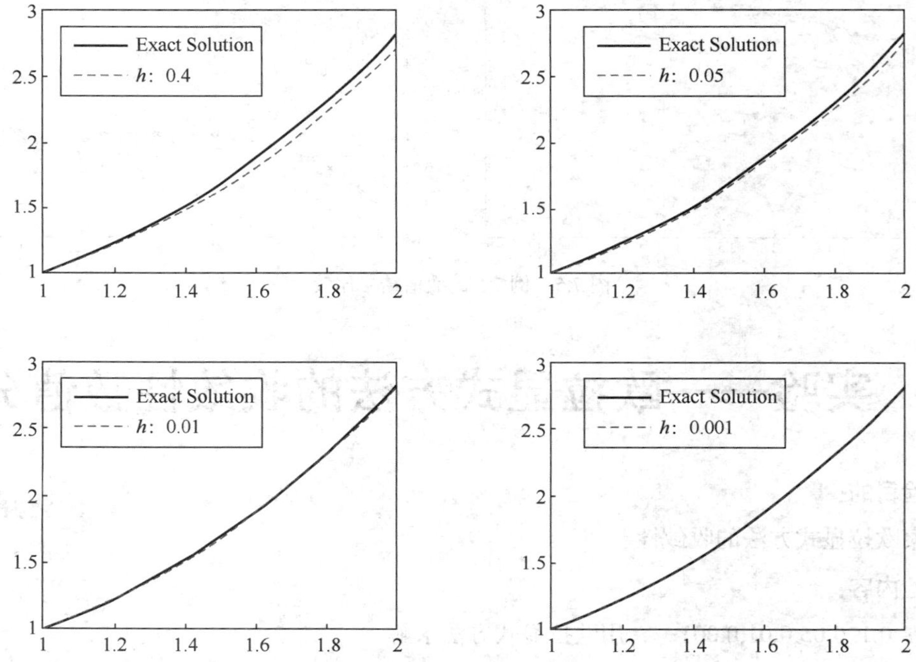

图 7.6　不同步长的数值结果比较

7.8　延伸阅读

延伸阅读 7：
卡尔·龙格

7.9 思考题

如何推导式（7.5.11）？

7.10 习题

1. 在 xOy 平面上，图示 $\boldsymbol{y}'=\boldsymbol{x}-\boldsymbol{y}$ 的右端向量场，给出过点(0,1)的积分曲线。

2. 用泰勒展开法求中点方法式（7.5.7）的截断误差。

3. 用梯形方法求初值问题

$$y'(x)=-y(x),\quad y(0)=1$$

证明此方法所定义的近似解能够写成如下形式

$$y_n=\left(\frac{2-h}{2+h}\right)^n$$

并进一步证明当 $h\to 0$ 时，y_n 收敛到其解析解 e^{-x_n}。

4. 用向前欧拉法手算求解下面初值问题（设 $0\leqslant t\leqslant 0.5$，$h=0.1$）

$$y'+3y=\mathrm{e}^{-t},\quad y(0)=1$$

7.11 实验题

1. 分别采用改进的欧拉方法和四级龙格-库塔方法，编程实现习题 4 的求解，并比较不同方法的精度。

2. 常微分方程初值问题

$$\begin{cases} y'=-y+\cos 2x-2\sin 2x+2x\mathrm{e}^{-x}, & 0<x<2 \\ y(0)=1 \end{cases}$$

有精确解 $y(x)=x^2\mathrm{e}^{-x}+\cos 2x$，选择不同步长 h 使用四级龙格-库塔方法计算初值问题，比较不同步长时误差的变化。

3. 表 7.4 给出了 1750—1950 年世界人口的变化，若人口变化满足例 7.1 中的马尔萨斯模型，即

$$\begin{cases} \dfrac{\mathrm{d}N}{\mathrm{d}t}=N\cdot r \\ N(t_0)=N_0 \end{cases}$$

其中，t 表示时间，N 表示人口数，r 为人口增长率，请分别采用改进的欧拉方法和四级龙格-库塔方法，模拟世界人口的变化，使之尽量与实际数据相符。

如果将模型修改为逻辑斯蒂（Logistic）模型，即

$$\begin{cases}\dfrac{dN}{dt}=N\cdot r\left(1-\dfrac{N}{K}\right)\\ N(t_0)=N_0\end{cases}$$

其中，K 表示地球支撑的最大人口数量。重新采用改进的欧拉方法和四级龙格-库塔方法，模拟世界人口的变化。

表 7.4　　世界人口的变化（万人）

年份	1750	1800	1850	1900	1950
人口数量	79100	97800	126200	165000	251863

第8章 GNU Octave 简介

8.1　GNU Octave 简介

GNU Octave 最初是威斯康星大学麦迪逊分校（University of Wisconsin-Madison）的詹姆斯·罗林斯（James B. Rawlings）和得克萨斯大学（University of Texas）的约翰·埃克特（John G. Ekerdt）为本科化学反应器设计教科书准备的配套软件，后来一直用于得克萨斯大学数学系的微分方程和线性代数教学中。斯坦福大学（Stanford University）的安德鲁·吴（Andrew Ng，又名吴恩达）教授在在线教育平台 Coursera 上的在线“机器学习”课程中使用 GNU Octave 作为算法语言讲授，其课程有上百万学生参与，使得 GNU Octave 语言获得了极大推广。

GNU Octave 是一种直译式、结构化、解释型的高级编程语言，主要用于科学计算及数值分析，可用于求解线性和非线性方程、数值线性代数、统计分析等问题。最新版本的 Octave 提供了一个图形用户界面（Graphical User Interface，GUI），如图 8.1 所示，该 GUI 管理了一个集成环境，包括代码语法高亮的编辑器、内置的调试器、文件浏览器及自身的语言编译器等。此外，Octave 还提供了一个命令行界面，如图 8.2 所示。

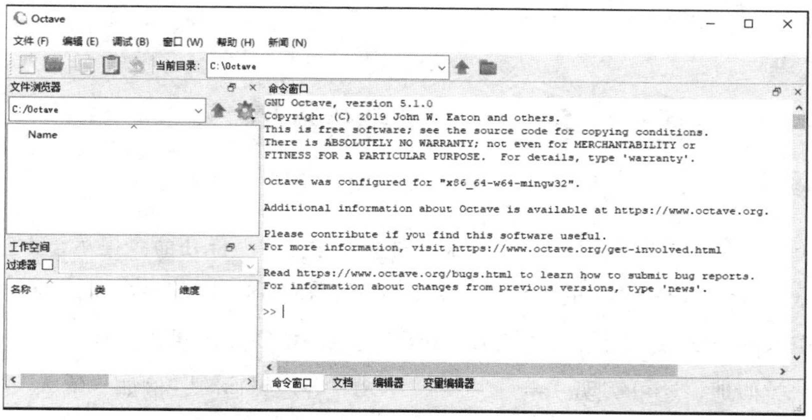

图 8.1　GNU Octave GUI 界面

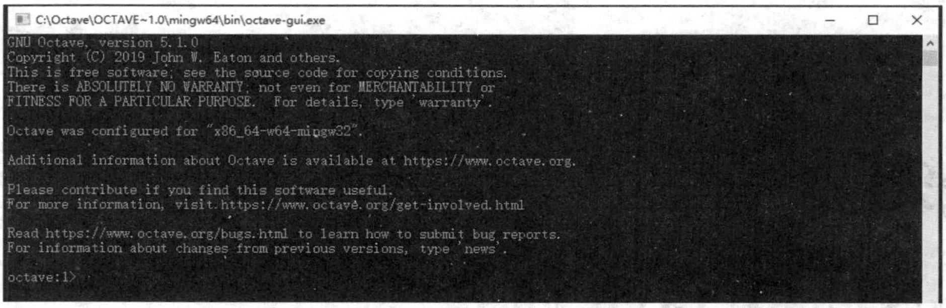

图 8.2　GNU Octave 命令行界面

GNU Octave 是一款与商业语言 MATLAB 语法兼容的，完全不受限制的，可自由再发行的，并且开放源代码的软件。与 Matlab 相比，GNU Octave 占用空间小，Windows-x64 版本的安装程序只有不到 300MB，而 Matlab 非常庞大；但 Matlab 有大量的面向各种应用领域的工具箱，是 GNU Octave 无法相比的；GNU Octave 的语法有大约 95%与 Matlab 兼容，可以很容易地将 Matlab 程序移植到 Octave 上，二者在语法上主要有以下几个差别。

（1）嵌套函数。Matlab 支持嵌套函数的定义，即在函数定义体内包含其他函数的定义，而 GNU Octave 不支持嵌套函数。

（2）GNU Octave 在使用函数句柄上有一些限制。

（3）Matlab 包含一个即时（Just In Time，JIT）编译器，该编译器允许在 Matlab 中加速 for 循环，而 GNU Octave 有一个功能不全的 JIT 编译器，因此必须尽可能地对代码进行矢量化。

（4）GNU Octave 对 Matlab 语法的扩展。例如，GNU Octave 中的注释可以标记为#；像 if、for、while 等代码块可以使用 endif 等块来终止，而 Matlab 中没有，所有块必须以 end 结束；索引可以应用于 GNU Octave 中的所有对象，而不仅仅是变量；GNU Octave 有“++”“--”“-=”“+=”“*=”等操作符，而 Matlab 中没有；GNU Octave 中的字符串可以用双引号或单引号表示，而 Matlab 中字符串用单引号表示；GNU Octave 可以用“|”或“||”来表示“或”，用“&”或“&&”来表示“与”，用“~=”或“!=”来表示“否”；GNU Octave 可以用 x^2 或者 x**2 来表示“x 的平方”，而 Matlab 中用 x^2 表示。

8.2　基础操作

GNU Octave 最简单的使用方式就是像使用一个计算器一样在命令提示符下输入相应的计算式。GNU Octave 能识别通常的计算表达式，例如，在图 8.1 中的命令窗口输入“1+2”并按回车键，在输入的下面将立刻输出结果为“ans=3”。GNU Octave 可以实现“+”“-”“**”“/”等算术运算，类似地，还可实现“==”“~=”“&&”等逻辑运算，例如，输入“3==4”，输出结果为“ans = 0”。

GNU Octave 中有很多内建函数，可以通过输入函数名和括号中的输入参数来调用函数，基本的数学函数有 sin、cos、tan、log、exp、abs、floor、ceil 等。例如，输入“sin(pi/6)”，输出结果为“ans=0.50000”。

8.2.1　变量

GNU Octave 中变量的类型是不用声明的，但变量在使用前需要先赋值。将变量输入系统后，可以在后面的代码中引用它。当表达式返回的结果未分配给任何变量时，系统将其分配给名为 ans 的变量，后面可以使用它。

变量名称由任意数量的字母、数字或下画线组成。GNU Octave 区分大小写，即变量 a 和变量 A 是不同的变量。变量名可以是任意长度，但是 GNU Octave 只使用前 N 个字符，其中 N 是由函数 namelengthmax 确定的。

变量的输入方法举例如下。

① 输入 a=3.14，则变量 a 为数字，值为 3.14。

② 输入 a='bcdef'，则变量 a 为字符串，值为 bcdef。

③ 输入 a=(3==4)，则变量 a 为逻辑值，大小为 0。

查看和删除变量的命令及用法如下。

① who：显示出当前 GNU Octave 中的所有变量，即当前 GNU Octave 在内存中存储的所有变量。

② whos：显示出当前 GNU Octave 中的所有变量，与 who 相比会显示出更详细的信息。

③ clear：从当前的变量空间中删除所有的变量，或者删除某个特定变量，例如，clear name1 命令将删除名为 name1 的变量。如果 clear 后面不添加变量名参数，将删除当前 GNU Octave 中的所有变量。

几个特殊变量和常量如下。

① ans：默认的变量名，以应答最近一次操作运算结果。

② eps：浮点数的相对精度。

③ Inf：代表无穷大。

④ NaN：代表不定值（不是数字）。

⑤ pi：圆周率。

8.2.2　矩阵及其基本运算

1. 创建矩阵

在 GNU Octave 中创建矩阵有以下规则。

（1）矩阵元素必须在[]内。

（2）矩阵的同行元素之间用空格或逗号（,）分隔。

（3）矩阵的行与行之间用分号（;）分隔。

（4）矩阵的元素可以是数值、变量、表达式或函数。

（5）矩阵的尺寸不必预先定义。

下面的例子中创建了一个 2×3 的矩阵：

```
>> A=[1 2;3 4;5 6]
A =
    1   2
    3   4
    5   6
```

也可以通过复制一个矩阵的元素创建一个新的矩阵，如下所示，表示复制矩阵 A 的第 2 行和第 3 行两次来创建新的矩阵 B。

```
>> B=A([2,3,2,3],:)
B =
    3   4
    5   6
    3   4
    5   6
```

2. 引用矩阵的元素

引用矩阵元素的调用格式如下。

（1）a(m,n)：引用矩阵 a 的第 m 行和第 n 列的元素。

（2）a(m,:)：引用矩阵 a 的第 m 行的所有元素。

（3）a(m1:m2,:)：引用矩阵 a 的第 m1 行到第 m2 行的所有元素。

（4）a(:,n)：引用矩阵 a 的第 n 列中的所有元素。

（5）a(:,n1:n2)：引用矩阵 a 的第 n1 列到第 n2 列的所有元素。

（6）a(:,:)：引用矩阵 a 的所有元素。

引用矩阵元素的例子如下：

```
>> A(2,2)
ans = 4
>> A(2,:)
ans = 3   4
>> A(1:2,:)
ans =
    1   2
```

```
    3   4
>> A(:,:)
ans =
    1   2
    3   4
    5   6
```

3. 删除矩阵中的行或列

通过向某行或某列分配一组空的方括号（[]）来删除矩阵的整行或整列。例如删除矩阵 A 的第 2 行：

```
>> A(2,:)=[]
A =
    1   2
    5   6
```

在上面的基础上删除了矩阵 A 的第 1 列：

```
>> A(:,1)=[]
A =
    2
    6
```

4. 矩阵运算

（1）矩阵的转置

矩阵的转置切换矩阵的行和列。在 GNU Octave 中使用单引号（'）表示。例如：

```
>> A'
ans =
    1   5
    2   6
```

（2）矩阵的加减法

当两个矩阵进行加减法时，这两个矩阵必须具有相同数量的行和列，并且具有相同的元素。矩阵加减法产生相同类型的矩阵，原始矩阵的每个元素逐一进行加减法，例如：

```
>> A=[1 2;3 4;5 6]
>> B=[11 22;33 44;55 66]
>> C=A+B
C =
   12   24
   36   48
   60   72
>> D=A-B
```

```
D =
   -10  -20
   -30  -40
   -50  -60
```

（3）矩阵的乘法

矩阵的乘法用*表示，需要注意的是，相乘的两个矩阵的大小需要满足规则，例如：

```
>> E=A*B'
E =
     55   121   187
    121   275   429
    187   429   671
>> F=A'*B
F =
    385   484
    484   616
```

此外，矩阵还有一种乘法叫点乘，用.*表示，指对应位置元素相乘，例如：

```
>> G=A.*B
G =
     11    44
     99   176
    275   396
```

（4）矩阵的除法

GNU Octave 中两种矩阵除法符号，即左除（\）和右除（/）。G=A/B 可以理解为求 G 使得 GB=A，而 H=A\B 为求 H 使得 AH=B，同样，矩阵的大小应满足规则。如果 A 和 B 是方阵，则两者分别等价于 $G=AB^{-1}$ 和 $H=A^{-1}B$，例如：

```
>> G=A/B
G =
    0.075758   0.030303  -0.015152
    0.030303   0.030303   0.030303
   -0.015152   0.030303   0.075758
>> H=A\B
H =
    1.1000e+01  -4.7768e-15
    1.9107e-15   1.1000e+01
```

同样地，矩阵还有一种除法，叫点除，表示对应位置元素相除，分别用./和.\表示后者和前者为分母，例如：

```
>> P=B./A
```

```
P =
    11   11
    11   11
    11   11
>>Q=A.\B
Q =
    11   11
    11   11
    11   11
```

（5）矩阵的标量运算

矩阵的标量运算产生一个具有相同数量的行与列的新矩阵，其原始矩阵的每个元素都加上、减去、乘以或除以该标量，例如：

```
>> a=3
>> G=A+a
G =
    4   5
    6   7
    8   9
>>H=a*A
H =
     3    6
     9   12
    15   18
```

（6）逆矩阵

在 GNU Octave 中使用 inv 函数求逆矩阵。矩阵 A 的逆矩阵由 inv(A)计算。不是每个矩阵都有逆矩阵，如果一个矩阵的行列式为零，则不存在逆矩阵，这样的矩阵是奇异的。例如：

```
>> A=[1 2;3 4]
A =
    1   2
    3   4
>> inv(A)
ans =
  -2.00000   1.00000
   1.50000  -0.50000
```

（7）几个特殊矩阵

zeros(n,m)表示创建一个 n×m 维的全零矩阵。

ones(n,m)表示创建一个 n×m 维的所有元素均为 1 矩阵。

eye(n,m)表示创建一个 n×m 维的单位矩阵。

rand(n,m)表示在(0,1)上创建 n×m 维的服从均匀分布的随机数矩阵。

8.3 编程基础

8.3.1 控制语句

GNU Octave 中 for、while、if 语句的控制范围是通过 end 语句实现的。在 for 或 while 语句中，可以使用 break 关键词来提前退出循环。

例如，定义如下的 for 循环体，可以实现给数组 v 的赋值，结果为 2,4,8,16,32。

```
for i=1:10
      v(i) = 2^i;
end
```

8.3.2 自定义函数

在 GNU Octave 中，定义一个函数需要使用 function 关键字，紧跟在 function 后面的是函数的声明，包括返回值、函数名称和参数，然后换行开始实现具体的函数功能。GNU Octave 的函数不需要显示的返回语句会将函数第一行声明的返回值返回给调用方，因此在函数体中只需将最终的计算结果赋给定义的返回值。在 GNU Octave 中，函数可以返回多个值。

例如，定义一个函数：

```
function[y1,y2]=calVal(x)
     y1=x^2;
     y2=x^3;
end;
```

如果用语句[a,b]=calVal(3)调用函数，则输出结果为：

```
a = 9
b = 27
```

8.3.3 M 文件

简单地说，M 文件就是用户把要实现的命令写在一个以.m 作为文件扩展名的文件中，然后由 GNU Octave 系统进行解释，并运行出结果，实际上 M 文件是一个命令集。GNU Octave 中的许多函数本身都是由 M 文件扩展而成的，而用户也可以利用 M 文件来生成和扩充自己的函数库。

8.4　绘图与图形处理

8.4.1　简单绘图

在 GNU Octave 中绘制函数图形的步骤如下。

（1）定义变量 x，指定变量 x 的取值范围；

（2）定义函数 y=f(x)；

（3）调用 plot 命令，如 plot(x,y)。

例如，绘制函数 y = x^2 的图形。

在 GNU Octave 中输入以下代码：

```
>> x1 = [-10: 2: 10]; % x1 的取值范围是（-100, 100），增量为 20
>> y1 = x1.^2;
>> plot(x1, y1)
```

运行以上代码，将绘制出图 8.3 所示的图形。

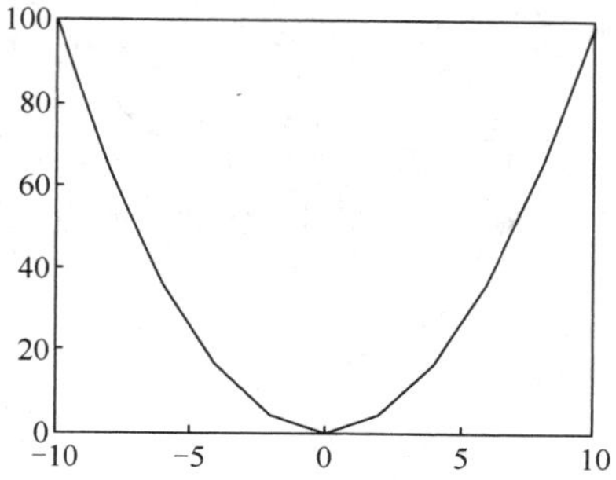

图 8.3　绘制二维函数图形

8.4.2　图形有关的一些命令

在 GNU Octave 中跟图形有关的一些命令如下。

（1）xlabel 和 ylabel 命令分别用于在图形中添加 x 轴和 y 轴的标签。

（2）title 命令用于在图形中添加标题。

（3）grid on 命令用于在图形中显示网格线。

（4）axis([xmin xmax ymin ymax])命令可以设置轴的刻度，即设置 x 和 y 轴的最小值和最大值。

（5）legend 命令用于在图形中添加图例。

（6）subplot(m,n,p)命令用于产生 m 行 n 列的子图（即将图形分割成 m×n 个格子），p 表示把当前图形绘制在哪个子图中。subplot 命令建立的每个图形都可以有其自己的特点。

8.4.3 在同一张图中绘制多个函数

在 GNU Octave 中输入以下代码：

```
>>x = [0: 0.2: 2*pi];
>>y = sin(x);
>>z = cos(x);
>> plot(x,y,x,z,'.-')
```

运行以上代码，将绘制出图 8.4 所示的图形。

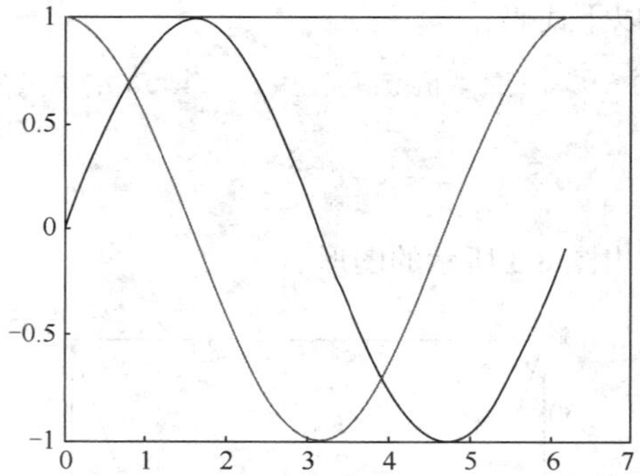

图 8.4 同一张图中绘制两个函数

8.4.4 绘制三维图

三维图显示有两个自变量的函数的表面 g=f(x,y)。首先使用 meshgrid 命令创建一组(x,y)，然后设置输入函数，最后使用 surf 命令绘制图形。

在 GNU Octave 中输入以下代码：

```
>> [x,y]=meshgrid(-2:0.2:2);
>>z=x.*exp(-x.^2-y.^2);
>>surf(x,y,z)
```

运行以上代码，将绘制出图 8.5 所示的图形。

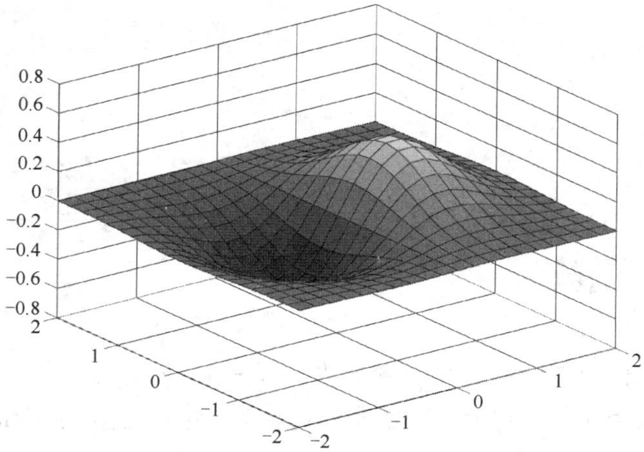

图 8.5　绘制三维图

8.5　数值计算相关函数

8.5.1　特征根和特征向量

在 GNU Octave 中，与特征根和特征向量相关的函数的调用格式如下。

（1）e=eig(A)：返回一个列向量，其中包含方阵 A 的特征值。

（2）[V,D]=eig(A)：返回特征值的对角矩阵 D 和矩阵 V，其列是对应的右特征向量，使得 A×V = V×D。

（3）[V,D,W]=eig(A)：返回满矩阵 W，其列是对应的左特征向量，使得 W′×A = D×W′。

调用特征根和特征向量相关函数的例子如下：

```
>> A=[1 2;3 8]
A =
   1   2
   3   8

>> eig(A)
ans =
    0.22800
    8.77200
>> [V,D] = eig(A)
V =
  -0.93291  -0.24921
   0.36010  -0.96845
```

```
D =
Diagonal Matrix
   0.22800         0
         0   8.77200
```

8.5.2 PCA 函数

在 GNU Octave 中，PCA 函数的调用格式为 coeff = pca(X)。

矩阵 X 的行对应于观测或样本，矩阵 X 的列对应于变量。返回的是 n×p 维数据矩阵的主成分系数。coeff 每列包含一个主成分的系数，列按主成分方差的降序排列。

8.5.3 SVD 函数

在 GNU Octave 中，PCA 函数用来计算奇异值分解，有以下几种调用格式。

（1）s = svd (A)

返回矩阵 A 的奇异值向量。

（2）[U, S, V] = svd (A)

返回一个与矩阵 A 同大小的对角矩阵 S，两个酉矩阵 U 和 V，且满足 A= U×S×V′。若 A 为 m×n 阶矩阵，则 U 为 m×m 阶矩阵，V 为 n×n 阶矩阵。奇异值在矩阵 S 的对角线上，非负且按降序排列。

（3）[U, S, V] = svd (A, 0)

产生 A 矩阵的“经济型”分解，只计算出矩阵 U 的前 n 列和 n × n 阶矩阵 S。

说明：①“经济型”分解节省存储空间。②U×S×V′=U1×S1×V1′。

（4）[U, S, V] = svd (A, "econ")

产生“经济型”分解。如果 A 为 m×n 阶矩阵，若 m≥n，则等于 svd(A, 0)；若 m<n，仅计算 V 的前 m 列，且 S 为 m×m 阶矩阵。

SVD 函数举例如下：

```
>> A =[1,2;3,4;5,6;7,8];
>> [U,S,V] = svd(A)
U =
  -0.152483  -0.822647  -0.394501  -0.379959
  -0.349918  -0.421375   0.242797   0.800656
  -0.547354  -0.020103   0.697910  -0.461434
  -0.744789   0.381169  -0.546205   0.040738
```

```
S =
Diagonal Matrix
   14.26910          0
          0    0.62683
          0          0
          0          0

V =
  -0.64142   0.76719
  -0.76719  -0.64142

>> [U,S,V] = svd(A,0)
U =
  -0.152483  -0.822647
  -0.349918  -0.421375
  -0.547354  -0.020103
  -0.744789   0.381169

S =
Diagonal Matrix
   14.26910          0
          0    0.62683

V =
  -0.64142   0.76719
  -0.76719  -0.64142
```

8.5.4　interp1 插值函数

在 GNU Octave 中，interp1 插值函数的调用格式为 yi = interp1(x,y,xi,'method')。

其中 x,y 为插值点，yi 为在被插值点 xi 处的插值结果；x,y 为向量，'method'表示采用的插值方法，插值方法有'nearest'（最邻近插值）、'linear'（线性插值）、'spline'（三次样条插值）、'pchip'（立方插值），默认为线性插值，例如：

```
>>x = 0:2*pi;
>>y = sin(x);
>>z = 0:0.5:2*pi;
>>y1 = interp1(x,y,z,'linear');
>>plot(x,y,'o',z,y1,'r')
```

运行以上代码，将绘制出图 8.6 所示的图形。

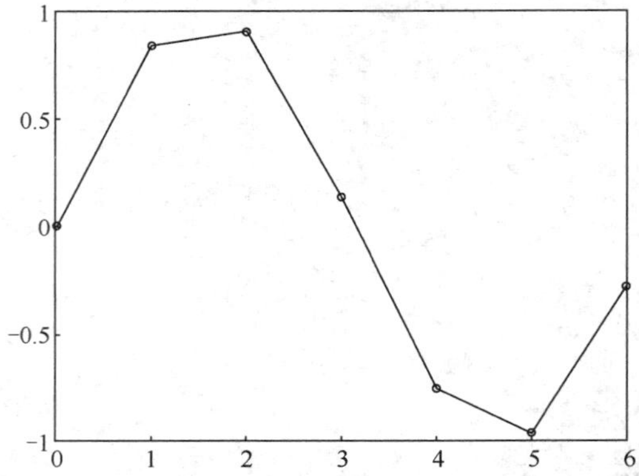

图 8.6　插值函数

8.5.5　梯形求积公式

在 GNU Octave 中，梯形求积公式有以下几种调用格式。

（1）Q=trapz(Y)

通过梯形法计算 Y 的近似积分（采用单位间距）。Y 的大小确定求积分所沿用的维度：

如果 Y 为向量，则 trapz(Y)是 Y 的近似积分；

如果 Y 为矩阵，则 trapz(Y)对每列求积分并返回积分值的行向量；

如果 Y 为多维数组，则 trapz(Y)对其大小不等于 1 的第一个维度求积分。该维度的大小变为 1，而其他维度的大小保持不变。

（2）Q = trapz(X,Y)

根据 X 指定的坐标或标量间距对 Y 进行积分。如果 X 是坐标向量，则 length(X)必须等于 Y 的大小不等于 1 的第一个维度的大小。如果 X 是标量间距，则 trapz(X,Y)等于 X*trapz(Y)。

（3）Q = trapz(___,dim)

使用以前的任何语法沿维度 dim 求积分，必须指定 Y，也可以指定 X。如果指定 X，则它可以是长度等于 size(Y,dim)的标量或向量。

梯形求积举例如下：

```
>>Y = [1 4 9 16 25];
>>Q=trapz(Y)
Q = 42
```

8.5.6　抛物线自适应积分

在 GNU Octave 中，抛物自适应积分有以下几种调用格式。

（1）q=quad(fun,a,b)，求 fun 函数在[a,b]上的定积分，积分精度默认值为 1e-6。

（2）q=quad(fun,a,b,tol)，对 fun 函数在 a、b 之间求定积分，使用自定义精度值 tol。

（3）[q,fcnt]=quad(fun,a,b,tol,trace)，trace 控制是否展现积分过程，若取非 0 则展现积分过程，取 0 则不展现，默认取 trace=0。返回参数 q 为定积分值，fcnt 为被积函数的调用次数。

抛物线自适应积分举例如下：

```
>>F=@(x)1./(x.^3-2*x-5);
>>quad(F,0,2)
ans=-0.4605
```

参考文献

1. 黄明游，刘播，徐涛．数值计算方法．北京：科学出版社，2005.

2. 黄明游，梁振珊．计算方法．长春：吉林大学出版社，1994.

3. 李庆扬，王能超，易大义．数值分析．北京：清华大学出版社，2001.

4. 王能超．计算方法简明教程．北京：高等教育出版社，2004.

5. 王同科，张东丽，王彩华．Mathematica 与数值分析实验．北京：清华大学出版社，2011.

6. 蔡大用．数值分析与实验学习指导．北京：清华大学出版社，2001.

7. 王能超．计算方法——算法设计及 MATLAB 实现．北京：高等教育出版社，2004.

8. 爨莹．数值计算方法：算法及其程序设计．西安：西安电子科技大学出版社，2014.

9. 张世禄，何洪英．计算方法．北京：电子工业出版社，2010.

10. 王兵团，张作泉，赵平福．数值分析简明教程．北京：清华大学出版社，北京交通大学出版社，2012.

11. 钟尔杰，黄廷祝．数值分析．北京：高等教育出版社，2004.

12. 李林．数值计算方法（MATLAB 语言版）．广州：中山大学出版社，2006.